郭晓敏　刘光辉　王河　编著

岭南传统建筑技艺

中国建筑工业出版社

图书在版编目（CIP）数据

岭南传统建筑技艺/郭晓敏，刘光辉，王河编著．—北京：中国建筑工业出版社，2018.5
ISBN 978-7-112-22087-8

Ⅰ.①岭⋯　Ⅱ.①郭⋯②刘⋯③王⋯　Ⅲ.①古建筑-建筑艺术-广东　Ⅳ.①TU-092.2

中国版本图书馆CIP数据核字（2018）第066268号

　　本书第一部分主要介绍了岭南传统建筑与传统建筑技艺的发展，对岭南的三种代表性建筑：广府建筑、潮汕建筑与客家建筑的特点进行了介绍。第二部分分别从木雕、砖雕、石雕、陶塑、灰塑、嵌瓷和彩画七个方面进行建筑技艺的撰写，较完整地记录了每种技艺的发展历史、题材特点、制作流程、载体及应用和发展现状。

责任编辑：陈　桦　杨　琪
责任校对：李美娜

岭南传统建筑技艺
郭晓敏　刘光辉　王　河　编著
*
中国建筑工业出版社出版、发行（北京海淀三里河路9号）
各地新华书店、建筑书店经销
北京嘉泰利德公司制版
北京雅昌艺术印刷有限公司印刷
*
开本：880×1230毫米　1/16　印张：24$\frac{1}{2}$　字数：637千字
2018年5月第一版　2018年5月第一次印刷
定价：289.00元
ISBN 978-7-112-22087-8
（31962）

本书编委会

策划： 叶飞松　　赵鹏飞　　赵惠琳

顾问： 卢芝高　　纪传英　　何世良　　何湛泉　　吴义廷　　邵成村
　　　　肖楚明　　林汉璇　　黄瑞林

编著： 郭晓敏　　刘光辉　　王　河

主审： 朱雪梅

参编： 卢芝高　　纪传英　　何世良　　何湛泉　　吴义廷　　邵成村
　　　　肖楚明　　林汉旋　　黄瑞林　　黄泽平　　何大智　　肖淳圭
　　　　苏日仕　　陈夏阳　　郭建昌　　杨喜人　　钱忠杰　　薛拥军
　　　　苏　专　　黄继红　　贾　超　　黄　河　　彭伟柱　　盛玉雯
　　　　董素梅　　万晓梅　　张卫军　　饶　武　　高　影　　杨中强
　　　　朱文剑　　韩宇红　　赵卫锋　　李伶俐　　张敬将　　梁丹婷
　　　　杨永峰　　王敏贞　　黄　颖　　王丽婷　　罗俊杰　　莫道琛
　　　　程宗贤　　陈志聪　　李天谊　　陈　瑜　　郑晓发　　陈尉华
　　　　曹丽心

作者简介

郭晓敏，女，1984年生，2010年毕业于中国美术学院，设计艺术学，现任广东建设职业技术学院教师。主要从事岭南传统建筑技艺、漆艺、家具和现代产品设计研究，近年来编著教材2部，撰写论文10余篇。近年来走访岭南各地区，致力于对传统建筑技艺的研究、梳理、传承、发展和创新的探索。

刘光辉，男，1975年出生，1998年毕业于哈尔滨建筑大学（2000年合并为哈尔滨工业大学），副教授，现任广东建设职业技术学院教师。主要从事岭南传统建筑技艺、智慧建筑、建筑设计及职业教育等方面的研究，有着丰富的工程项目经验和教学经验，近年来编著教材8部，主持省级以上课题3项，实用新型专利2项，撰写论文20余篇。多次荣获省级以上荣誉奖项。

王河，男，1964年出生，华南理工大学博士，硕士研究生导师，广州大学建筑设计研究院副院长、建筑总工程师、澳门城市大学国际旅游与管理学院博导。先后出版了《岭南建筑新语》、《岭南建筑学派》、《中国岭南建筑文化源流》三本关于岭南传统建筑的专著，并投身具有岭南特色现代建筑设计30余年，获得多项国家级荣誉奖项。

序一

岭南建筑的形成是由岭南地区特定气候、生活习惯、文化背景所构成的空间形态。岭南建筑走向成熟则分为六个时期：第一，先秦及以前是萌芽时期；第二，秦汉至南北朝是起步时期；第三，唐宋五代是形成时期；第四，明清是成熟时期；第五，晚清及民国是演变时期；第六，新中国成立以来的岭南派建筑与岭南建筑学派。岭南传统建筑文化深厚广博，源远流长，无论是在观念、技术和艺术等诸多方面都蕴含着岭南人民深深的民族及地域情感，反应出他们的审美情趣及哲理思考。构成岭南建筑特点和特色的正是三雕二塑、一嵌瓷、一彩画的传统建筑技艺。

本人三十多年来一直从事岭南建筑设计创作实践与研究，先后出版了《岭南建筑新语》、《岭南建筑学派》、《中国岭南建筑文化源流》三本专著，都是紧紧围绕着岭南建筑设计创作、岭南建筑理论创新、岭南建筑历史挖掘三条脉络，力求从传承与创新、更新与发展等方面，阐释岭南建筑文化。

《岭南传统建筑技艺》一书则是从岭南的传统技艺技法角度挖掘岭南建筑的建造技术和艺术特色，努力地弘扬传承岭南建筑文化艺术。本书是对岭南传统建筑技艺的研究归纳和总结，系统性地梳理岭南传统建筑建造技术的特点，因为得到了10余位岭南传统建筑名匠及他们团队的支持，所以本书对传统技艺技法的讲解非常详细，能够让广大读者清楚了解岭南建筑技艺传统做法的每个步骤，这是目前其他书籍资料所没有的，也是本书的难得之处。此外，本书图文并茂，案例丰富，每种建筑技艺都有代表性建筑，让读者更容易理解。书中集合了对岭南地区代表性的古建筑技艺的解读，涉及的古建案例达40余处，可读性很强，读者可以跟随作者进行一次岭南古建筑之旅。

本书对岭南传统建筑技艺进行了非常有价值的探索，发掘出了岭南传统建筑文化技艺的历史价值，所得成果也使本人受益匪浅。同时我们还希望在《岭南传统建筑技艺》出版后，继续分别出版《岭南灰塑专集》、《岭南陶塑专集》、《岭南木雕专集》、《岭南砖雕专集》、《岭南嵌瓷专集》、《岭南彩画专集》，将传统岭南建筑技艺技法汇编成图册，这样既便于推广传播，又可作为学生学习传统技艺技法的工具书。

王河

南粤工匠　博士/博导

二零一八年农历正月

序
二

　　细读《岭南传统建筑技艺》一书，获益良多。本书内容多元丰富，特别着重于传统建筑的装饰艺术方面。本人也曾经钻研台湾之传统建筑，也担任过文化资产之审议委员多年，发觉本书虽以广东潮汕之传统建筑研究为主，但因台湾之传统建筑也多源自福建与广东之传统建筑，故本书之丰富内容可以作为台湾学者研究传统建筑溯源之启发。详读本书之内容，探讨了广东潮汕之传统建筑装饰技艺之灰塑、陶塑、木雕、石雕、砖雕、嵌瓷与彩绘，大量收集自田野的基础资料可给予研究者多面向之参考，特别针对台湾研究传统建筑的学者。其中，陶塑与嵌瓷两者，台湾传统建筑多见于屋脊与屋顶装饰上，且多以剪黏、交趾陶称之，此与潮汕之传统建筑称法稍有不同，但本质上是相通的，比较台湾传统建筑常见者更多元，花式更多颇为可观。其他方面在探讨台湾传统建筑装饰，每多较涉及木雕、石雕、砖雕、彩绘之属，本书中之灰塑（台湾称之为泥塑）、砖塑之讨论少见于台湾学者之研究中，即使有也是数量嫌少。如此一来，本书丰富翔实的说明确实提供两岸有志于研究如此专题之学者，能够有一个极佳的研究渠道，这是特别要指出的重点。综观本书内容，图文并茂，取材多元的面向，可见作者之研究用心，也基于以上的说明，特以推荐本书，确实可以令读者有丰富的收获。

台湾中原大学设计学院院长
二零一八年农历正月

前言

习近平总书记在党的十九大报告中指出："中国特色社会主义进入新时代，我国社会主要矛盾已经转化为人民日益增长的美好生活需要和不平衡不充分的发展之间的矛盾""深入挖掘中华优秀传统文化蕴含的思想观念、人文精神、道德规范，结合时代要求继承创新，让中华文化展现出永久魅力和时代风采""加强文物保护利用和文化遗产保护传承"。中共中央办公厅、国务院办公厅印发《关于实施中华优秀传统文化传承发展工程的意见》指出："加强历史文化名城名镇名村、历史文化街区、名人故居保护和城市特色风貌管理，实施中国传统村落保护工程，做好传统民居、历史建筑、革命文化纪念地、农业遗产、工业遗产保护工作""实施非物质文化遗产传承发展工程，进一步完善非物质文化遗产保护制度。实施传统工艺振兴计划"。为了保护传统建筑技艺，弘扬岭南建筑文化，2016年5月广东省住房和城乡建设厅开展了首届"广东省传统建筑名匠"认定工作，2016年12月22日，广东省副省长许瑞生在广东建设职业技术学院为9位首届"广东省传统建筑名匠"授牌。9位名匠分别是：嵌瓷名匠卢芝高、营造名匠纪传英、砖雕名匠何世良、陶塑名匠何湛泉、壁画名匠吴义廷、灰塑名匠邵成村、木雕（大木作）名匠肖楚明、木雕名匠林汉旋和彩画名匠黄瑞林。

岭南传统建筑历史悠久，特色鲜明，其建筑风格精细繁密，色彩艳丽，既保持传统特色，又融汇中西方建筑特色，在我国传统建筑中独树一帜。岭南传统建筑分为广府建筑、潮汕建筑以和客家建筑，广府建筑特色的镬耳屋、潮汕特色的五行山墙老厝、客家特色的围龙屋等不仅反映出岭南人民高超的营造技术，更反映出岭南人民对美好生活的向往，对生活品质的追求。岭南传统建筑具有丰富的历史、艺术、科学等价值，是中国传统建筑领域的重要遗产，也是人类文化的珍贵财富。

岭南传统建筑技艺精湛绝伦，弥足珍贵，千百年来，历代岭南建筑工匠辛勤劳动，充分利用岭南自然资源，结合岭南人民生活特点，形成了风格独特的建筑技艺，在中国建筑技艺之林中占有重要的地位。岭南传统建筑工匠技艺高超、巧夺天工，其作品题材广泛，实用与艺术相结合，结构精巧、造型生动、惟妙惟肖。改革开放以来，随着经济的快速发展和城镇化进程的步伐加快，人们对传统建筑的建设和维护关注度不够，造成传统建筑行业不景气和市场惨淡，传统建筑技艺学习枯燥且漫长，导致大量的年轻人不愿意学习传统建筑技艺，而熟练掌握传统建筑技艺的工匠普遍年事已高，这些弥足珍贵的传统技艺日渐式微，面临失传的危险，将会对今后古建筑的修复、仿古建筑的营造造成巨大的困难。因此传承岭南传统建筑技艺，弘扬岭南建筑文化已刻不容缓，迫在眉睫。

时代在飞速变迁，工匠们却在岭南传统建筑行业执着坚守几十年，他们精益求精，不断创新，用心传承着宝贵的经验，为岭南传统建筑文物修复做出了杰出贡献，为传统建筑工艺的传承与发扬贡献了巨大力量，向我们诠释了新时代的"工匠精神"。项目团队与工匠们交流，不仅系统学习了岭南传统建筑知识，充分领悟了"匠心精神"，更收获了满满的感动。在与工匠们交流过程中，他们谈到最多的不是自己过人的技艺和精美的作品，而是传统技艺的传承，他们最担心的是传统技艺会因后继无人而逐渐消亡。而正是出于对他们苦心孤诣，用心传承的感动，以及对岭南传统建筑的热爱，让我们责无旁贷的肩负传统建筑技艺传承这份沉甸甸的责任。

为弘扬岭南传统建筑工匠精神、传承岭南传统建筑营造技艺和培养岭南传统建筑技艺人才，广东建设职业技术学院在创新强校项目中设立"鲁班文化建设项目"，旨在对岭南传统建筑技艺和传统建筑文化进行挖掘、整理、研究、传承和发扬光大。广东建设职业技术学院鲁班文化建设项目在郭晓敏老师、刘光辉老师的带领下组成30人团队对岭南传统建筑技艺进行调研，项目团队历时一年，先后前往广府地区、潮汕地区和客家地区等100多处古建遗迹、50多位建筑名匠及工匠调研，取得了翔实的一手资料，经过大量、细致的文字图片整理、后期编排等工作，汇编成《岭南传统建筑技艺》这本著作。本书在编著过程中得到了广东省住房和城乡建设厅的悉心指导，南粤工匠王河博士（澳门城市大学博导）、广东广东工业大学建筑与城市规划学院朱雪梅教授及台湾中原大学设计学院院长陈其澎教授对本著作给予了宝贵的建议，广东省首届传统建筑名匠卢芝高、纪传英、何世良、何湛泉、吴义廷、邵成村、肖楚明、林汉旋和黄瑞林9位名匠为本书的编撰提供了大量的珍贵资料，也有许许多多默默无闻民间工匠们和社会人士为本书的编辑提供了难能可贵的帮助，在此一并表示感谢和敬意。

对于岭南传统建筑，广大研究机构和学者研究得并不少，但对于岭南传统建筑技艺研究得并不多，而建筑技艺是能够反映建筑营造和装饰技巧的关键，以前从事建筑工艺的匠人地位卑微，传统建筑技艺和劳动智慧乏人关注。本书是对岭南传统建筑技艺的挖掘、梳理和归纳，引起大家对古建筑营造技艺的关注，让人们了解岭南传统建筑的特色和七种建筑技艺的魅力，从而对岭南传统建筑有更多的了解，群策群力，使岭南传统建筑技艺能够被保护和传承下去，成为后代子孙精神家园。本书第一部分主要介绍了岭南传统建筑与传统建筑技艺的发展，对岭南的三种代表性传统建筑：广府建筑、潮汕建筑与客家建筑的特点进行了介绍。第二部分分别从木雕、砖雕、石雕、陶塑、灰塑、嵌瓷和彩画七个方面进行建筑技艺的撰写，较完整地记录了每种技艺的发展历史、题材特点、制作流程、载体及应用和发展现状。

岭南传统建筑技艺的传承和发扬，需要一代又一代人的共同努力，而只有与工匠们真实接触，才能了解传统建筑背后的故事。本书除了用图片文字对建筑技艺进行记录外，还希望为大家创造更多与建筑名匠接触的机会。他们身上所体现出来的对建筑技艺的热爱与执着，每每令我们感动落泪，也正是在他们的感召和支持下，项目团队才能不揣浅陋，立志为岭南传统建筑技艺的传承与发展贡献绵薄之力。

本书信息量较大，在撰写、编辑等方面难免有所缺憾，请大家斧正，项目组不胜感激！

广东建设职业技术学院
岭南传统建筑技艺研究中心
鲁班文化项目建设团队
2017 年 12 月

目录

第一部分　岭南传统建筑与建筑技艺

1.中国传统建筑文化之岭南建筑..............................002

2.岭南建筑技艺的种类..............................003

3.岭南建筑三大体系..............................004

4.岭南传统建筑装饰题材和特点..............................016

参考文献..............................018

第二部分　岭南传统建筑技艺

一、灰塑..............................023

1.灰塑的历史发展..............................024

2.灰塑的题材及风格特点..............................029

3.灰塑制作工艺..............................035

4.灰塑的载体及应用..............................047

5.灰塑的现状与传承..............................066

参考文献..............................069

二、陶塑..............................071

1.陶塑历史..............................072

2.陶塑的题材及特色..............................077

3.陶塑制作工艺..............................087

4.陶塑的载体及应用..............................098

5.陶塑的传承与发扬..............................112

参考文献..............................121

三、木雕 **123**

1.岭南木雕历史发展 124

2.木雕的种类、题材和特色 127

3.木雕制作工艺 141

4.木雕的载体及应用 153

5.木雕的传承与发扬 179

参考文献 183

四、石雕 **185**

1.石雕的历史发展 186

2.岭南石雕的题材及特点 190

3.石雕的制作工艺 197

4.石雕的载体及应用 204

5.传承和发展 218

参考文献 220

五、砖雕 **223**

1.砖雕 224

2.广府砖雕的题材及特点 227

3.砖雕制作工艺 234

4.砖雕的载体及应用 241

5.传承与发扬 255

参考文献 256

六、嵌瓷 259

1.潮汕嵌瓷的历史发展 260

2.潮汕嵌瓷的题材及特点 263

3.嵌瓷的材料与制作工艺 271

4.嵌瓷的载体及应用 279

5.嵌瓷的传承和发展 286

参考文献 290

七、彩画 293

1.彩画的历史发展 294

2.桐油彩画 300

3.漆画 312

4.壁画 327

参考文献 353

附录一 抱鼓石、经幢、牌坊立面详图 355

附录二 为撰写本书已调研地点 358

附录三 传统建筑结构、装饰含义和寓意简介 360

附录四 岭南古建参观指引——本书走访的古建 376

第一部分
岭南传统建筑
与建筑技艺

1. 中国传统建筑文化之岭南建筑

　　中国传统文化博大精深，传统建筑文化是其中极其重要的组成部分，不同的地域呈现出各自精彩纷呈的地域建筑文化。在独特的地理环境、久远的历史文化和淳朴的民俗民风条件下发展起来的岭南传统建筑，拥有悠久的发展历史。作为中国八大建筑派系之一，岭南建筑基于传统，又承接现代，扎根本土，又融合中西，具有鲜明特点，别具一格，又极具文化价值。

1.1　岭南建筑地理环境

　　自然环境是人类社会生存与发展的基础，也是文化存在和发展的必备条件。岭南的地理环境和气候条件对岭南经济、政治及文化的形成，都有很大的影响。岭南地处华南地区，因在南岭（又称五岭）以南而得名，即越城岭、都庞岭（揭阳岭）、萌渚岭、骑田岭、大庾岭五座山岭。一般而言，岭南是指南岭山脉以南地区，包括广东省、海南省、广西壮族自治区的大部分地区，还包括香港和澳门。岭南地区跨越中亚热带、南亚热带和热带，气候炎热，潮湿多雨，四季区分不明显，山地丘陵地貌众多，海岸线迂回曲折。岭南地区特殊的自然地理气候条件对岭南建筑的发展起着重要作用。岭南建筑因地制宜又打破了自然地理气候条件的限制，例如岭南建筑一般空间开敞以适应湿热的气候条件，建筑朝南的布置可以形成冬季背风朝阳、夏季迎风纳凉的宜居环境，又例如具有鲜明岭南特色的镬耳墙，除了可以起到防火作用外，更起到了使房屋减少日晒的调节室内气温的作用。岭南地区独特的地理气候环境，形成了岭南建筑鲜明的建筑特点。

1.2　岭南建筑人文环境

　　岭南原始居民为百越民族，秦国统一岭南以后，出现了以中原文化为主的岭北汉文化大规模融入的局面。岭南地区经历了各个历史时期的民族融合，造就了今天主要由广府、客家和潮汕三大民系的民风民俗形成的人文环境。岭南地区很早以前就有与海外进行文化交流的风气，从古代的海上丝绸之路到近代的一口通商，从外来传教到华侨交流，岭南地区都起着重要的桥梁作用。明清时期，封建经济与文化在岭南地区得到蓬勃发展；1840年鸦片战争以后，中西文化在岭南地区激烈碰撞，岭南最早成为近代西方文化思想影响的地区。岭南地区在各个历史时期受到不同外来文化的熏陶，加上与本土民族文化的融合发展，形成了岭南民族敢于冒险、敢于创新、兼容并包的气质，这些特质反映在岭南建筑上，形成了近现代烈士陵园、中山纪念堂、开平碉楼等大胆创新的极具岭南地方特色的建筑。

2. 岭南建筑技艺的种类

　　建筑装饰工艺的产生和发展是特定历史时期政治、经济、文化、技术诸多方面条件的综合产物。岭南传统建筑装饰艺术能够形成它独特的艺术样式，是依靠三个最基本的社会条件的，即特定人群的观念意识、一定的社会生产方式和特殊的民俗生活环境。岭南人民在自身独特的文化基础上，适应本地区的地理、气候、生产和生活情况，发展了一系列服务于社会各阶层人民的传统建筑类型。清代后期岭南地区经济繁荣，商业及手工业高度发达，为建筑装饰的丰富化提供了必要的物质和技术支持。

　　岭南地区传统建筑装饰的工艺以木雕（图1-1）、砖雕（图1-2）、石雕（图1-3）、陶塑（图1-4）和灰塑（图1-5）为主，分别装饰在屋顶、山墙、门面、隔板、檐下、屏风、门扇等处，在表现形

图1-1　木雕（南社古村）（左上）

图1-2　砖雕（资政大夫祠）（左下）

图1-3　石雕（陈家祠）（右上）

图1-4　陶塑（南社古村）（右中）

图1-5　灰塑（开平自力村）（右下）

式上则可分为浮雕、圆雕、高浮雕和多层高浮雕。套色玻璃工艺在满洲窗、隔扇中大量使用，是岭南地区传统建筑中极富地方特色的装饰工艺之一。在中国传统建筑中，以铸铁作为庭院装饰是极少见的，但在岭南传统建筑的杰出代表作品陈家祠中，它的连廊铁柱和月台十六块铁铸双面通花栏板，是我国传统庭院建筑装饰艺术之杰作，其大胆新颖的手法充分凸显了融会贯通的岭南地区特质。总体而言，岭南地区传统建筑的装饰风格或华丽典雅或古朴清逸，展现出深厚的岭南文化底蕴。

3. 岭南建筑三大体系

与广府、潮汕和客家三大民系相对应，岭南地区形成了与三大民系相对应的三大民居建筑体系——广府民居、潮汕民居和客家民居。为适应岭南地区的自然气候环境、社会经济水平和生活特点，广府民居中出现极具特色的"三厅两廊""竹筒屋""西关大屋"，解决了通风、防热、防潮等问题；潮汕民居形式多样，包括有"竹竿厝""下山虎""四点金""驷马拖车"等民居种类；客家民居则形成了注重风水的围屋土楼，极具客家地方特色。

与中原地区的传统建筑进行比较，岭南建筑的地域特征更加明显：建筑风格精巧缜密，木构建筑较多采用歇山顶、硬山顶、穿斗式或穿斗抬梁式等结构，部分保留了中原地区的早期建筑手法，建筑装饰强调立体感，色彩艳丽，装饰题材倾向于世俗务实；岭南建筑与地方气候环境良好结合，注重防风、防洪、防潮、防腐、防火的设计，建筑布局多样，重视与地形结合。

3.1 广府建筑

广州作为岭南地区社会、政治、经济和文化的中心，从明朝开始随着人口的涌入和经济的发展，城市建设得到了进一步的发展，城市规模远超前代，成为中国岭南地区首屈一指的大都市。城内街道纵横，各类建筑鳞次栉比，官署、学宫、书院、寺观、佛塔、商铺、民居分布其中。现今广州城内所留下的古建筑，大多在明清时期建造或进行了大规模的重修。明清时期也是广府地区社会经济发展的重要阶段，此时的广府民间建筑发展迅猛，极大地丰富了广府民间的建筑类型。作为与官式建筑相对应的营造体系，广府地区保留下来的民间建筑类型大量表现在住宅、祠堂和庙宇，民居建筑、祠堂建筑以及各类民间祭祀庙宇遍布城镇乡村，它们的装饰工艺也日益精美且复杂，建筑装饰的色彩更加丰富多样，地域风格更加明显。受岭南地区的潮湿气候和中国传统建筑文化的影响，广府民居多采取密集布局，用天井相隔建筑，用厅堂、廊道或巷道连接，满足通风、防热、防潮等方面的需要。

3.1.1 官式建筑

官式建筑是指由地方官府出资修建或管理的建筑，如官署、学宫、孔庙、书院等，佛教寺庙与道观等宗教建筑也多由地方官府管理，因此，以广府地区现存的传统建筑为重点研究对象，将这些传统建筑按照学宫建筑、宗教建筑分两大类，分别分析其建筑色彩及影响其色彩的因素。

（1）学宫建筑

学宫，又称孔庙、文庙，是明清时期地方祭祀孔子和历代圣贤以及举行教育活动的场所，每个县级以上的城市都建有学宫，其中山东曲阜孔庙的规模最大，等级最高。目前广府地区依然保留完好的学宫建筑有：番禺学宫、新会学宫、揭阳学宫、兴宁学宫、德庆学宫（图1-6）、开平学宫、高要学宫等。

（2）宗教建筑

各个时期的各种文化在广府地区激烈碰撞与融合，各种宗教在广府地区得到较大的发展，相应地也促进了宗教建筑在广府地区的发展。广府地区现存的传统建筑中，数量最多的是明清时期的宗教建筑，包括佛教寺院、道观等等，这些宗教建筑在岭南建筑史上占有非常重要的地位。回看广府地区宗教建筑的发展，佛教在广府地区的大力传经弘法，促成了广府地区大量佛教寺院的兴建，其中包括著名的光孝寺（图1-7）。此外，广府地区的著名宗教建筑还有六榕寺、大佛寺和净慧寺等。

图1-6　德庆学宫（肇庆）

图1-7　光孝寺（广州）

3.1.2 广府地区民居建筑

明清时期是岭南三大民系形成的阶段，也是民居建筑发展的成熟阶段。岭南民居类型多样，其中极具代表性的是广府民居。广府民居中最有特色的则是广州西关地区的民居建筑，按照平面和空间布局的不同，大体可以分为西关竹筒屋、西关明字屋以及天井院落式民居等。

（1）广州西关竹筒屋

竹筒屋（图1-8）即单开间的民居，其平面布局像一节节竹子，故名竹筒屋。西关竹筒屋呈联排式布局，其平面布局（图1-9）分为前、中、后三部分，前部为大厅和门厅，合称为"门头厅"，大门为双扇开，较高大，木质，漆黑色油漆，大门外一般还有"趟拢门"，漆红色或黑色油漆，为了安全考虑一般再加一道栅门。它的平面特点是每户面宽较窄，常在4米左右，进深视地形长短而定，通常短则7~8米，长则12~20米。这样的平面布局与社会经济和自然因素有关，其一，是由于广州西关地区是商贸中心，寸土寸金，民居平面布局只能向纵深发展；其二，广州地区气候炎热，潮湿多雨，这一布局利于通风、采光和排水。竹筒屋一般为普通民众所居住，因此在建筑装饰上比较注重实用性，较少有繁复的装饰，色彩上也较为简单，在房屋的重点部位，如立面的门、窗等部分略加装饰。屋顶多用灰色瓦，墙面多用青砖砌筑，不加粉饰，墙脚台基多用白磨石，看起来清新淡雅，在湿热的气候环境下，这种色彩给人以清爽的感觉。

图1-8 竹筒屋（源于《广东民居》陆琦）

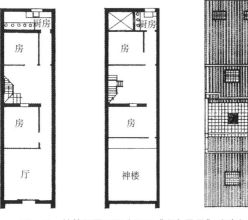

图1-9 竹筒屋平面图（源于《广东民居》陆琦）

（2）三间两廊式民居

三间两廊式（图1-10、图1-11）即三开间主座建筑，前带两廊和天井组成的三合院住宅，是广府地区民居的主要形式，尤其是在乡村民居中是较为常见的住宅类型。其主要布局（图1-12~图1-14）是住宅前部为门屋或门廊，入口处的立面内凹，并多以条石为框，上部檐下饰有雕花檐板，内外山墙顶粉饰繁简不一，花样有沥粉彩绘，地面以石板为阶上至入口。门屋内有天井院，地面铺设阶条石或海墁方砖。院内高大的正屋正对门屋，是住宅主体，一般三开间，单进深，侧面山墙和后背墙不开门。正屋的明间设前墙，入口门居中且较梢间有少许缩进。屋顶主要以硬山顶为主，山墙分为硬山和悬山两种，

图1-10、图1-11 三间两廊式民居（源于《广东民居》陆琦）

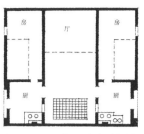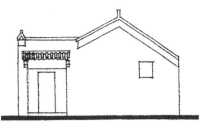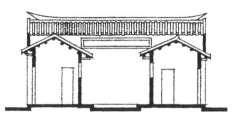

图 1-12 三间两廊式民居平面图（源于《广东民居》陆琦）

图 1-13 三间两廊式民居立面图（源于《广东民居》陆琦）

图 1-14 三间两廊式民居剖面图（源于《广东民居》陆琦）

其中硬山山墙采用青砖石脚砌筑，墙体高耸，轮廓明显，上墙顶部以镬（锅）耳式、三角式、五行式等造型。

（3）广州西关明字屋

广州西关地区除了竹筒屋外，还有其他形式的民居建筑，其中一种是明字屋民居，其平面格局与竹筒屋基本相同，不同的是竹筒屋为单开间，而明字屋为双开间，类似于"明"字，故名。这一类的民居是相对富裕的家庭所建，一般都建成两层，以充分利用土地。明字屋里面的装饰与竹筒屋基本相同，各个不同部位的色彩也基本一样。

（4）广州西关大屋

广州西关地区还有一种大型天井院落式民居，习惯称作西关大屋（图 1-15）。西关大屋从平面布局、立面构成、剖面设计到细部装饰等，都有它一整套成熟的模式和独特的地域风格（图 1-16）。西关大屋的平面呈长方形，一般临街而建，进深较深，一般为三开间，正中的开间为"正间"，两侧的开间称为"书偏"。正间以一条中轴线串起多个厅堂，依次为门廊、门厅、轿厅、正厅、头房、二厅和二房等。两侧的书偏主要分布着偏厅、书房、卧室、厨房等。到了清末，有些大屋还带有园林、戏台等，将园与民居巧妙地结合在一起，使西关大屋更加适合居住、休闲，满足了更多的居住需求。

图 1-15 西关大屋（源于《广东民居》陆琦）

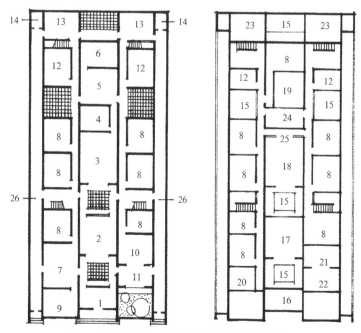

图 1-16 西关大屋平面（源于《广东民居》陆琦）

3.1.3 祠堂

在岭南地区数量繁多的祠堂建筑中，广府地区的乡村祠堂最具有代表性，明代中期的祠堂形制多按照《朱子家礼》所规定的内容来建造。经过对比、分析和归纳，明代中晚期广府地区祠堂建筑的一般形制，即一路三进三开间，这种类型的约占所统计祠堂的70%，另外还有一种更大型的祠堂，其形制为一路三进五开间，这些祠堂往往是那些势力强大、经济实力雄厚、人口众多的大宗族所建设的。所谓"路"就是指一座祠堂内单体建筑沿着一条纵深轴线分布而成的建筑序列被称为一路。"进"是祠堂主体建筑面阔方向平行的单体建筑的称谓，而"间"则是指祠堂主体建筑的开间，开间一般为奇数，如单开间、三开间和五开间。一般而言，由路、进、间就可以确定一座祠堂的大致规模和基本形制，例如番禺沙湾的何氏家族，依靠占有数量庞大的沙田而致富，所建何氏大宗祠（又称何留耕堂）规模宏大，至今保存完好（图1-17）。

3.1.4 祭祀建筑

广府地区的庙宇建筑星罗棋布，数量众多，其中既有官式庙宇，如佛山祖庙（图1-18）等，又有民间小庙，如土地庙等。

3.1.5 古典私家园林

广府地区的古典私家园林建筑一般又称为庭园式住宅，相对于普通民居而言，其建筑规模、占地面积都较大，广府庭园式住宅在布局中充分考虑地理、气候的特点，注意朝向、通风条件和防晒降温。庭园式住宅布局有两种方式，一种是前疏后密式，一种是连房广厦式。广府地区的私家园林中以佛山梁园与顺德清晖园、番禺余荫山房及东莞可园最具有代表性，并称为岭南四大名园。

3.1.6 殖民地外廊式建筑

广府地区现存殖民地外廊式建筑主要集中在广州沙面等早期开埠或租界地区，另外在江门、三水等地也有早期殖民地外廊式建筑的遗存。

图1-17 何留耕堂（番禺）

图 1-18　佛山祖庙（佛山）

3.2　潮汕建筑

潮汕地区，人口稠密，传统村落规模宏大，千人聚落比比皆是。村落布局以密集式布局为代表，以一个或数个方正规整的大型民居为主体，体现了民居建筑的规划性。潮汕人称住居为厝，从厝是潮汕民居的特有要素，以从厝包绕中轴厅房的向心围合模式是潮汕大型民居特有的建构方式，驷马拖车、百鸟朝凤等民居样式均以此法生成，严整对称、蔚为壮观。潮汕人重视教育，官宦商贾的宅居之中普遍设置书斋庭园，小巧精致、活泼秀丽，既美化环境又陶冶身心。潮汕地处封建统治的边缘，16、17 世纪的韩江流域因山贼、海盗、倭寇的空前活跃而引发了严重的地方动乱，导致了长达百余年的筑城建寨运动，造就了"依山围楼临海寨"的防御性住居格局。"精细"是潮汕人重要的品格特征，其村落民居雕梁画栋，装饰精美堪居岭南三大民系之首。五行山墙和嵌瓷更是潮汕人对美的创造性诠释。潮汕的地理位置和自然环境的独特性，始终都是影响着潮汕建筑历史发展的重要因素。潮汕民居的建筑方位一般是取朝南偏东的，以南为主，这样一来冬天可挡住严寒的北风，夏天则可以接受凉快的南风。

3.2.1　潮汕民居建筑种类

在潮汕地区，常见的居住模式有十几种，受制于不同的用地条件、家庭人口构成和经济实力，从根本上说没有脱离汉族住居典型的三合院、四合院的基本形式。潮汕传统社会的平常人家，在明清时期也普遍出现大家庭解体，3~5 口为平均规模的中小家庭林立的趋势，为适应于这种使用需要，"下山虎"和"四点金"的房屋构成和配置能够比较完善地解决其居住问题，因而它们成为村落的基本居住单元。在市镇，由于受商业利益的驱使而产生"竹竿厝""单佩剑""双佩剑"等特有单元。

（1）四点金

"四点金"是潮汕风俗的独特建筑,因其四角上各有一间其形如"金"字的房间压角而得名。"四点金"的建筑格局跟北京的四合院非常类似（图1-19、图1-20）。"四点金"外围一般有围墙,围墙内打阳埕,凿水井;大门左右两侧有"壁肚";一进大门就是前厅,两边的房间叫前房;进去就是空旷的天井,两边各有一间房,一间作为厨房,称为"八尺房"。另一间作为柴草房,一般称为"厝手房";天井后面就是后厅,也称大厅,是祭祖的地方,两边各有一个大房,是长辈居住的卧室。"四点金"一般不对外开窗,窗只开向内庭。

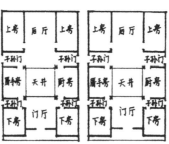

图1-19　四点金　　　　　　　　　　　　　　　图1-20　四点金
（源于《中国岭南建筑文化源流》）　　　　　　（源于《中国岭南建筑文化源流》）

"四点金"的建筑形制还有许多种。只有前后四个正房,没有"厝手房"及"八尺房",而四厅齐向天井的,称"四厅会";前后房都带"厝手房"和"八尺房"的,变八房为十室的称为"四喷水"。如果在"四点金"外围建一圈房屋,就叫作"四点金加厝包"。

（2）下山虎

"下山虎"建筑在潮汕地区的农村中较为普遍,又称为"爬狮"（图1-21、图1-22）。建筑格局比"四点金"简单,比它少了两个前房,其余的基本一样。"下山虎"因为出入门路不同,因此有开正门和边门的区别。通常中间不开门,而是两边开门,两边的门又称为"龙虎门",也有只开正门而不开边门的。

图1-21、图1-22　下山虎（源于《潮汕民居》陆琦）

（3）驷马拖车

"驷马拖车"也称"三落二火巷一后包",是"四点金"的复杂化。"驷马拖车"整个建筑的各个部分都有它特殊的功能。头进的"反照"是为了遮挡路人和客人的视线,不致使屋里一览无遗。

通廊是主人和来访客人停放交通工具的地方。南北厅是平时接待客人用的，而长辈们重要的会见和议事则在二进和三进的大厅进行。三进的大厅还设置祖龛供奉祖宗灵位（图 1-23、图 1-24）。现存较完整的"驷马拖车"，可在澄海区隆都镇的"慈黉爷故居"即陈慈黉故居及普宁市洪阳镇的清提督府"德安里"看到。

（4）竹竿厝

"竹竿厝"多为单开间式，一般厅、房合在一起布置，也有部分是厅、房分开布置的，厝前常带小院，厝后带天井厨房。通常"竹竿厝"的开间跨度不大，一般 4 米左右，而面宽多以瓦坑数来计算，一般为 15~21 坑（每坑约 27 厘米，即木行尺 9 寸），结构也较简单。"竹竿厝"的进深最大可达十几米，为其面宽的三四倍，因此非常形象地以竹竿来形容其瘦长的程度。

（5）单佩剑

"单佩剑"多为双开间式，它在"竹竿厝"的基础上发展而成，平面进门为大厅，旁为卧房，后带天井厨房。"单佩剑"一般多为平房，砖木结构、土坯墙，当然也有二层的，开间跨度也不大。由于入口门斗的凹入，正立面给人明显的不对称感，形成单侧跨佩剑之势，故称"单佩剑"。

（6）双佩剑

"双佩剑"是由"单佩剑"的基础上发展而成，即三开间式，也即三合院带后院天井的形式，一般在城镇中较多采用，在农村中则多用设前天井的下山虎平面。

3.2.2 潮汕民居建筑特色

潮汕民居具有显著的地域特色，建筑特点鲜明，具有很高的美学价值。潮汕民居的建筑特色可归纳为以下五个方面：

（1）潮汕民居类于皇宫

潮汕民居的主要特色是将传统的建筑文化与潮汕特有的传统工艺美术如金漆木雕、工艺石雕、嵌瓷艺术、金属工艺以及书法、绘画艺术等最大限度的融合。潮汕民居建筑金碧而不庸俗、淡雅而

图 1-23　驷马拖车（源于《潮汕民居》陆琦）

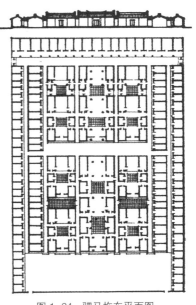

图 1-24　驷马拖车平面图
（源于《潮汕民居》陆琦）

有韵味，具有浓郁的文化底蕴和豪华气派，无论在建筑序列格局还是装饰工艺等方面都可以与皇宫相媲美，故自古就有"潮州大厝皇宫起""京华帝王府、潮汕百姓家"之说。

（2）规模庞大

潮汕民居保留着唐宋世家聚族而居的传统，形成了大规模的村寨等建筑群体，再加上地方经济发达、人文鼎盛，所以建筑规模大多宏伟壮丽。潮汕民居中的次要建筑则围绕主体建筑，相连成片，为一外部封闭而内部敞开的建筑群体，聚族而居（图1-25）。

（3）轻巧通透

所谓"轻巧"，一是单体体量较小，普遍不及中原地区和江南地区民居建筑的宽敞高大；二是外表视觉效果不及中原地区之威严，也不及江南地区之俊逸。潮州建筑的色调偏灰浊，着重于屋脊、梁架、墙头、檐下等重点部位加强装饰，而这些装饰构件往往同建筑构件的实用功能有关，同时带给建筑轻巧之感。

所谓"通透"，是指潮汕民居在整体上注意透风，既有利于建筑材料上去潮防朽、延长寿命，更着眼在潮州长夏无冬的自然气候条件下，居住活动舒适凉快。潮汕民居建筑内部空间讲究聚气、通风和遮阳，梁柱架叠，层层推进，重线条分割而纤细秀丽，营造出潮汕建筑通透的感觉。

（4）装饰精致

潮汕民居中的壁画、中脊、嵌瓷、木雕、彩绘和厝头等都是极具地域代表性的装饰工艺。潮州民居从外到内极重装饰，而且追求豪华、典雅。屋脊之装饰，屋顶之龙凤及仙人走兽的嵌瓷，精美绝伦之木雕、石雕工艺等，都是潮汕民居之特色。潮汕建筑可谓建不厌精，旧时建筑师傅总是建了一会儿后就停下来几个人端详讨论，提出批评意见，然后再修改，往往一个小小的细节都要来回修改好几次。而"一条牛索激死三个师父"的建筑掌故，应该是最能说明潮汕民居的"精"已达到登峰造极的地步。

图1-25 潮汕民居（潮州及第巷）

（5）讲究风水

潮汕建筑非常讲究风水，比如屋外侧顶部山墙塑脊饰甚为讲究，常根据所处地理位置的五行属性等做成金、木、水、火、土五星灰塑（图1-26），其中火星仅限于寺观祠庵采用，这有传统的哲理思想，又受阴阳五行学说与约定俗成的影响。而建筑选址、朝向、格局、植被等就有更多的讲究了，比如门前要有水、天井要有适当的过白、厅房要恰当穿插、前种榕后种竹等等。并因此还留下了虱母仙、余半仙等选风水和营造建筑的许多传说。

3.2.3 独特的建筑方式和材料

直到今天，潮汕地区依然沿用古老的"版筑"建筑方式（即"傅说举于版筑之间"的"版筑"）。潮汕民居的建筑原料一般采用红土和砂砾搅拌后筑成墙体，而不需要耗掉田里的泥土砖块来筑墙，然后用泥沙和贝壳灰搅拌后涂墙面，也有部分是夯土或以木、草织成墙体，古时候海滨贫民所居就多为这种称为"涂（草）寮"的茅屋，石材则多用于建筑构件的门框、栏板、抱鼓石、台阶、柱础、井圈、梁枋和石牌桥、石塔、石桥大型建筑物的建造。而潮汕民居的屋面与屋脊，则有通花陶瓷压顶，既可以透风又能压顶防风，还有双层（或三层）青瓦上层为食七留三，底层食三留七，再压瓦筒，于两瓦之间隔热泄水。

3.3 客家建筑

广东以及香港、澳门地区，是客家人聚居的主要区域之一。由于客家人重视宗族观念，通常聚族而居，而且为了预防盗贼骚扰，客家建筑多以围屋和排屋的形式出现。客家围屋，主要分布于粤东、粤北、东江流域和环处珠江口的深圳、香港等地，其内涵丰富，形式多姿多彩，是珍贵的历史文化遗产。粤港地区的客家围屋，大体可以分为15种类型，其中尤以围龙式围屋、城堡式围楼和四角楼最具地方特色。

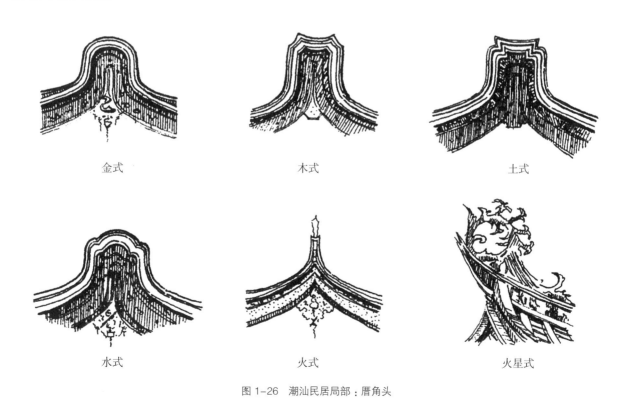

金式　　　　　　　　　木式　　　　　　　　　土式

水式　　　　　　　　　火式　　　　　　　　　火星式

图1-26 潮汕民居局部：厝角头

（1）方形围楼

方形围楼有多种形式，有正方形和长方形之分，"闽西式方形土楼"和"粤北的方形碉楼"是方形围楼的代表。"闽西式方形土楼"，是指用数层高的夯土墙四周围合，围内各层多为木结构的通廊式住房，中心形成一个矩形内院的夯土建筑，它对外封闭、对内敞开，庞大的外观，如同一座坚固的土堡。这种方形围楼在与闽西邻近的广东饶平、蕉岭、大埔、丰顺有零星分布。

（2）圆形围楼

圆形围楼犹如"天上掉下来的飞碟，地下冒出来的蘑菇"，真可谓鬼斧神工之作。这种环形的土楼，也有人称之为"寨"。圆形的布局、高大宏伟的气势，堪称世界民居奇观。圆形土楼内部结构有通廊式和单元式两种。土楼的直径由几十米至上百米不等。圆形土楼与方形土楼一样，分布在与闽西邻近的粤东大埔、饶平、蕉岭、丰顺一带，土楼内房舍结构多为单元住房。

（3）半月形围楼

半月形围楼主要分布在与闽西交界的广东大埔、饶平等地。饶平的饶洋、上饶、上善数量最多，其次是大埔的桃源，梅县东部也有零星分布。半月形围楼，外形与兴宁、梅县地区的围龙式围屋的后围相似，有的以两个或三个半月形重叠，高二层，第一层为单元式住房，围与围之间有宽约数米至十余米不等的巷道。粤东半月形围楼多见单围，半月形内环广场中间建有二堂或三堂式的祖祠，前面照例有禾坪、池塘。亦有环内空旷的半月形围楼，空地作为晾晒东西和举行活动的空间。

（4）椭圆形围楼

椭圆形客家围楼的代表——兴宁黄陂石氏中山公祠、罗岗刘氏恒丰楼和大埔湖寮黄氏中宪第，外形虽呈椭圆形（中山公祠为"螃蟹形"），但其用材、建筑结构与"闽西式"圆形土楼有很大的差异，平面布局与围龙式围屋比较接近。

（5）八角形围楼

八角形围楼，是方形、圆形土楼的综合体，其建筑方法、用材和建筑结构与圆形土楼最为接近，而其施工难度要大得多。建造这种多棱角的楼宇，就居住使用面积和舒适便利等方面与方形、圆形土楼相比，看不出其优越性，八角形的围楼造型很可能是出于风水方面的考虑。八角形围楼仅在广东饶平发现两座。

（6）围龙式围屋

围龙式围屋的分布，以客家聚居腹地兴宁、梅县为中心，向周边辐射，衍播东江流域以及环珠江口的深圳地区。围龙式围屋是广东客家民居中数量最多，规模宏伟，集传统礼制、伦理观念、阴阳五行、风水地理、哲学思想、建筑艺术于一体的民居建筑。

围龙式围屋的主体是堂屋。所谓堂屋，即中轴建筑为方形厅堂，最少的为二堂，一般三堂，堂与堂之间以天井相隔，上敞堂为祖公堂，中堂为议事厅，下敞堂进深小，呈长方形，为门厅。堂屋两边有衬祠，一般以巷径隔出明间、次间、梢间和尽间。堂屋两侧为横屋，后面建半月形的围屋联结横屋，半月形内为花头。有二横一围龙，四横二围龙……最大规模的为十横五围龙。围龙式围屋多依山而建，前低后高，突出中轴堂屋，蔚为壮观。门前为禾坪，前有低矮的照墙和半月形的池塘。围龙式围屋整体呈圆形，犹如阴阳两仪的太极图，寓意天圆地方。

有一部分围龙式围屋，出于防御的需要，在外横屋前后建碉楼，碉楼往往高出堂屋一层，故又称之为"四角楼"或带四碉楼的围龙式围屋。

（7）四角楼及其他角楼

分布于粤东北地区的四角楼，与"闽西式"方形土楼和赣南"土围子"有着渊源传承关系，更突出其防御功能。四角楼的主要特点是方形（更准确地讲是长方形）围屋四角加建碉楼。四角楼的外形和内部结构变化多端，粤东与粤北两地又各有各自的特点。

粤东四角楼一般中轴为堂屋，以三堂居多，左右横屋和上堂外墙相连成围，四角建高出横屋和堂屋一至二层，即二至三层的碉楼，碉楼凸出檐墙一米多。正面三门，中间（堂屋）为大门（正门），左右两侧横屋为小门（侧门），门前与围龙式围屋的布局相同，照例有禾坪、前护墙、半月形池塘。禾坪两头建出入"转斗门"。

粤北和河源的四角楼更富于变化，除碉楼顶装饰呈各种锅耳状外，有带二碉楼、四碉楼、六碉楼或八个碉楼和一望楼者。

（8）堂横式围屋

堂横式围屋的造型特征，是以中轴线上的敞厅堂、敞廊和天井构成三位一体的厅井空间，左右有平衡对称的厢房，无论是中轴或横屋，均以"四架三间"为基本构图，横屋偶数对称。整座楼宇的造型前低后高，突出中轴，堂屋高横屋低。由于整体结构高低有序，屋顶瓦面层层错落，成叠式瓦面，一般为五叠，一层层的瓦顶瓦檐有如五凤展翅，故有人将其称之为"五凤楼"。

（9）杠式围楼

杠式围楼与围龙式围屋在建造原则上有所不同。围龙式围屋是先建堂屋，后建横屋和围龙，随着家族的兴旺不断向外扩展。杠式围楼，在粤东的梅县、大埔分布较多，其他地区也有零星分布，香港地区的杠式围楼多在形式上有变化，而且小巧玲珑。

（10）城堡式围楼

城堡式围楼，外墙用"三合土"夯筑或青砖垒砌。围楼外部装饰有两大特点：一是四周檐墙上建女儿墙，檐额用青砖砌作数层菱角牙子；二是碉楼、望楼顶端两侧（山花）大都做成"锅耳"状，并有挑头装饰。内部结构的建筑形式有较大的变化，围楼四周（前排称倒座）是二层或三层高的单元式住房，内低外高，通常是一厅、二房、一天井、二廊。堂屋、横屋多为二层高的单元式房间。正门楼占一单元，进入大门穿过门厅为天街，天街将围楼和堂屋、横屋隔开。有些大门内建仿牌坊式建筑，上有灰塑图案和石刻。

（11）围村

围村，就是将一个村庄用围楼或围墙围拢起来，故有人称之为"寨"。围村深沟高垒，固若金汤，显然是出于防御的需要。其主要特点是横纵成行成列的房屋，四周被围楼或围墙包围起来，平面呈方形，四角设碉楼。围内的住房多为单元房，有斗廊式或"大齐头"（一厅一房）。

客家围村有的呈方形，有的呈不规则的圆形。围内房屋有的排列有序，有的比较凌乱。此外，围村内的住房有单间式的，也有堂横屋和单元式的，还有一间房中间建隔墙成了套间或"背靠背"前后开门的，形式多样。

（12）碉楼

在粤东、粤北以及河源、惠阳、深圳和香港等地区所见的客家碉楼，大都与围楼、围龙屋或"斗廊屋"结合在一起，且多为四角楼。唯独在粤北始兴等地区可见独立存在的大型碉楼，建筑占地面积200~400平方米不等，有四五层高。碉楼内有天井和水井（少数无天井），有的还设有祖（神）堂。

每层楼均为通廊式单间房，有木楼板和走廊。外墙用大卵石和青砖砌筑，厚1米有余，特别坚固。全楼只有一个大门，条石门框，内装铁皮木门、木杠、铁栅等四五重屏障，门上还有防火水槽，真可谓固若金汤。一个村可建几个互为犄角的碉楼，以保护全村的安全。

（13）中西合璧式围楼

中西合璧式围楼的建筑年代较晚，最早在清代末期，但大都是20世纪二三十年代以后的产物。漂泊海外的客家游子们在国外经商致富，荣归故里后置田建屋。他们受到东南亚各国及西洋文化思想的影响，采用传统的围龙屋或堂横屋的平面布局，局部稍作改动，如有些屋式将弧形的围龙和花头部分变成了长条形、直线形，横置如枕，当地人称"枕头屋"，如梅县南华又庐、万秋楼、联芳楼等。门窗、厅堂加之西式装修，特别是增设阳台的做法，使古老深沉的传统建筑焕发出新的气息。

（14）自由式围屋

所谓自由式围屋，是指没有明显的布局规律的一类客家民居形式。屋主人从自己的主观愿望出发，并结合财力和用地情况，建造居住舒适、外形美观而又符合客家传统民居风水学中阴阳五行理念的建筑。

4. 岭南传统建筑装饰题材和特点

岭南地区传统建筑装饰是中国古代装饰艺术的一部分，因而秉承着中国古代装饰艺术的共性，同时受特定地域、历史、文化的影响，又呈现出鲜明的个性。这些共性及个性的呈现，不止于形象本身，而是有着更为深层的意蕴。

4.1 装饰题材的内容

岭南地区古建筑的装饰，依据内容的题材可分为人物类、祥禽瑞兽类、植物类、器物组合类、文字类、几何纹等，将其分为以下几类：

（1）人物与场景组合

这些情节多采自传统小说、戏曲、神话故事，例如《三国演义》《西游记》《西厢记》、"二十四孝"等等。许多传统建筑装饰如隔扇上、梁柱上、大型砖雕、石湾陶塑脊饰等所表现的内容，都是粤剧剧目中常见的片段。例如以历史、戏曲和民间传说为题材的木雕、陶塑瓦脊有："穆桂英挂帅""舌战群儒""姜子牙封神""哪吒闹海""牛郎织女""八仙故事""三星供照""大宴铜雀台""夜战马超""八仙祝寿""将相和""三顾茅庐""罗通扫北""卞庄打虎"和"渔歌唱晚"等。这些都是封建社会的传统意识和价值取向的表现，有着数千年传统的儒家思想成为中国封建社会的统治意识，忠、孝、仁、义成了社会的道德标准；福、禄、寿、喜，招财进宝，喜庆吉祥成了人们的理想追求。

（2）汉语谐音的运用

中国人逢遇喜庆吉祥，偏好讨个"口彩"。这其中就应用了汉语的一个重要特征：汉字有许多读音相同，字义相异的现象。利用汉语言的谐音可以作为某种吉祥寓意的表达，这在装饰图案中的运用十分普遍。例如，一只鹌鹑与九片落叶组成"安居乐业"（鹌居落叶）；鱼谐音"余"，梅谐音

"眉"，喜鹊代"喜"、花生代"生"等等。以上各例，就可分别组合以表达"吉庆有余""喜上眉梢""早生贵子"（枣，花生，桂圆，莲子）等意义了，又有以硕果累累的芭蕉树大而茂盛的芭蕉叶来寓意"创大叶"，以各种岭南缠枝瓜果图形来表现寓意子孙昌盛、连绵不断的内容等。

（3）动植物的象征

自然界的各种动植物由于生态、环境、条件等因素，形成了各种不同的生态属性，人们就借物喻志，附会象征。例如"梅、兰、竹、菊"象征君子高洁的人格，狗的不侍二主喻为忠，羊羔跪而吃奶喻为孝，鹿的不食荤腥、性情温顺比作仁，马之顺从主人谓之义。儒家提倡的忠孝仁义等抽象的概念就有了具体的象征物。又如鸳鸯雌雄成对，形影不离，用雌雄鸳鸯并浮水面，即"鸳鸯戏水"寓意夫妻恩爱。

（4）对有代表性事物的寓意

用代表性事物来寓意吉祥喜庆，是吉祥图案对素材较为直接的应用方式，能给人最为直观的祈福印象。例如金钱、玉石、元宝等都是属于财物象征的，将其直接应用于工艺品上，表示对富贵的追求；灯彩是传统的喜庆之物，将灯笼绘上五谷，寓意五谷丰登，丰衣足食。笔墨纸砚、琴棋书画用来寓意书香雅阁，文人雅士；具有宗教渊源的吉祥图案如道教的"明暗八仙"和佛教的"八宝"，是典型的用各家具有代表性的物品寓意吉祥的范例。

（5）吉祥文字的直接应用

文字本身就具有很好的装饰性，其各种变体或书法形式都有较强的表现张力，因此直接将吉祥文字装饰在客体上是一种很好的表现手段。常用的文字有"福""禄""寿""喜"四个字，与室内艺术品或屏风雕刻相结合起来，体现出书法艺术、民族艺术和传统文化相应相生，颇具意味。特别值得一提的是，在广州地区古建筑装饰中夔龙卷草纹样的大量运用。夔：一种神兽，常用在青铜器上作装饰，并与龙纹结合成为夔龙纹，是青铜器、玉器上常见的装饰纹样，具有神圣、崇高与权力的象征意义。广东地区的粤人自古以蛇为图腾，蛇为龙的原型，所以大量地使用夔龙纹样作为装饰并非偶然，是古老的百越文化影响的积淀和显现。

4.2　建筑装饰的特点

（1）结合当地气候特点和材料特点进行装饰分工

广州地区古建筑的装饰工艺分工很明确，充分考虑到广东地区的气候特点，如石檐柱、倒锥形柱础、大量陶塑构件、隔扇及满洲窗上玻璃的运用，可以很好地抵御沿海地区的暴风雨侵袭及适应当地的潮热气候。

（2）根据不同的建筑部位进行不同精细程度的装饰

考虑主要易达的观赏部位和人体尺度，针对不同的建筑部位进行不同精美程度的装饰。如祠堂建筑以屋脊、入口作为装饰的重点部位；民居注重宅门的装饰；园林建筑则重视门、窗、隔断部位的装饰，而其他部位则不作过度的装饰，装饰的使用繁简有致。充分考虑其观赏效果，高出人的正常视线范围的装饰，多在加工时会作夸大的形象处理。

（3）夸张概括、大胆变形的装饰表现

岭南传统建筑装饰善于运用夸张的艺术表现手法概括、提炼艺术形象。如陶塑瓦脊的装饰处理，对所表现的形象均作高度概括，并带有变形手法。特别是对戏剧、小说、民俗、神话等方面题材的处理，多运用舞台布景、道具和人物活动的构成手法，使艺术形象有特写镜头之感。如内容丰富的人物雕刻，多以故事情节为主线，对人物、树木、花鸟、亭榭、舟桥加以适当变形，再根据各种构图的路径，互相错综掩映、穿插联结，画面讲究疏密匀称，层层叠叠，不受透视法的约束。为突出重要部分，往往出现人大于房屋、人大于山的构图，就这点来讲，颇得中国绘画之精髓。其中最具特色的是穿透镂空、多层次的通雕，能把曲折复杂的故事情节集中在一个画面上，突破空间和时间的限制，对人物和环境的处理亦虚亦实，就像戏剧中的布景，艺术效果突出。建筑装饰雕塑中还善于把理想的事物和现实的东西结合起来，处理理想事物时以现实为基础，处理现实的事物时又体现出理想的境界。如石湾脊饰的兽吻，塑造的是飞翔在云天的鳌鱼，突破了传统的做法，鳌鱼的两根长须伸向晴空，显得气势非凡，使屋顶轮廓线更为优美。这种表现形式，与民间流传兽吻为防火避灾的用意一致，同时迎合了人们祈望子孙后代独占鳌头的心理。

（4）装饰材料粗料细作，装饰形态繁密、细腻、通透

广州地区古建筑的装饰材料均采用本地区的常见原材料，但通过能工巧匠的精湛技艺，让这些平实的材料成为精美的装饰构件。繁密、细腻、通透是广东地区装饰工艺的主要形态特点。

参考文献

[1] 陈正祥.中国文化地理.北京：生活.读书.新知三联书店，1983：85-150.

[2] 汤国华.岭南湿热气候与传统建筑.北京：中国建筑工业出版社，2005：43-44.

[3] WilliamO'Reilly:Architectureknowledge and culturaldiversity.Lausanne，1999：12-50.

[4] 司徒尚纪.广东文化地理.广州：广东人民出版社，1993：40-50.

[5] Clifton taylor: Spirit of the Age.London，1992：1-200.

[6] 陆元鼎.岭南人文.性格.建筑.北京：中国建筑工业出版社，2005：50-85.

[7] Egon schirmbeck: Idea, Form and Architecture, New York，1987：77-90.

[8] 陆元鼎、陆琦.中国美术分类全集之南方汉族建筑.北京：中国建筑工业出版社，1999：145-160.

[9] 何建琪.浅述闽南粤东民间建筑装饰特点.1988年第4期.10-15

[10] 黄为隽、尚廓、南舜薰、潘家平.闽粤民宅.北京：中国建筑工业出版社，1992：150-200.

[11] Nasar, Jack L.（1992）:Environmental aesthetics:theory, research and Appli-cations.New York press，1-143.

[12] 《中国大百科全书》之建筑.园林.城市规划篇，北京：中国大百科全书出版社：49-120.

[13] 梁思成.清式营造则例.北京：中国建筑工业出版社，1981：1-163.

[14] 汤德良.屋名顶实/中国建筑.屋顶.沈阳：辽宁人民出版社.2006：86-104.

[15] 陆元鼎、魏彦钧.广东民居.北京：中国建筑工业出版社，1990：45-123.

[16] 楼庆西.户牖之美.北京：生活.读书.新知三联书店，2004：1-50.

[17] 程建军.广东厅堂建筑大木构架研究.华南理工大学，47-56.

[18] 姚承祖、张至刚.营造法原.北京：中国建筑工业出版社，1986：14-63.

[19] 陆琦 . 中国传统民居与文化论文集（Ⅰ）之《广东民居装饰装修》. 北京：中国建筑工业出版社，1991：89-97.

[20] 柳宗悦，徐艺乙 . 工艺文化 . 桂林：广西师范大学出版社，2006：41-63.

[21] 陆琦 . 广府民居 . 广州：华南理工大学出版社，2013.

[22] 潘莹 . 潮汕民居 . 广州：华南理工大学出版社，2013.

[23] 王河 . 中国岭南建筑文化源流 . 武汉：湖北教育出版社，2016.

[24] 陆琦 . 广东民居 . 北京：中国建筑工业出版社，2008.

第二部分

岭南传统建筑技艺

一、灰塑

1. 灰塑的历史发展

1.1 灰塑的历史发展

关于灰塑的起源，有许多不同的说法，最家喻户晓的观点是灰塑来自于佛教，据《宋高僧传》[1]的相关记载，"中和四年，表进上僖宗皇帝，敕以其焚之灰塑像，仍赐谥曰真相大师。"经过潜心钻研后，学者们猜想当时可能已存在灰塑，另外从"敕以其焚之灰塑像"这句话中，发现唐僖宗令将焚化后的骨灰，并塑造成立体佛像或者是佛塔上的佛像，则推测灰塑可能来源于泥塑工艺。

灰塑最具代表性的区域为广府，一方面因为广府灰塑的历史记载和文物保存较为完整，另一方面现可考证最早的灰塑作品是明代佛山祖庙中的"郡马梁祠"牌坊，又称褒宠牌坊（图2-1-1）。

图 2-1-1　褒宠牌坊（佛山祖庙）

据《广州市志卷十六》[2]文物志记载，在南宋庆元三年年间，增城正果寺已运用了灰塑工艺；而明清两代则是广州灰塑发展最为兴盛的时期，其主要运用于祠堂、庙庵、寺观和豪门大宅，如广州陈家祠（图2-1-2）、佛山祖庙、顺德清晖园（图2-1-3）、三水胥江祖庙、花都资政大夫祠等。直到民国初期至1949年初，灰塑仍然较普遍地用于建筑，然而在"文革"期间，灰塑工艺却受到了严重的摧毁和破坏，多数古建筑的灰塑被铲除，导致灰塑艺人被迫转行，大量人才流失，直到改革开

图 2-1-2　陈家祠的前门（广州陈家祠）

图 2-1-3　顺德清晖园

放后，随着国家对非物质文化遗产的重视和保护，灰塑传承人的地位也得到一定的提升。现代因为对传统建筑修复的需要，不少灰塑老艺人重拾旧业，带了学徒，这有利于传统灰塑工艺的传承与发展。

所谓"一花独放，不如春色满园"，传统广府灰塑亦是如此，它不仅吸收了砖雕、陶塑、木雕及西方美术等元素，还融入了同期其他工艺的优点，这让传统灰塑与其他工艺美术领域能够相互碰撞并彼此渗透，为广府建筑艺术与工艺美术领域都画上了浓墨重彩的一笔，例如佛山梁园的灰塑虽已残旧受损，但还是依稀从轮廓中看出灰塑的样式，在建筑中起到了中心点缀的作用（图2-1-4）；佛山祖庙，在钟鼓楼附近可以看到墙身的砖雕与屋脊上鲜艳的灰塑组成的和谐的画面（图2-1-5）。

1.2 广府灰塑的作用

灰塑不仅是岭南传统建筑的装饰工艺，而且还从力学、空气动力学等角度都解决了建筑的使用功能，具有极强的科学性，达到了吸潮、吸湿、杀菌、净化空气等作用。

增强抗台风能力。岭南地区常年受台风的影响，把庞大的灰塑装饰矗立在屋顶上，可以增大屋面的压力，从而抵御台风对建筑屋面的损坏。祠堂、寺庙屋脊通常第一层是陶塑装饰，第二层则是灰塑装饰，如三水胥江祖庙屋脊的灰塑和陶塑虽毁坏得较为严重，但是对于建筑主体结构的抗台风

图 2-1-4　佛山梁园灰塑

图 2-1-5　佛山祖庙钟鼓楼

能力并没有影响，同时它的文化价值与历史意义也不可磨灭（图2-1-6）。由于佛山祖庙得到很好的修缮与保护，它华丽地重现了昔日的高贵姿态，让人深切地感受到灰塑在具有强大功能性的同时而独有的壮丽（图2-1-7）。

图2-1-6　三水胥江祖庙

图2-1-7　佛山祖庙主殿屋脊

屋顶灰塑的散热循环。岭南气候常年湿热,建筑屋顶的灰塑不仅需要考虑美观,还需要考虑散热,即让屋顶形成一个"微气候循环"环境,将房屋外面的热气直接引入到屋顶并且循环,阻隔热气流进入到室内,灰塑利用其快速的吸热、散热功效,为屋顶筑起了一道坚固的散热屏障。

防雨的山墙灰塑。岭南传统建筑屋顶常见的是前后直坡,结合两侧封火山墙即"硬山"。要保证屋面不漏雨,所以采取坡屋顶的形式,以加快水的流速,使屋面无积水。灰塑以其快速吸水又快速蒸发的特点,与屋顶结构一起形成疏导、吸收的保护系统。灰塑"附着"在山墙上,因其表面有一层神奇的碳酸钙,能够防止虫蛀损害,使雨水不能直接渗入砖墙腐蚀木结构,所以山墙建造结合灰塑在岭南地区非常普遍,例如佛山祖庙内的山墙实用且美观,憨态可掬的狮子把山墙装饰得美轮美奂(图2-1-8);顺德清晖园的山墙虽没有佛山祖庙用彩绚丽夺人,但形象生动淳朴又含蓄(图2-1-9)。

图2-1-8 锁福图(佛山祖庙)

图2-1-9 山墙上的灰塑(顺德清晖园)

2. 灰塑的题材及风格特点

2.1 灰塑的题材

"凡庶民家,不得施重栱、藻井及五色文采为饰,仍不得四处飞檐"。但通过查阅相关的古文典籍,灰塑装饰却不在禁限的范围之内,因此其创作具有多样性。岭南灰塑的题材主要有祥禽瑞兽、花卉果木、博古藏品、吉祥文字、纹样图案、风景和其他题材。

祥禽瑞兽。灰塑的祥禽瑞兽题材,一种是真实动物,有狮子(图 2-1-10)、蝙蝠、喜鹊、鸳鸯等;另一种是以传说故事创造出来的神兽,有龙、凤、麒麟(图 2-1-11)、辟邪、貔貅等。这些元素可组合出"九如图"(图 2-1-12)、"狮子滚绣球""双龙戏珠"(图 2-1-13)等题材。

花卉果木。灰塑的花卉元素有牡丹、梅花(图 2-1-14)、兰、莲花、百合、桃花等。瓜果题材一般为广府地区常见的果实,有香蕉、荔枝、桂圆、番石榴(图 2-1-15)、阳桃、龙眼等。树木题材有松、竹、桂、葫芦(图 2-1-16)等。花卉、瓜果和树木三种题材元素也可混合搭配使用,如四君子即梅、兰、竹、菊四种组合,主要是弘扬真善美(图 2-1-17)。

八宝博古。博古藏品元素有青铜、古玉、陶瓷、漆器等,"四艺"即古琴、棋盘、线装书、立轴画。佛山祖庙看脊上的宝瓶灰塑,位于狮子与花卉灰塑之间(图 2-1-18)。八宝法器分为佛家的八种法器、道家的暗八仙和文人(图 2-1-19)的三种类型。八宝题材的灰塑一般配有线条柔软缥缈的云状图案,称为"祥云",八宝也可与博古藏品混用。

吉祥文字。吉祥文字一般用于屋脊、匾额或门联(图 2-1-20)处,使用吉祥祝语或名家诗句作为主题装饰,常配合其他花卉图案。此种灰塑的文字内容一般由书法家书写,匠师拓于灰塑上,再塑出立体的形象,多选用蓝底白字(图 2-1-21),或红底白字。

图 2-1-10 狮子(番禺留耕堂)

图 2-1-11 麒麟(邵世村师傅工作室)

图 2-1-12 九如图(顺德清晖园)

图 2-1-13 "双龙戏珠"（东莞南社古村）

图 2-1-14 "梅雀争艳"（三水胥江祖庙）

图 2-1-16 葫芦（顺德清晖园）

图 2-1-15 番石榴（顺德清晖园）

图 2-1-17 "四君子"（花都资政大夫祠）

图 2-1-18 宝瓶灰塑（佛山祖庙）

图 2-1-19 李白醉酒（顺德清晖园）

图 2-1-20 "集云小筑"（顺德清晖园）

图 2-1-21 "入孝"（花都资政大夫祠）

　　纹样图案。主要有卷草纹和夔（kuí）纹，卷草纹多用在山墙八字处（图 2-1-22），有形扭转、反兜、回旋、龙头卷尾四种形式，夔纹主要用在博古脊（图 2-1-23）和博古臂上，有重钩、双头、圆头、钩形（图 2-1-24）和钩形直身（图 2-1-25）五种形式，另外还有在装饰画边框上使用万字纹、回字纹、卷云纹等。

图 2-1-22 卷草纹（佛山梁园）

图 2-1-23 博古臂（顺德清晖园）

图 2-1-24 钩形灰塑（佛山祖庙）　　　　　　图 2-1-25 钩形盲身纹灰塑（番禺余荫山房）

风景。灰塑风景题材有珠江春早、喜上眉梢（图2-1-26）、青山红梅一江风、锦堂富贵（图2-1-27）等，多使用山、河、树木、著名建筑物作为元素来塑造较为宏观的画面。顺德清晖园的山水图，用浅浮雕的刻法，把各种元素的灰塑按照远近景的构图原理凸显出来，使画面变得磅礴大气（图2-1-28）。

图 2-1-26 "喜上眉梢"（开平自力碉楼）

图 2-1-27 "锦堂富贵"（顺德清晖园）

图 2-1-28　山水图（顺德清晖园）

其他题材。通过谐音、借喻和比拟三种方式表达广泛又极具趣味性的题材，如鹰谐音"英"，故与狮子、花卉等元素构成"英雄会"（图 2-1-29）；麒麟也是常用的传统吉祥图案，而"麒麟吐玉书"比作圣人诞生，如在佛山祖庙建筑山墙的运用，体现了当地居民渴求子孙后代人才辈出的凤愿（图 2-1-30）。

图 2-1-29　"英雄会"（邵成村师傅工作室）

图 2-1-30　"麟吐玉书"（佛山祖庙）

图 2-1-31 四福（蝠）捧寿（余荫山房照壁）

图 2-1-32 端肃门（佛山祖庙）

图 2-1-33 "天兵天将"（揭阳城隍庙）

2.2 灰塑的特点

灰塑的地域特点。灰塑的主要材料草筋灰和纸筋灰材料在气温低于摄氏零度时会开裂，所以只有冬季气温高于零度的岭南地区才可以留存至今。岭南地区的灰塑由于地域不同则具有差异性，如潮汕地区与广府灰塑存在较大差别。广府地区夏热冬暖，空气盐度低，湿度大，适合在室外大面积使用石灰材料。灰塑的表现形式有半浮雕、浅浮雕、高浮雕、立雕、圆雕、通雕，多应用于接触到日光和风雨的地方，如屋脊、山墙、照壁（图 2-1-31）、门窗楣等等，较少用于建筑物阴影区，且色彩斑斓，饱和度高。建筑如佛山祖庙端肃门的屋檐上，采用了灰塑风景题材，且图框外围的花边构图对称（图 2-1-32）。潮汕地区灰塑则以半浮雕和浅浮雕为主，个别使用阴刻子，有墨线描边，总体的色彩较浅淡，趋向冷色调，多用白、蓝、绿三色。因为潮汕地理位置近海，空气盐度、酸度高，可大大加速石灰的风化，灰塑多被用于檐下、窗楣、门额等不见日光风雨处，不宜在室外大面积使用石灰材料。当然也有例外，比如揭阳雷神庙在戗脊上就使用了人物浮雕灰塑，土褐色的"天兵天将"，展现了寺庙的威严与庄重（图 2-1-33）。

灰塑适用范围较广泛，屋脊、挥头、山墙、照壁等均可使用，上彩颜色范围涵盖矿物质颜料的各大色系。在岭南地区，正脊较常见使用陶塑屋脊压灰塑脊基的做法，如陈家祠，由于其进行较好的修护和缮补，灰塑装饰重现了昔日的艳丽风采（图 2-1-34），这归功于一直坚持不懈地从事灰塑行业的工匠们。灰塑对工艺的要求非常高，首先是"雕"，需要多年的磨炼经验；其次是"绘"，正所谓"三分雕、七分绘"，彩绘是灰塑的第二次重要创作，为整个建筑"添彩"的关键，也是岭南传统建筑装饰的亮点之一。如在留耕堂屋脊上的七彩回龙灰塑，彩龙正向西侧回眸，神态毕现，彩绘让龙的气势更加宏伟，龙的暖色与建筑的冷色形成鲜明的对比，使得彩龙也更加灵动突出（图 2-1-35）。

图 2-1-34 "百子千孙"（广州陈家祠）

图 2-1-35 回龙脊（番禺留耕堂）

图 2-1-36 "戏狮图"灰塑（番禺余荫山房）

灰塑的情感和象征价值。灰塑的情感与象征价值具体包含家族、民族或历史延续感，还有灰塑题材的精神象征性等。比如子孙兴旺、平安富贵、福寿双全、吉祥如意等吉祥寓意，如《戏狮图》，有象征着趋吉避凶和幸福安康（图 2-1-36），还有三水胥江祖庙的迎福图，象征着开门迎福、官禄亨通（图 2-1-37）。

图 2-1-37 迎福图（三水胥江祖庙）

3. 灰塑制作工艺

3.1 灰塑的基本制作材料

稻草、玉扣纸。稻草（图 2-1-38）本身是一种空隙结构，草筋灰能够在其内部形成网状结构，以防止变形；玉扣纸（图 2-1-39）在纸筋灰中也是相同的道理，它们都是属于吸潮材料，主要用于解决灰塑热胀冷缩的问题。

石灰水。调配石灰水，首先要选好石灰，根据广州花都邵成村师傅 30 多年的经验，一定要选用广东吴川出产的石灰来调制。制作方法是在一个胶桶内大约加入 25 千克生石灰、80 千克清水和 1 千克的盐。盐（图 2-1-40）的作用是增加石灰的硬度，若进度比较赶的话，盐可以加到 1.5 千克。把生石灰、清水和盐三者搅拌均匀后，静置两天，然后重新搅拌均匀，使其呈糊状后，再用筛斗过滤，使石灰油的纯度更高，把过滤好的石灰油用一个新的胶桶装好，用布覆盖，保持一定的湿度（图

2-1-41、图 2-1-42）。原来胶桶里的石灰油经过过滤后，剩下的石灰油的水分会减少，必须等装在新桶里的石灰油重新沉淀后，把表面的石灰水再次倒入原桶内，但要注意，不能把石灰水全部倒走，要留下少量使石灰油保持一定的湿度。石灰水与石灰油的比例最好维持在 1 ：3 左右，再搅拌均匀，再过滤，如此循环往复，直至把所用石灰油都过滤完。纯度较高的石灰油要避免阳光直射和注意密封，保持一定的湿度（图 2-1-43）。最终的石灰油沉淀后表面会出现一层淡黄色的石灰水，用容器将这些石灰水保存起来，可用于稀释灰塑的颜料，使颜料不易脱落。

图 2-1-38　稻草

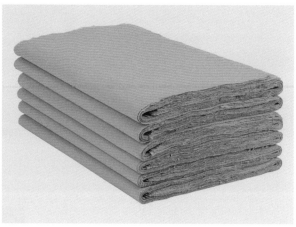

图 2-1-39　玉扣纸

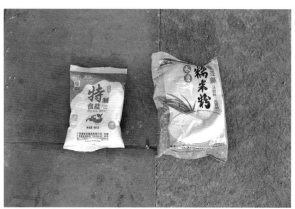

图 2-1-40　盐、糯米粉（邵世村师傅灰塑工作室）

图 2-1-41　石灰水（邵成村师傅灰塑工作室）

图 2-1-42　过滤后的石灰水（邵成村师傅灰塑工作室）

图 2-1-43　石灰油（邵成村师傅灰塑工作室）

草筋灰。草筋灰用来做灰塑的批底、连接骨架和纸筋灰。制作草筋灰，首先把生石灰与糯米粉按 50 ：1 的比例备料，用水稀释糯米粉，成糊状后（图 2-1-44）混入已经粉碎筛选并稀释的生石灰，充分搅拌成石灰膏。然后把干稻草截至约 4~5 厘米长，用水浸湿，放入大缸、大桶等大容器内，铺至约 5 厘米厚，在上面铺一层石灰膏覆盖下层全部稻草，再平铺截过的干稻草约 5 厘米厚并覆盖石灰膏，如此类推，一层稻草一层石灰膏地往上添加，直至达到每次雕塑所需用量。随后，沿着大缸或大桶内壁慢慢灌入清水，水量要超过稻草和石灰膏叠层约二三十厘米左右，待密封、浸泡和发酵至少一个月后开封。经过长时间的浸泡和发酵，稻草已经霉烂，而且与石灰同沉淀。开封后将上层淡黄而清澈的石灰水滤出以留作日后调颜色用，最后加入红糖（生石灰与红糖为 50 ：1 的比例），充分搅拌后封存备用，搅好后的草筋灰（图 2-1-45）要封存，避免风干。

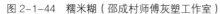

图 2-1-44　糯米糊（邵成村师傅灰塑工作室）

图 2-1-45　草筋灰（邵成村师傅灰塑工作室）

纸筋灰。纸筋灰可用来粘结草筋灰和色灰。制作纸筋灰，首先需要将土制的玉扣纸（来自广东吴川）浸泡在水中十余天，至基本纤维化后用打灰机把玉扣纸打烂成纸筋，按上文所制作的石灰膏，混入用清水浸泡 2 千克红糖、100 千克生石灰，再用细筛过滤，除去砂石杂质，使其成为石灰油，再加入 2 千克糯米粉的比例配料，搅拌，使之细腻柔滑，最后将石灰油与纸筋混合，密封 20 天左右。使用时须先取出糅合，糅合时间越长，混合物的韧性就越好（图 2-1-46）。

经过一个多月的发酵，可以把草筋灰和纸筋灰（图 2-1-47）分别放进打灰机里拌打。拌灰料时，直至灰料开始粘住打灰机的桨叶后静置干燥一段时间，待灰料干燥到大约六七成时，就可进行第二

图 2-1-46　纸筋灰（邵成村师傅灰塑工作室）

图 2-1-47　左边是纸筋灰，右边是草筋灰（邵成村师傅灰塑工作室）

次打灰。需要注意的是草筋灰在打灰时加入适量的细砂和糖浆，而纸筋灰在打灰时只需要加入适量的糖浆，此处添加的糖浆是褐黄色片状蔗糖煮成的，目的是增加灰的韧性和黏性，有时灰料过于干燥时可加入适量的清水一起拌打。

色灰。纸筋灰与各种颜料混合拌匀，即成为色灰。色灰（图2-1-48）用于灰塑作品较外层的部位，作为灰塑色彩的基础。色灰颜色依据灰塑作品的题材，使用较浅淡的红、蓝、绿、白、黄等作为作品的色彩基调。在高浮雕灰塑中，背景常使用一种名为乌烟的色灰。乌烟，又名灯煤、黑烟，一般配合砂浆使用，传统做法是以白酒浇之，使烟与酒逐渐渗透，再以开水浇沏，倒出浮水后，加入浓度光油，以木棒捣出水，用毛巾将水吸干净，再加光油即可。现灰塑施工队一般到化工市场购买调配好的乌烟灰，倒入桶内，加水搅拌均匀后直接使用。

颜料。传统工艺中灰塑加彩必须使用矿物质颜料。传统矿物质颜料是从天然矿石中加工制作而成，通常也称为"石色"。其优点是耐久性强，不易褪色，缺点是毒性较大，使用时需戴口罩、手套，颜色需自己研磨。灰塑所采用的颜料主要的色调为：红、蓝、黄、绿、青五色，颜料从全国各地买入，如浙江的绿色，北京的蓝色等，灰塑匠师常用的矿物色有石青、朱砂、雄黄。灰塑的颜色深浅变化可以通过往颜料里面增加墨汁来实现，一般先画浅色，然后逐渐加入深色墨汁，加深颜色。现灰塑匠师多采用合成氧化铁为主要原料的建筑颜料，这类建筑颜料易于采购，方便使用，价格较低，容易生产，色彩选择范围大，相对于传统颜料生产方法，更适合当代使用（图2-1-49）。

图2-1-48　色灰（邵成村师傅灰塑工作室）

图2-1-49　矿物颜料（邵成村师傅灰塑工作室）

3.2　灰塑的制作工具

灰匙。灰匙又称为"灰刀"，是灰塑技艺的基本工具之一。匙头呈舌状，后为木柄，两者成90度折角。灰匙规格由小到大，根据所需形塑的对象尺寸，选用不同型号的灰匙（图2-1-50）。

灰板。灰板是灰塑过程中用以托灰的工具，是灰塑工艺的基本工具之一。前段放灰浆，后尾带抓手。有的正面盛放灰浆，反面带抓手（图2-1-50）。

竹签。竹签一般用于雕塑过程中（特别是透雕）对灰匙及手指不能触及的地方进行形塑，也可以用于抹平灰塑表面。灰麦，形似麦克风，民间又称为"娘脚"，是用硬木制作而成的，表面非常光滑，长十多厘米，呈弯曲的指头状，作用如同竹签（图2-1-51）。

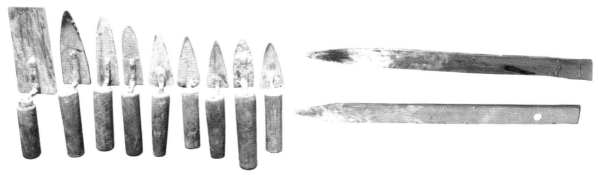

图 2-1-50 左边第一个是灰板，灰匙

图 2-1-51 竹签

线匙。线匙为木制手柄、钢制凹头形匙头。凹口方向平行于手柄，钢制凹头横断面一般分为 ^、] 两种类型。匠师根据所要雕塑花纹形式的不同，选用大小不同规格的线匙。使用时只要在匙头的端口处注满灰浆，然后在需要线条的部位拖动线匙，就可塑造出想要的线条（图 2-1-52）。

铜筋、铜钉、铜线（图 2-1-53）。制作骨架的工具有铜筋、铜钉、铜线等防腐的材料。主要用于现场搭建支撑固定物体的骨架，在现场施工时，塑造带有立体感的灰塑造型图案。以前因工业不发达，受技术和环境的限制，所以骨架的制作多采用锻打的铁，而铁腐蚀后会一层层膨胀炸裂，毁坏灰塑作品。现今采用的铜材只会长铜绿，不会炸裂。新技术新材料的研发有利于灰塑的发展。

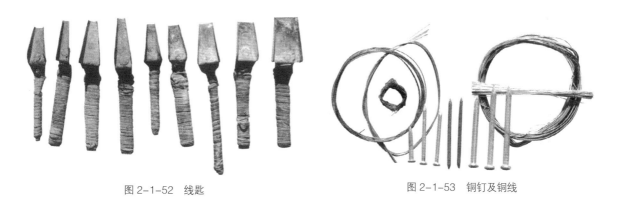

图 2-1-52 线匙

图 2-1-53 铜钉及铜线

枋条（图 2-1-54）。是用薄木板制成的。用于灰塑装饰边框的取直、找平。其厚度同边框厚度，长度一般为 1 米左右。

锄头（图 2-1-55）、镰铲、搅拌机。用于搅拌草根灰、纸筋灰、砂浆。

图 2-1-54 枋条

图 2-1-55 锄头

灰桶（图 2-1-56）。主要用于储存纸筋灰、草筋灰、砂浆。可用木制或陶制桶。

其他工具。彩色线斗、墨斗（图 2-1-57）用于画线条；卷尺（图 2-1-58）用于丈量；喷水壶（图 2-1-59）用于制作灰塑时调节湿度；虎钳、小铁锤（图 2-1-60）用于打铜钉、搭建骨架；泥水

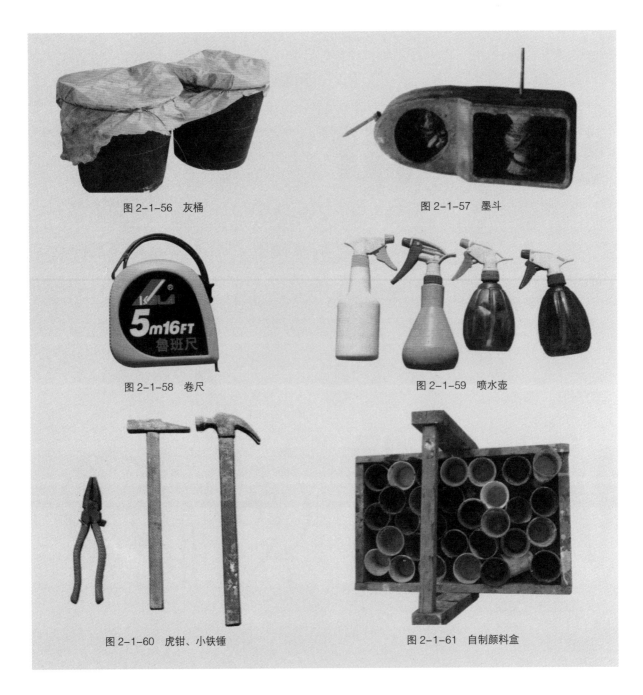

图 2-1-56 灰桶

图 2-1-57 墨斗

图 2-1-58 卷尺

图 2-1-59 喷水壶

图 2-1-60 虎钳、小铁锤

图 2-1-61 自制颜料盒

刀用于剁稻草和剁砖;自制颜料盒（图 2-1-61），用于存放各种灰塑颜料;各种型号的油画笔、铅笔、油漆刷用于描绘灰塑图案。

3.3 灰塑的制作工艺流程

灰塑作为传统建筑特有的室外装饰艺术，以贝灰或石灰为主要材料，拌上稻草或草纸，经反复锤炼，制成草筋灰、纸筋灰，并以瓦筒、铜线为支撑物，在施工现场塑造。最常见、最普通的平面做灰塑（只高出墙面 5 厘米以下，属于浅浮塑）请教于花都邵成村师傅，介绍工艺流程如下：

构图设计。灰塑匠师依据业主的喜爱要求和具体建筑的情况，为灰塑选定题材，测量相应的制作部位，并构思灰塑草图（图 2-1-62）。这是灰塑制作的关键步骤，须有经验丰富的灰塑匠师在场参与制作。

制作灰塑骨架。制作前需要先在墙上根据图案的走向用铜钉（短钉）打点，以垂直于墙身的角度打入墙体，不能超出图案的勾画线，然后把短钉都缠上铜线，进行缠绕（图2-1-63）。

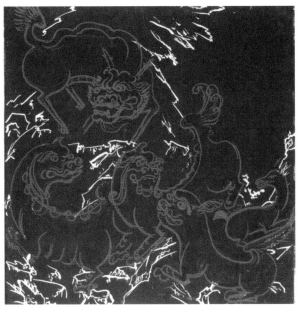

图2-1-62 构图设计

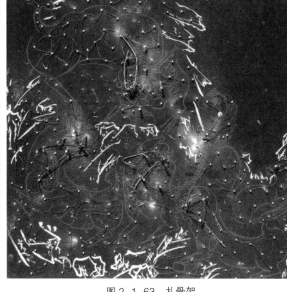

图2-1-63 扎骨架

草筋灰批底。骨架制作完成后，以草筋灰往骨架上包灰，一般在落灰之前，灰塑师傅会先用灰匙把草筋灰在灰板上反复推、压、摔几遍，这个动作被称为"搓灰"，可以让灰更细腻（图2-1-64）。包灰每次不超过3厘米厚，第一次包灰完成，待到底层的灰干燥到七成左右再进行，干燥的速度视天气而定，将前次的草筋灰压实，方可进行第二次包灰（图2-1-65）。按照"添加—干燥—压实—再添加—再干燥—再压实"的制作方式，层层包裹，直至灰塑的雏形完成。

图2-1-64 草筋灰批底图

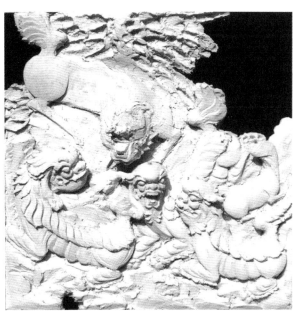

图2-1-65 第二次包灰

铺纸筋灰。在完成草筋灰批底后，需等待 1~2 天让其自然干燥后，方可铺加纸筋灰。纸筋灰质地细腻，凝固后硬度比草筋灰高，适合用于粘结草筋灰和色灰。铺叠工序开始时，首先须保证纸筋灰能压紧在草根灰上，铺加过程中要注意每次的厚度不能超过 2 厘米，可用竹签辅助灰塑进行塑造。如果草筋灰层已经全部泛白，说明灰料太干燥，可喷洒一些清水，润湿灰层再添加纸筋灰。另外，首层添加的纸筋灰是没有颜色的（图 2-1-66）。

铺色灰。依据灰塑匠师设定的颜色形象，把所需的颜料与纸筋灰混合拌匀，在定型的灰塑上铺加一层色灰面又称"底色面"，如此可让最后添加的颜料保持其自身色泽较长时间。加色灰是对灰塑的最后修正和定型（图 2-1-67）。

图 2-1-66 铺纸筋灰　　　　　　　　　　　　图 2-1-67 铺色灰（一）

彩绘。上彩是制作灰塑的最后一道工艺，对整个灰塑的最后效果有至关重要的影响。灰塑单个或整体雕塑造型之后，需经过自然晒干，再进行彩绘。彩绘包括对立体或浮雕、单体灰塑上彩绘制以及对景物、墙身绘画两个部分绘制。对灰塑造型的形象彩绘，色彩要鲜艳夺目，因为灰塑装饰多用在建筑物的高处，彩绘时绘画线条要粗劲，色块要大，对比强烈清晰，特别是注意人们仰视时的艺术效果，使人站立于地面上，仰视感觉色彩冲击力强。彩绘多以国画写实形式绘制，使灰塑各种造型与之相配衬，达到更为完整统一的艺术效果。具体步骤：在胶杯中倒入适量的化学颜料或矿物质颜料粉末，加入从石灰油上面滤起的石灰水兑开（注意调制颜料时不能用清水，石灰水起到固色、封闭表面，免受侵蚀的作用）。灰塑上彩时，要求色灰尚未凝固，具有适当的湿度以吸收各种色彩颜料，因此必须在完成色灰步骤后紧接进行。上彩顺序由浅到深，颜色逐步叠加。灰塑上彩干透后，颜色都会变淡，因此一般要上 3 次颜色才能保证色彩效果和持久性。若使用化学合成颜料，每层颜色做好后，须等待 3 至 4 个小时才可增添第二层颜色。若使用矿物质颜料，须等待前一层颜色完全干透后，方可描画新的一层颜色，因此间隔时间更长。一件灰塑作品最后需要用黑色把轮廓、形象勾勒线条显示出来，表现其生动活泼的渲染力。完成上彩后，灰塑的手工制作过程基本完成（图 2-1-68、图 2-1-69）。

图 2-1-68　铺色灰（二）

图 2-1-69　铺色灰（三）

养护。为使颜料被草筋灰完全吸收，最后仍要使灰塑在合适的湿度下包裹养护几天到一个月不等，让其颜料被纸筋灰完全吸收，才可开封。

3.4　灰塑的种类

广府灰塑的表现形式分为以下 5 种类型。

半浮雕。半浮雕又称"半浮沉"，因其仅依靠部分凸起塑造形体，余下的形状图案以描绘完成而得名，常用于祠堂、装饰较多的民居中墙楣（图 2-1-70）或远景构图上。半浮雕中形体凸起与平面图案衔接的部位，多以柔和的轮廓作为过渡。半浮雕虽只有一个观赏面，但其在高于墙面 5~20 厘米中可表现出不同层次感，如佛山梁园运用了诗文题材塑造的半浮雕，平面图案是帘布，

图 2-1-70　墙楣（佛山梁园）

戏剧般地打开《回乡偶书》中最能抒发作者心境的场景（图2-1-71）；在佛山祖庙的墙脊上，层次较为丰富，把枝干、枝叶和站在不同位置的鸟在同一个平面用"近大远小"的构图法则拉开距离（图2-1-72）；从花坛雕饰的牡丹、山等元素中，更能体会出半浮雕所展示的层次感（图2-1-73）。

浅浮雕。浅浮雕又称"平雕"、"平面做"，浅浮雕灰塑一般略高于墙面，凸出的高度常用于博古脊、花边和屋脊线条，多见于墙楣、楹联、彩画和照壁，但在部分梁架下也能发现平雕的踪影（图2-1-74）。浅浮雕与半浮雕有点类似，也是只有一个观赏面，平面做高出墙面5厘米以下，如番禺留耕堂处的平雕，大概屋脊凸出2厘米左右，从远处看，基本上与彩绘效果相近，层次感不强（图2-1-75）。

高浮雕。高浮雕又称"半边做"，一般包含通雕、透雕等技法，灰塑凸出墙面5~20厘米不等。高浮雕可表现更多层次的题材，将形体的局部塑造出空透的效果，适合于在有背景的前提下表现立

图2-1-71 《回乡偶书》（顺德清晖园）

图2-1-72 墙脊（佛山祖庙）

体灰塑，多用于塑造山、水、花、鸟、走兽和人物等元素。佛山祖庙的门楼灰塑，小狮子对称地雕饰在门的两边，且门楼上方的屋脊与旁边墙脊的联系部位错开，强调门的功能（图2-1-76）。高浮雕灰塑适用于楹联、握头、照壁、正脊、脊座、垂脊、看脊、门楼和山花等部位，如垂脊上的龙、祥云灰塑，有防火防灾的寓意（图2-1-77）。

立体雕。立体雕又称"立体做"、"凌空雕"、"立雕"、"圆塑"，指完全凸出于墙面之外的灰塑。立体雕形象完整，可以从多个角度欣赏，这需要较高的工艺水平。工匠通过立体雕生动地表现人物和动物，适用于正脊、垂脊、脊座、看脊（图2-1-78）、门楼、落水口和落水管，如佛山祖庙的落水管，富有想象力，从功能联系到水生动植物题材的灰塑，落水口雕饰着鱼灰塑，落水管雕饰竹灰塑（图2-1-79）。

通雕。通雕又称"透雕"，因在特定位置留空而得名。通雕有前后两个立面，常用在正脊镂空处、看脊（图2-1-80）和窗口，题材多为花瓶、花篮及其他的博古图案，如在广州陈家祠的正脊处，在蝙蝠展开双翼的后方镂空，使灰塑的立体感更强烈（图2-1-81）。

3.5 修复灰塑的一般流程

清洗灰塑。用清水配合牙刷、刷子、竹签等工具刷洗灰塑表面，去除浮灰污垢。

检查灰塑。仔细检查原灰塑的损坏情况，对褪色、附生植物、开裂、脱落和骨架等保存情况进行初步判断，确定疏松的灰层，如番禺余荫山房正脊上已褪色的灰塑（图2-1-82）和顺德清晖园已脱落的灰塑（图2-1-83）都需要进行修复。

铲除疏松的灰层。为了粘结新旧灰，用工具清除疏松的灰层，以至到达结实部

图2-1-73　"喜上楣梢"（番禺余荫山房）

图2-1-74　牡丹灰塑（东莞南社古村）

图2-1-75　卷纹草灰塑（番禺留耕堂）

图2-1-76　门楼灰塑（佛山祖庙）

岭南传统建筑技艺

图 2-1-77　游龙灰塑
（三水胥江祖庙）（左上）

图 2-1-78　看脊
（肇庆龙母祖庙）（左下）

图 2-1-79　落水管灰塑
（佛山祖庙）（右）

图 2-1-80　回龙灰塑（广州光孝寺）

图 2-1-81　正脊处的镂空雕（广州陈家祠）

图 2-1-82　褪色的灰塑（番禺余荫山房）

图 2-1-83　脱落的灰塑（顺德清晖园）

位为止。完成以上两个工序后，让待修复的灰塑表面能够保持有相近于修补灰浆的湿度，方可开始补灰工作。一般做法是往原灰塑表面喷水，湿润后用塑料包装纸遮盖整个灰塑，湿润及遮盖时间由灰塑匠师掌握。

补灰。应根据原灰塑的制作工艺，使用草筋灰和纸筋灰，由内至外逐层修补。如修补面积较大，且修补深度较深，则需参考新制作灰塑的做法，首先使用每层约 2 厘米厚的草筋灰填补，待草筋灰与底灰粘牢开始变硬时再补第二层，如此类推，草筋灰补灰到达接近面层的适当位置后，即可添加纸筋灰，细化表面。

铺色灰。以原灰塑的样貌为依据，在灰塑修补处铺加色灰，作为上彩的基础。

上彩。上彩方法如灰塑制作流程，色彩以灰塑的原貌为准。基于石灰浆制作的灰塑较能适应岭南广府地区的气候条件，在正常的使用状况下，灰塑形体能保持百年以上的时间，然而颜料、灰塑的骨架、空气的成分和建筑物的状况都会对灰塑的保存产生严重影响，例如局部松脱的灰体、局部灰塑断裂分离，一般每隔 10 年左右就需要进行局部修复和上色。

4. 灰塑的载体及应用

4.1　岭南灰塑的建筑载体

正脊。珠三角是受台风影响较重区域，为减少台风对建筑屋面的破坏，学堂、寺庙等建筑多采用厚重的辘筒灰瓦，还用青砖砌筑屋脊以加大屋顶的重量。如肇庆德庆学宫，瓦面通过纵向孔雀绿的辘筒瓦和砖红色的板瓦而形成颜色的反差，具有色彩变化的美感，而笨重的屋脊则通过艳丽的灰塑装饰显得轻巧活泼，并成为祖庙立面最堂皇、最引人注目的一部分（图 2-1-84）。根据正脊造型，可大致分为船脊和博古脊，两者在灰塑使用上有些区别。船脊的产生年代早于博古脊，高度通常也小于博古脊，所以船脊的灰塑总体而言不如博古脊灰塑张扬、复杂。早期的船脊较为低矮，有时仅一尺左右，后来脊身有所增高，但不及博古脊高，可作高浮雕，形成一个规律，中间为主画，以吉祥动植物如凤凰、麒麟、鹤、公鸡、松树、鲤鱼与龙、狮子、牡丹等组合成"松鹤延年"、"花开富貴"、"鲤鱼跃龙门"（图 2-1-85）、"功名富贵"、"三狮图"等传统吉祥题材，或者以人物为主，主要题材有"三星高照（福禄寿）"、"五老图"、"东坡品橘"、"太白醉酒"、"教子成贤"等神仙人物、传说人物或历史人物，寓意长寿康宁、淡泊致远、鸿运通达。正脊两侧是小品，以花篮、花瓶或诗文等内容为主，后来这部分演变成花窗即局部镂空，如广州陈家祠正脊两侧的小画是背景镂空的花瓶灰塑，内容、色彩和工艺等都不如主画的灰塑讲究，内容由山、树和群鹿组成（图 2-1-86）。一般博古脊两侧通常以黑底白色的卷草纹为主，除卷草为浅浮雕的平面做工艺外，其余部分均采用高浮雕的半边做工艺。博古脊在清乾隆以后开始盛行，为了表现更多的灰塑内容，高度增加为常见约二尺左右高，这就为灰塑的创作提供了更充裕的空间。

图 2-1-84 正脊的灰塑（肇庆德庆学宫）

图 2-1-85 "鲤鱼跃龙门"（东莞南社古村）

图 2-1-86 瑞兽灰塑（广州陈家祠）

岭南传统建筑技艺

048

垂脊。垂脊的脊端也是灰塑重点装饰部位之一，相对正脊而言，构图简单且大多数为色泽黑底白色的卷草纹灰塑，但是也有些是略带色彩。另外，不管是飞带式垂脊（图2-1-87），还是直带式垂脊，脊端多数会做一些卷草，由于脊端多呈牛角尖状，也有相当一部分垂脊脊端做成博古形式，在博古头中依其走向而作灰塑，这时灰塑以几何线条多见，少见花草等形式。比如肇庆龙母古庙垂脊脊端是博古形式，虽简洁朴素、寥寥数笔，却与搏风板的卷草纹灰塑相映成趣（图2-1-88）。

图2-1-87 飞带式垂脊（番禺余荫山房）　　　　　　图2-1-88 卷草纹灰塑（肇庆龙母祖庙）

看脊。看脊，即仰首可见的脊，主楼上的屋脊或者是祠堂屋面上靠近檐口的地方又增加的一道脊。既是用来欣赏，其高度也不至于像正脊那样高高在上而是大抵只看轮廓，因此雕塑工艺要求更为细致、形象、生动，如广州光孝寺主殿上的看脊使用了普遍的黑底白纹灰塑，与繁复的斗栱结构搭配，使人感到寺庙的庄严和肃静（图2-1-89）；佛山祖庙里，垂脊也能看到许多光彩夺目的灰塑，例如在钟鼓楼的垂脊就能看到正在低头的小狮子，形态亲切可爱（图2-1-90）。

图2-1-89 垂脊上的灰塑（广州光孝寺）

脊座。晚清至民国时期，陶塑花脊与灰塑相结合的屋脊受人追捧，陶脊在上、灰塑在下，但使用双重屋脊多为经济和实力都相当雄厚的家族，由于是双重屋脊，屋面重量可想而知，所以这就要求负重的梁、粗壮的柱，现今保留好的双层屋脊，有佛山祖庙（图2-1-91）、广州陈家祠、三水胥江祖庙（图2-1-92）等。

搏风头。搏风头，是指山墙搏风板底端，与墀头交界。搏风板指沿屋顶斜坡且钉在伸出山墙之外的檩条上的木板。广府祠堂基本为硬山屋顶，檩条不出山墙，但却在沿屋顶斜坡的山墙上刷出一

图 2-1-90　钟鼓楼垂脊灰塑（佛山祖庙）

图 2-1-92　双层屋脊（三水胥江祖庙）

图 2-1-91　双层屋脊（佛山祖庙）

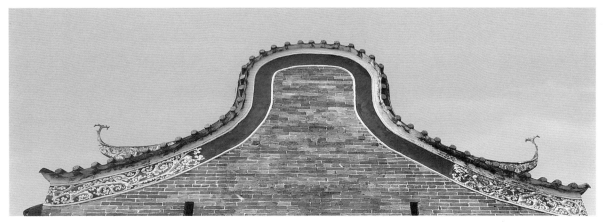

图 2-1-93　搏风头处的灰塑（清远上岳村）

条高 0.42~0.75 米的黑带，既在装饰上仿照木质搏风板，又因灰塑中的石灰水可以防水而间接能够保护墙体和墙内檩条，这可以说是岭南地区每个祠堂不可或缺的灰塑装饰部位，内容以卷草或草龙为主。清远上岳村的山墙在搏风头处雕饰着卷草，搭配飞带式垂脊，使建筑变得简练雅致（图2-1-93），也有个别祠堂的搏风头造型别致，在墀头青石位置收止并向下延伸约一尺，图案亦非常见卷草纹而是枝干中朵朵盛开的桂花（图 2-1-94）。

图 2-1-94　桂花灰塑（东莞南社古村）

　　墙楣。在墙体最上端、檐口之下部位的墙楣一般会采取灰塑作装饰。若位于正立面，则会比正脊更接近于人的视线，所以这个部分用灰塑来装饰，可以看到灰塑的精致程度，内容以山水、植物、动物为主。如在清远上岳村的泗吉堂墙脊上的灰塑精美，体现了当时对子孙成龙成凤和高中状元的美好期盼（图 2-1-95）。此外，灰塑图案也有结合西洋花纹进行塑造的（图 2-1-96），可见当时中西文化的交融和碰撞。

　　女儿墙。据《辞源》[3]，女儿墙又称女墙，起初指城墙上面的矮墙。因为古代的女子是没有地位的，所以女儿墙就用来形容城墙上面呈凹凸形的小墙，后来延伸到但凡在墙上之墙、房屋外墙高

图 2-1-95　泗吉堂墙脊上的灰塑（清远上岳村）

图 2-1-96　天禄书室（开平马降隆碉楼）

图 2-1-97　女儿墙的灰塑（开平自力碉楼）

出屋面部分叫矮墙。开平自力碉楼女儿墙上的灰塑，绿底衬托土黄色的花纹，有福禄安康的寓意（图 2-1-97）。女墙见诸各种文学作品中。李贺在《石城晓》一诗中写道："月落大堤上，女垣栖乌起。"杜甫《题省中院壁》诗中写道："掖垣埤竹梧十寻。"其中的"埤"指的就是其第二个意思，即泛指矮墙之义。如开平民居女儿墙两侧的灰塑由鱼、鸡、月等元素结合，再加上中间的海草灰塑，体现了当地人通过祥瑞题材来寄托自已渴求阖府平安和辟邪祈福的夙愿（图 2-1-98）。

山尖。山尖，是指山墙上端与两边屋顶斜坡组成的三角部分（图 2-1-99），常在两侧搏风板装饰悬鱼惹草。在古代建筑中，悬鱼是装饰建筑构件的代名词，早先用木板雕成，正中安放于搏风板，因早期雕做成鱼形，所以称作悬鱼，后经过长时间的变形，已完全脱离鱼的形象，但仍称悬鱼。惹草是指安放于两边搏风板上的木质装饰件，渐演化成山尖装饰的代名词，如在佛山祖庙的悬鱼惹草距离搏风板有一定的距离，悬鱼雕刻精细，常见在两山搏风交界处作灰塑（图 2-1-100）。

门楣、窗楣。门楣、窗楣使用灰塑一般为"平面做"，立体感不强，画面疏朗，内容大多较为简约，多为瓜果、风景等。开平自力碉楼的门楣画面呈半月形，在浅浮雕花纹上描绘黑字（图 2-1-101）；马降隆碉楼有些前院的大门门楣采取灰塑的立体做，并结合西方元素创新（图 2-1-102），此外，

图 2-1-98　女儿墙的灰塑（开平民居）

图 2-1-99　山尖上的"福到眼前"（番禺余荫山房）

碉楼的窗楣的灰塑色彩浅淡，属于传统卷草纹的变形（图 2-1-103）。还有一些窗楣的雕饰比较繁复鲜艳，如番禺余荫山房的富贵如意图（图 2-1-104），周边弧边以花草装饰，中间以如意佩、蝴蝶、花卉等构筑理想宜人的环境。

　　神龛。神龛是指祭祀土地神的地方，通常位于墙的一侧。神龛有石制、砖雕，也有一部分采用灰塑。神龛两侧对联为"安土敦乎仁，多文以为富"，券顶为"福德祠"（图 2-1-105）。神龛的对联和券顶不是唯一的，因为会随不同功能的建筑而变化，也有些是根据人的心理需求而设定（图 2-1-106）。

图 2-1-100 山尖（佛山祖庙）

图 2-1-101 门楣灰塑（开平自力碉楼）

图 2-1-102 前院大门
的灰塑（开平马降隆碉楼）
（左）

图 2-1-103 窗楣灰塑
（开平马降隆碉楼）（右）

图 2-1-104　窗楣灰塑（番禺余荫山房）

图 2-1-105　神龛（东莞塘尾村）

图 2-1-106　神龛（东莞南社古村）

4.2 灰塑在传统建筑上的应用

4.2.1 陈家祠

广州陈家祠是一座集"教化与祭祖、祠堂与书院"两种使用功能于一身的独特祠堂，陈家祠的灰塑装饰是广州地区传统建筑装饰的典型样式，充满了浓厚的地方文化气息，也代表了广府民间工艺水准、生活习俗、艺术形态、经济水平等方面的发展程度。

陈家祠古建筑灰塑纹样分类。动物纹样。动物可以分为两类：一是现实世界中存在的飞禽鸟兽、家畜鱼虫，有喜鹊、雄雉鸟、蝙蝠等；二是根据神话故事创作出来的祥禽瑞兽，如狮子（图2-1-107）、鳌鱼、麒麟、凤凰等。这些动物纹样可以组合出来独占鳌头、一品当朝、金衣百子等题材。

琼花玉树。人们也常将美好的愿望寄托在琼花玉树的植物元素上，如牡丹象征大富大贵，芭蕉"大叶"谐音"大业"，松树、菊花等多用来表达对"寿"的祈求，葡萄寓意多子多孙，还有梅花、桃花、柳树等花卉草木，寓意高雅脱俗。

博古杂宝。陈家祠的首进东路北面垂脊，后东、后进、东进都有博古图，其纹样元素有八吉祥、八宝、四艺等吉祥物，再用花卉和果品加以点缀，有崇尚雅趣之意，而陈家祠的博古图中还添有活泼的蝙蝠纹样（图2-1-108）。

图2-1-107 狮子（广州陈家祠）

图2-1-108 博古杂宝（广州陈家祠）

人物神仙。人物即历史上出现过的人物，是真正存在的。神仙，是神话传说和历史故事中创造的人物。随着历史文化的积淀，人物神仙和动植物一样，都成为人们寄托情感、表达期望的载体。陈家祠的历史典故有"刘伶醉酒""竹林七贤"等，神话人物有洞天福地（图2-1-109）、桃园三结义（图2-1-110）、古城会、福禄寿等。

山水景观。陈家祠有大量以岭南山水、自然景观为题材的灰塑，反映了人们游山玩水的文化意识和以山为德、水为性的内在修为，更体现了人们寄情山水，希望人与大自然和谐共处的情怀。根据清乾隆《广州府志》[4]记载，清代羊城八景图（图2-1-111）分别为：粤秀连峰（图2-1-112）、琶洲砥柱、五仙霞洞、孤兀禺山、镇海层楼、浮丘丹井、西樵云瀑、东海鱼珠。此外，还有岭南春色，夜游赤壁（图2-1-113）等。

文字纹样。灰塑工匠常常将具有文人风格的文字纹样也搬上作品，文字一般由书法家书写，然后灰塑工匠将其拓于屋脊或牌匾上，再用灰塑材料塑造出立体感。通常为蓝底白字和黑底白字，它们并不单独出现，而必须在以文人山水画为蓝本的构图中才能有其意义，寄托主人隐逸的情怀。

陈家祠古建筑灰塑的题材内容。寓教于乐的儒家观念题材。在陈家祠灰塑的创作中，工匠以儒家思想为艺术根源，题材内容中充满着宣扬"孝、悌、忠、信、仁、义、廉、耻、礼、智、和善、忍让、简朴"等思想教化内容，以及封建伦理道德、立志、劝诫等观念。其作品中大多富有浓厚的

图2-1-109　洞天福地（广州陈家祠）

图2-1-110　桃园三结义（广州陈家祠）

图 2-1-111　羊城八景图之一（广州陈家祠）

图 2-1-112　粤秀连峰（广州陈家祠）

图 2-1-113　夜游赤壁（广州陈家祠）

伦理色彩，宣扬儒家之礼，如用独占鳌头、功名富贵等宣扬勤读史书，科举功名；用公孙玩乐来宣扬家庭和睦亲善等（图2-1-114）。

祈福纳吉的民间寓意题材。"图必有意，意必吉祥"是陈家祠灰塑所追求的艺术思维模式，也是它的魅力色彩所在。祈福纳吉是民间建筑装饰中运用最广泛的民间寓意题材，内容千姿百态，类型众多，如招财纳福、延年增寿、福在眼前（图2-1-115）等。其中，最具有谐音比拟效果的当属金鱼，如金玉满堂图，指财富很多，亦可用以誉称富有才学。作品由九条金鱼组成，由于"鱼"谐音"余"，多余和少欠相对，对于财富、福事、喜事自然是多多益善，因此在民间吉祥图案中常有鱼出现，如"金鱼"谐音"金玉"，"九鱼"又与"九如"谐音，寓意天时地利人和，事皆如意（图2-1-116）。

图2-1-114 三福高照
（广州陈家祠）

图2-1-115 福在眼前
（广州陈家祠）

图2-1-116 九如图
（广州陈家祠）

陈家祠灰塑的色彩特征。陈家祠的建筑装饰中,色彩十分丰富,且有浓淡变化和晕染效果。清代,色彩与身份地位相关的制度日益宽松,陈家祠这类大宗祠在建筑装饰上允许使用色彩进行点缀。陈家祠的整体色调上大面积使用建筑材料的原色,显得优雅朴实,灰塑部分则用较为鲜艳的色彩进行重点装饰点缀,突出主体。灰塑匠师驾驭色彩独具胆识,敢于将原色不加调兑直接使用,大红大绿大青,色相和明度的反差都很大,单幅的灰塑除了少数风景题材外,全部统一在黑色的底色内。陈家祠灰塑这种淡中求彩的方式,庄重素雅,妙想无穷。

陈家祠古建筑灰塑的造型特征。"人大于屋,树高于山"是灰塑人物塑造的造型特点。从陈家祠多个灰塑人物塑造的场景中可以看到,人物始终是画面的视觉中心点,背后的植物景色都是起衬托的作用的。如果按实际的比例来进行灰塑的创作,画面的主体人物就会很小,难以被人看见,所以人物在塑造的时候,都会脱离现实的比例,按照画面的需要而进行创作。

4.2.2 佛山祖庙

佛山祖庙位于广东省佛山市,是一座皇家寺庙,被誉为"东方民间艺术之宫"。祖庙的灰塑具有有皇家气派,色彩艳丽,极富立体感。

佛山祖庙灰塑常见纹样分类。佛山祖庙的灰塑纹样与陈家祠有相似的地方,其纹样形态大致也可分为动物纹样,琼花玉树,博古杂宝(图 2-1-117),人物神仙,山水景观(图 2-1-118)和文字纹样。其中的文字纹样,不仅是蓝底白字或黑底白字,还有许多是以门楣窗楣为载体出现,与色彩艳丽的山水画镶嵌在一起(图 2-1-119)。

图 2-1-117　博古杂宝灰塑(佛山祖庙)

图 2-1-118　山水景观图（佛山祖庙）

图 2-1-119　门楣灰塑（佛山祖庙）

　　佛山祖庙的灰塑以戏曲故事为主要题材。粤剧来源于佛山，许多粤剧爱好者于每年六七月都会聚集在万福台看戏。万福台位于佛山祖庙的南北中轴线上，体现出当地人对粤剧文化的热爱和追捧，这一地域性特点潜移默化地影响着灰塑的题材，因此，佛山祖庙的灰塑大多以戏曲故事为主要内容，装饰在建筑最明显的部位，使我们深刻感受到艺术、文化、生活和建筑的关系。在祖庙两旁门上的灰塑，有"断桥会"（图 2-1-120）、"三英战吕布"以及琴棋书画等题材的作品，这些灰塑艺术造型生动传神，栩栩如生，色彩绚丽。

　　祈福纳吉的民间寓意题材。灰塑的形象蕴含着两个层面的内容，一是所表现对象的造型，二是这种造型形象所传达的寓意，两者相辅相成。佛山祖庙的灰塑形象地反映出当地人民的审美观以及人们对未来生活的憧憬，例如落水管的管口雕饰着竹，谐音"祝"，鹤有富贵长寿的意思，增添了一份大自然的活力，整个画面寓意生机盎然、富贵长寿（图 2-1-121）。

图 2-1-120　断桥会（佛山祖庙）

图 2-1-121　松鹤祝寿（佛山祖庙）

　　佛山祖庙灰塑的色彩特征。色彩是赋予物体表面华彩的重要组成部分，对于佛山祖庙而言，它所体现出的彩色装饰富丽堂皇，高贵端庄（图 2-1-122）。据《礼记》[5] 对建筑色彩的使用限制记载："楹，天子丹，诸侯黝，大夫苍，士黈"，而明代明文规定："庶民庐舍不过三间五架，不许用斗栱，饰彩色"。因为佛山祖庙属于皇家建筑，不受这些规定限制，所以屋顶多采用孔雀绿琉璃瓦，并大面积使用朱红、金黄、灰绿等暖色调，建筑布局严谨对称，让人感受到敬畏和庄肃（图 2-1-123）。

　　佛山祖庙古建筑灰塑的工艺特征。祖庙灰塑的工艺娴熟，层次多，构图集中概括，色彩大胆，立体感强，多用半浮雕、高浮雕、立体雕，尤其在门楣窗楣处，可以看到精巧的半浮雕。灰塑作为佛山祖庙的一道独特秀丽的风景线，极富吸引力和震撼力，也在岭南建筑装饰中具有与众不同、妙趣横生的特点。虽然不少灰塑出现斑驳掉色的情况，但是我们还是依稀可以看到灰塑匠师的巧妙与智慧。如佛山祖庙廊房墙壁上的麒麟会狮，寓意富贵有余（图 2-1-124），还有五子登科图，寓意学识进步、官位步步高升（图 2-1-125）。

4.2.3　花都资政大夫祠

　　资政大夫祠属于资政大夫祠古建筑群的建筑之一，是广州建筑规模最大的祠堂，位于广州市花都区新华镇三华村的西面，至今已有一百五十多年的历史，对考查清代的民间祠堂建筑具有重要历史价值。此外，灰塑国家级非遗传承人邵成村的部分作品都陈列在资政大夫祠，有助于人们对于灰塑装饰工艺有更深刻的认识与了解。

图 2-1-122　山尖（佛山祖庙）

图 2-1-123　朱红墙身（佛山祖庙）

图 2-1-124　麒麟会狮（佛山祖庙）

图 2-1-125　五子登科图（佛山祖庙）

　　花都资政大夫祠里的灰塑题材。在灰塑题材中，采用了大量形体活泼、神态祥和、笑脸相迎的"瑞兽"图腾，如麒麟、狮子和松鹤等，装饰在祠堂、寺庙、学堂、民居的屋脊脊座，山墙垂脊，廊门屋顶等处，体现了一种非常强烈的民俗信念，使得灰塑变得更加有生命力，同时人们也借此来祈望自己的家园和子孙后代幸福、平安。资政大夫祠里的巨大麒麟是仿照广州陈家祠屋檐上灰塑的真实尺寸大小，让人能够近距离观赏到屋顶上的灰塑艺术（图 2-1-126）。在展馆还陈列了许多生动的祥兽灰塑，如小麒麟（图 2-1-127）、狮子（图 2-1-128）、雄鹰（图 2-1-129）、蟾蜍（图 2-1-130）等，这里的龙和雄鹰象征有胆识有才能的杰出人物，狮子和蟾蜍主要用以辟邪祈福。

　　在广府地区少不了以山水风景为题材的灰塑，在资政大夫祠同样也有，这反映了文人墨客对建筑艺术的影响（图 2-1-131）。通过灰塑对山水题材进行塑造，展现了人的内心境界和对自然的向往，此类题材深受当时文人的喜爱。此外，邵成村师傅的陈列品中也有盆景灰塑，雕琢华美，颇有趣味性（图 2-1-132）。

图 2-1-126　麒麟（花都资政大夫祠）

图 2-1-127　麒麟传书（花都资政大夫祠）

图 2-1-128　狮子（花都资政大夫祠）（左上）

图 2-1-129　群英会（花都资政大夫祠）（左下）

图 2-1-130　蟾蜍吐云（花都资政大夫祠）（右）

图 2-1-131 山水灰塑（花都资政大夫祠）　　　　　　图 2-1-132 山树灰塑（花都资政大夫祠）

　　花都资政大夫祠的灰塑象征情感。花都资政大夫祠的正脊有"凤朝阳"的灰塑（图 2-1-133），色彩已不如昔日之艳美。为了让人认识且防止失传这种灰塑工艺做法，室内则完整地展示了"凤朝阳"的原貌（图 2-1-134），寓意朝气蓬勃、乐观向上的积极态度。当地居民讲粤语，所以灰塑以

图 2-1-133 凤朝阳图（一）（花都资政大夫祠）

图 2-1-134 凤朝阳图（二）（花都资政大夫祠）

图 2-1-135 五福捧寿（花都资政大夫祠）　　　　　图 2-1-136 三福（花都资政大夫祠）

谐音为题材颇多，如"五福捧寿"（图 2-1-135）、"福寿双全"等。大多数祠堂、庙宇都喜欢用狮子、蝙蝠等瑞兽。狮子古时为最尊贵的动物，饱含着人们对子孙的期许；蝙蝠因在粤语中谐音"福"，代表着广州人喜欢"好意头"的性格（图 2-1-136）。在灰塑技艺背后是深厚的象征情感所包含的文化价值，读懂了灰塑，不但可以更好地理解岭南建筑艺术，也可以更好地贴近并感受岭南文化的博大精深。

5. 灰塑的现状与传承

5.1　灰塑的发展现状

灰塑发展面临困境。现代建筑运动的到来使得灰塑陷入被冷落和遗忘的困境。灰塑工艺要求匠师有良好的美术功底，且灰塑具有"人才培养慢，生产周期长"的特点，少则三、四年，长则八、九年的时间，潜心钻研学习才能够自立门户。灰塑匠人多数在清贫中从事默默无闻的劳动，所以很多学徒中途放弃，人才断代无疑是灰塑发展的最大障碍。灰塑与传统建筑共存，保护灰塑的同时也需要保护传统建筑。保护灰塑实物目前最有效的办法有两种，即为完整记录灰塑外形和延长现有灰塑的使用寿命。目前灰塑还是以师徒相传的传统作坊式发展，受社会关注的程度不高，没有行会联盟，也没有机构的保护和支持，发展力量比较薄弱。

灰塑是广府传统文化大系统中的重要组成部分。灰塑作品中各种民俗化的寓意能通过建筑物传达给民众，具有信息传递价值。对灰塑的保护也是对广府传统建筑营造系统的保护。"会呼吸的建筑"是花都灰塑非遗传承人邵成村师傅对灰塑和中国传统建筑中所蕴含智慧的提炼，也是他不断积累和体验的总结。邵师傅一再强调"古人的智慧不可以丢掉"，他现在所做的是对传统建筑智慧的记录，并且希望灰塑得到越来越多人的了解和认可，让传统建筑工艺能够继续传承，并且在现代建筑中发挥它应该有的作用。

5.2　灰塑传承人代表

邵成村（图 2-1-137），广州花都人，16 岁开始随父学习灰塑，至今已有 30 余载。2008 年，邵成村被广东省和广州市先后命名为省、市级"非物质文化遗产项目'广州灰塑'代表性继承人"，2011 年广东省文化主管部门将邵成村申报为"国家级非物质文化项目代表性传承人"，也被认定为广东省建筑名匠（灰塑）的称号。邵师傅多次参加国家级、省级、市级文物建筑修复工作，近十多年来，他先后修复了六榕寺、光孝寺、三元古庙、锦纶会馆、陈家祠、花都资政大夫祠、番禺留耕堂等古建筑的灰塑，以及创作南海神庙内的各种灰塑人物和神像，为灰塑的保护和传承做出了重大的贡献。怀着传承和发扬灰塑工艺的热切理想，邵成村师傅成立了专门的灰塑修复队，在古老的岭南村落里，四处可见他们辛劳而坚定的身影（图 2-1-138）。

图 2-1-137　邵成村师傅（邵成村师傅灰塑工作室）

图 2-1-138　邵成村师傅（邵成村师傅灰塑工作室）

"会呼吸的房子"，是由国家级非物质遗产项目代表人邵成村提出的。他运用灰塑新型材料代替乳胶漆制品和水泥砂浆，使得整体建筑轻量化；在施工过程中不添加化学制剂，无污染、无甲醛和苯等有害气体，不会产生有毒物质。通过不同的加工工艺，实现了吸潮、防水、吸湿、恒温、杀菌、防霉、隔声、净化空气的功能。

他不遗余力地传承和发展广州灰塑这门传统建筑技艺，积极配合省市区推动广州非物质文化遗产工作，在各种文化活动中开始灰塑项目的展示、展览、宣传和对外交流活动；积极参与广州花都区举办的"非遗走进课堂"活动，让青少年了解非遗的相关知识，了解广州灰塑的特点。

欧阳可朗，是花都区花山镇五星村人，是花都民间艺人第四代灰塑工艺传承人，第四批广州市非物质文化遗产项目广州灰塑代表性传承人。欧阳可朗师从邵成村，在师父的谆谆教导下，对珠江三角洲地区的祠堂、庙宇以及文物古建筑的灰塑进行修复与创作。欧阳可朗结合传统灰塑作品造型与现代审美特色，让传统灰塑更好地得到延续与发展。经过 20 多年的磨炼，欧阳可朗已经可独立带徒授教工艺，他擅长创作人物、动物、花鸟等灰塑题材作品，具有浓厚的吉祥寓意和古朴的岭南风味。欧阳可朗曾参与广州陈家祠、镇海楼、三元古庙、佛山兆祥黄公祠等建筑的灰塑修复工程，获奖作品有《五福》、《群英会》等。

5.3　灰塑的发展探索

关于灰塑的发展，传承人们已经进行了各方面的探索。

广州地区现代私宅利用传统工艺营造。目前邵成村师傅已经应邀完成了多所民宅营造，按照传统建筑的营造法式，在室内舍弃空调系统的安装，利用传统建筑的"会呼吸"原理与精髓，建造适合现代广州私宅发展又具有传统建筑智慧的建筑。

拓展灰塑的应用范围。灰塑的发展需要与现代生活方式结合，应用范围可以拓展到会所、宾馆、地铁隧道、火车站、机场候机厅、现代公园、大型的文化活动广场、公共建筑的文化背景墙等，这些大型场所现在越来越注重内在品质的提升，注重表现自己的特色。同时灰塑与雕塑艺术和壁画艺术结合，也能体现现代材料与传统材料的和谐之美，体现中国文化的博大精深。

大胆创新传统灰塑的纹饰题材。灰塑的纹饰题材经过长期的发展和历史的积淀，有着深厚的文化底蕴。灰塑的纹饰题材，可以借鉴其他艺术表现形式和设计思路，与现代设计结合，将其纹饰运用到首饰设计、染织图案、装饰画、服装等方面，还可以融入外来文化元素和情调，符合现代人的审美需求。

合理挖掘开发灰塑的游览价值。在国家倡导非物质文化遗产带动旅游发展的策略下，对灰塑所依存的建筑进行包装，成为文化旅游的一部分，带动灰塑的发展。灰塑旅游纪念品也是可以考虑开发的一种工艺品形式，可以改变灰塑只能附着在屋顶的被动形象。要以"看得上、买得起、带得走、耐欣赏、能升值"的重要指导思想始终贯彻在研发灰塑旅游价值的过程中，让越来越多的人知道灰塑这门传统工艺。

参考文献

[1] （宋）赞宁.《宋高僧传》.北京：中华书局，1987

[2] 广州市地方志编纂委员会.《广州市志卷十六》.广州：广州出版社，2000

[3] 商务印书馆编辑部等.《辞源》.北京：商务印书馆.1983

[4] （清）戴肇辰等修.（清）史澄等纂.《广州府志》，清光绪五年刊本

[5] （西汉）戴圣.《礼记》

[6] 李公明.《广东美术史》.广州：广东人民出版社，1993

[7] 广东民间工艺博物馆编.《陈氏书院：建筑装饰中的故事和传说——灰塑》.广州：岭南美术出版社，2010

[8] 罗雨林.《岭南建筑明珠：广州陈氏书院》.广州：岭南美术出版社，1996

[9] 林明体.《岭南民间百艺》.北京：中国建筑工业出版社，1993

[10] 黄淼章.《陈家祠》.广州：广东人民出版社，2006

[11] 陆元鼎.《岭南人文·性格·建筑》，北京：中国建筑工业出版社，2005

[12] 夏燕靖.《中国艺术设计史》.沈阳：辽宁美术出版社，2001

[13] 谭元亨.《岭南文化艺术》.广州：华南理工大学出版社，1993

[14] 王达人.《中国福文化》.北京：北京工业人学出版社，2004

[15] 董黎.《岭南近代教会建筑》.北京：中国建筑工业出版社，2005

[16] 楼庆西.《中国传统建筑装饰艺术——屋顶艺术》.北京：中国建筑工业出版社，2009

[17] 楼庆西.《乡土瑰宝系列——雕塑之艺》.北京：生活·读书·新知三联书店，2006

[18] 《中国古建筑—9 礼制建筑》.北京：中国建筑工业出版社，1993

[19] 陆元鼎，陆琦绮著《中国民居装饰装修艺术》.上海：上海科学技术出版社，1992

[20] 楼庆西.《中国古建筑二十讲》.北京：生活·读书·新知三联书店，2001

[21] 王发志.《岭南祠堂》，广州：华南理工大学出版社，2011

[22] 吴良镛.《中国院士书系——建筑·城市·人居环境》.石家庄：河北教育出版社，2003

[23] 崔世昌.《现代建筑与民族文化》.天津：天津大学出版社，2000

[24] 余英.《中国东南系建筑区系类型研究》.北京：中国建筑工业出版社，2001

[25] 〔美〕柯克·欧文.《西方古建设计保护理念与实践》秦丽译.北京：中国电力版社，2005

[26] 汤兆基.《中国传统工艺全集：雕塑》.郑州：大象出版社，2005

[27] 朱和平.《中国工艺美术史》.长沙：湖南大学出版社，2004

[28] 刘大可.《中国古建筑瓦石营法》.北京：中国建筑工业出版社，2001

[29] 中国科学院自然科学史研究所主编.《中国古代建筑技术史》.北京：科学出版社，2000

[30] 楼庆西.《中国传统建筑装饰艺术 砖石艺术》.北京：中国建筑工业出版社，2010

[31] 楼庆西.《装饰之道》.北京：清华大学出版社，2011

二、陶塑

1. 陶塑历史

1.1 中国陶塑

中国陶塑艺术源远流长，早在新石器时代便呈现出各种丰富的形态。饱满丰润的地母像、憨态可掬的陶鸟壶、挺拔秀美的人首瓶、肃穆威严的鸮形尊等，满载先人的信仰和祈望。

约在春秋末期，中原墓葬文化中诞生了一种新的艺术形式——俑。俑代替人殉反映了社会的进步。俑艺术经春秋战国数百年孕育，于秦朝发生了质的飞跃，那就是秦始皇兵马俑的诞生，被誉为"世界第八奇迹"。秦代兵马俑在艺术表现上运用严格的写实手段，制作上采用模、塑结合的手法，运用塑、捏、堆、贴、刻、画等多种技法制作而成。秦代兵马俑造型丰富，有刚毅肃然的将军（图2-2-1、图2-2-2），牵缰、凝神待命的骑士，披坚执锐、横眉怒目的步兵，持弓待发、目光正视前方的射手以及横空出世的战马，共同组成了气势磅礴的军阵（图2-2-3），令人不由得想起那硝烟四起、金戈铁马的战国时代，形象地记录着那个时期的历史。

图 2-2-1、图 2-2-2 秦兵马俑将领塑像

图2-2-3 秦兵马俑士兵塑像

随后汉朝秉承秦制，国家统一，稳定的社会基础和雄厚的经济实力给俑艺术注入了新的活力。陶塑的内容和艺术风格也随之发生变化，无论是人物还是动物，都注重从总体上把握对象的精神内涵，强调动势和表情在形象塑造中的作用，表现出一种豪放、流动的美学格调，非常符合汉代的时代审美特征。东汉最有代表性的陶塑是成都天回山出土的"说唱俑"（图2-2-4），击鼓说唱俑以写实主义的手法刻画出一位正在进行说唱表演的艺人形象，反映出东汉时期塑造艺术的高度成就，具有很高的艺术价值。

图2-2-4 东汉"说唱俑"

汉末的社会动荡使厚葬之风戛然而止。从魏晋薄葬制度的确立到北朝厚葬习俗的复苏，陶塑和其他艺术形式皆经历了一次文化大融合带来的震荡。新兴社会独有的文化活力在大一统的隋、唐帝国荫庇下勃然而发，陶俑艺术也于盛唐达至巅峰。"唐三彩"所表现的激扬慷慨、瑰丽多姿、壮阔奇纵、恢宏雄俊的格调，正是唐代那种国威远播、辉煌壮丽、热情焕发的时代之音的生动再现（图2-2-5、图2-2-6）。然而，盛极一时的陶俑艺术在经历了开元、天宝的盛唐喧腾后，于安史之乱后不再复起。虽五代以后陶俑仍有新意溢出，但汉唐气度尽失；至明清，唯存虚壳，内质全无，中国陶俑艺术亦随之终结。

墓葬陶塑除俑以外，还有各种动物、建筑模型等形式。如汉代楼阁庄园、唐朝驼马墓兽，皆塑艺不凡。墓葬之外，陶塑的形式更为丰富多样，如魏晋的狮、羊插座，尽功利之用而不失生动；宋朝的瓷枕，化方寸之地穷极世态。

1.2 石湾陶塑发展

岭南古代被称为"蛮夷之地"，古越族先民早已在此繁衍生息。秦汉时期，中原先进文化传入岭南地区，对岭南文化影响深远，岭南本土文化在与华夏文化交融的同时，仍旧保留了自身独特的文

图 2-2-5、图 2-2-6　唐三彩骏马塑像

化特性，使得岭南民俗工艺呈现浓郁的地域文化特色。在现代考古挖掘的石湾贝丘遗址，发现新石器时代晚期许多印有方格纹、曲线纹、菱形纹、条纹等纹饰的陶片。这些几何纹样的陶片体现石湾先民制陶的审美意识和艺术创造能力，以及先民崇尚粗犷豪放、单一淳朴的艺术风格。岭南在地理上背靠五岭，面向海洋，岭南人自古就形成了向外拓展、奋发进取的冒险精神，所以，石湾人物陶塑身具粗犷豪放的艺术风格是继承和延续岭南地域文化内涵的表现。

广东石湾是岭南地区重要的陶器产区，属于民窑体系，有三千多年历史，故有"石湾瓦，甲天下"之美誉。石湾盛产日常生活所需的瓦器（当地人称为"缸瓦"），也以陶塑——"石湾公仔"声名远播。先后在佛山石湾和南海奇石发现唐宋窑址，发掘出的半陶瓷器，火候偏低，硬度不高，坯胎厚重，胎质松弛，属较典型的唐代南方陶器。

自明代起，石湾打破了过去单一日用陶瓷出口的状况，艺术陶塑、建筑园林陶瓷、手工业用陶器也不断输出国外，尤其是园林建筑陶瓷，广受东南亚人民欢迎。至今在东南亚各地以及香港、澳门、台湾庙宇寺院屋檐瓦脊上，完整地保留有石湾制造的瓦脊有近百条，建筑饰品更无法统计。石湾的陶店号在明代已称为"祖唐居"，至清末时名家辈出，行会组织日益精细，根据初步统计，共有二十四种行会之多。

明清时期，石湾陶塑出现了兴旺的发展状态，并以其强大的生命力渗透到人们的生活艺术之中，陶塑在 19 世纪末开始走向全盛，发展成为人物陶塑、动物陶塑、艺术器皿、山公微塑和建筑园林装饰等，是石湾陶塑艺人在瓦脊陶塑的基础上再进一步的创新。瓦脊陶塑与案头陶塑有很重要的视觉区别，前者需观者远距离仰头而观，而后者则可近距离欣赏并捧在手中把玩（图 2-2-7~图 2-2-9 ）。

石湾陶器品类繁多，以专供玩赏的"石湾公仔"即陶塑人物最受欢迎。根据行会规定，各行技工不能转行，公仔的制作是"公仔行"的专利，除"花盆行"的陶匠可制作陶塑人物以供屋脊使用外，其他行的陶匠均无权做瓦脊上的陶塑。"花盆行"在清初从"大盆行"中分离出来，后来成为石湾制陶业中的最大行业，主要业务是大型器皿如水缸、花盆等，瓦脊人物在清末被细分命名为"花脊行"。清代石湾瓦脊制作的店铺包括石湾大桥头的"文如璧"店，活跃于清同治年间的"陆遂昌"店，还有"均玉"、"吴宝玉"、"吴奇玉"、"宝玉荣"等大中店号约三十家，小型及家庭式店号也有三十家以上。在这些店铺中，承接佛山祖庙石湾花脊制作的有"文如璧"、"均玉"、"吴宝玉"和"宝玉荣"四家。

图 2-2-7　石湾陶艺作品"竹林七贤"

图 2-2-8　石湾陶艺作品"竹林七贤"局部一

图 2-2-9　石湾陶艺作品"竹林七贤"局部二

　　据不完全统计，清代岭南建筑陶脊在国内外共有遗存 107 条，其中国内（包括香港、澳门）共有遗存 104 条。其中最有代表性的是广州陈氏书院（图 2-2-10）、三水胥江祖庙（图 2-2-11）、佛山祖庙（图 2-2-12）、德庆悦城龙母祖庙（图 2-2-13）、罗浮山冲虚古观、西樵云泉仙馆、东莞康王庙、广西百色会馆、澳门观音堂（普济禅院）以及越南西贡天后庙等处。佛山祖庙现存清代陶脊 15 条；广州陈氏书院现存清代陶脊 11 条；德庆悦城龙母祖庙现存清代陶脊 5 条；西樵云泉仙馆现存清代陶脊 4 条，广西百色会馆现存清代陶脊 4 条；澳门观音堂（普济禅院）现存清代陶脊 6 条。[16]

　　国内现存于建筑上最早的石湾陶脊残件制作于 1793 年，属于三水胥江祖庙屋顶建筑构件；现存最早的完整的陶脊制作于 1827 年，现存佛山祖庙博物馆。其中 33 条陶脊年份不详，9 条陶脊制作于民国时期，其他 62 条陶脊原作的制作年份为 1817 年至 1911 年，其中 40 条集中在 1888 年到 1907 年这 19 年间，是清代末年岭南陶脊发展到成熟阶段的实证。

图 2-2-10 陈氏书院
正景

图 2-2-11 胥江祖庙

图 2-2-12 佛山祖庙

图 2-2-13 德庆悦城龙母祖庙

2. 陶塑的题材及特色

2.1 陶塑的题材

陶塑脊饰的题材与岭南其他类型的传统建筑装饰题材有千丝万缕的关系，并且都具有强烈的岭南地域特色。

建筑装饰雕塑

（1）屋脊陶塑

据统计，1888 年以前的岭南陶脊题材多为花果、鸟兽、器皿等，而 1888 年以后的岭南陶脊则几乎全为人物故事类题材。[16] 岭南陶塑脊饰选用的一般是具有岭南地域特色的花果鸟兽题材，例如荷花、佛手瓜、石榴等花果，鳌鱼（图 2-2-14、图 2-2-15）、鸭子、南方的独角狮子等。佛山祖庙的陶塑脊饰就有狮子滚绣球、连（莲）登三甲（鸭）、富贵荷花图等题材。

花卉瓜果。花卉瓜果是清中晚期岭南地区建筑陶塑屋脊的主要装饰内容之一，寄托了人们对幸福、美满生活的渴望与追求。陶塑屋脊上面所塑的花卉瓜果，包括牡丹、荷花、莲花、梅花、菊花、茶花、玉兰花、水仙、佛手花、石榴、桃子、葡萄、柚子、葫芦、杨桃等。其中，牡丹象征富贵，荷花象征高洁，莲花象征廉洁，梅花象征坚强，菊花象征高雅，茶花象征吉祥，玉兰花象征纯洁，水仙象征吉祥，竹子象征傲骨，佛手花象征福与寿，桃子象征长寿，石榴、葡萄象征多子，柚子谐音"佑子"象征团圆，葫芦谐音"福禄"象征多子（图 2-2-16、图 2-2-17）。

图 2-2-14　脊饰上的陶塑鳌鱼（佛山祖庙）

图 2-2-15　屋脊上的陶塑鳌鱼（南社古村）

图 2-2-16　角脊上的寿桃陶塑（德庆悦城龙母祖庙）

图 2-2-17　屋脊陶塑花卉（德庆悦城龙母祖庙）

祥瑞动物。祥瑞动物也是清中晚期岭南建筑陶塑屋脊常见的装饰题材。屋脊上面所塑的祥瑞动物包括龙、凤凰、麒麟、狮子、骏马、鹿、仙鹤、喜鹊、鳌鱼、鲤鱼、鸭子、蝙蝠等。

龙：在级别较高的学宫、庙宇等建筑的正脊上才可用龙纹作为装饰。在正脊上方常以跑龙作装饰（图 2-2-18），呈二龙戏珠造型，宝珠脊刹位于中央，两条跑龙在宝珠两侧昂首相望，龙身沿屋脊弯曲而行，生动异常，寓意太平盛世、光明普照大地。此外，岭南地区一些庙宇建筑的陶塑屋脊也用草龙纹作为装饰（图 2-2-19）。草龙纹构图抽象，更加图案化，把龙爪、龙尾都变成卷草，具有福寿延年的寓意，线条流畅，装饰性极强。

图 2-2-18　青龙陶塑（德庆悦城龙母祖庙）

图 2-2-19　戗脊上的草龙纹（佛山祖庙）

凤凰：凤凰是中国传说中的瑞鸟，为百禽之首，其形象类似孔雀。凤鸟崇拜为中国上古图腾崇拜的重要内容之一，汉代盛行用凤鸟作为脊饰。在岭南地区陶塑屋脊的两侧脊端，常用凤凰衔书作为装饰（图2-2-20、图2-2-21），两只凤凰回首相望，口衔诏书，喻指皇帝颁诏授官，寓意富贵吉祥、国泰民安。凤凰也常与牡丹搭配，作为富贵的象征。

图2-2-20、图2-2-21　脊饰上的凤凰陶塑（三水胥江祖庙）

麒麟：麒麟的形态通常被设想为鹿的身躯，马的圆蹄，牛的尾巴，头上长有一角，角的前端为肉瘤状，它不食草、不食肉，通常伴随着圣王或是喜庆祥瑞之时出现。岭南地区庙宇、会馆、祠堂等建筑的陶塑屋脊，常以麒麟作为装饰，以示祥瑞降临、圣贤诞生（图2-2-22、图2-2-23）。

图2-2-22　博古架上的陶塑麒麟（佛山祖庙）　　　图2-2-23　花都盘古神坛正脊麒麟陶塑
（源于《晚中清期岭南地区建筑陶塑屋脊研究》）

狮子：在岭南地区陶塑屋脊上面，通常以"太狮少狮"、"狮子滚绣球"作为装饰题材（图2-2-24）。人们常以"太狮少狮"来期盼官运亨通、飞黄腾达。此外，在岭南地区一些建筑的屋顶上，常安装陶塑狮子，呈蹲踞状或脚踏绣球状，面目严肃，守护其所在的建筑空间免招邪气侵入。

骏马：古代以骏马比喻人才，因此岭南地区陶塑屋脊也以陶塑骏马作为装饰题材（图2-2-25）。

图 2-2-24　澳门观音堂陶塑脊饰狮子滚绣球　　　　　　图 2-2-25　南海云泉仙馆脊饰六骏图
（源于《晚中清期岭南地区建筑陶塑屋脊研究》）　　　　（源于《晚中清期岭南地区建筑陶塑屋脊研究》）

鹿：鹿谐音"禄"。在古代被视为神物，象征着吉祥、幸福和长寿（图 2-2-26）。

仙鹤：仙鹤为千年仙禽，常与松树一起，松鹤寓意健康长寿，通常作为陶塑屋脊上面店号、年款方框的四周装饰（图 2-2-27）。

喜鹊：在岭南地区的陶塑屋脊上，活泼的喜鹊通常与傲雪的梅花组合使用，寓意喜上枝头、喜上眉梢（图 2-2-28）。

图 2-2-26　澳门观音堂脊饰梅花鹿（源于《晚中清期岭南地区建筑陶塑屋脊研究》）

图 2-2-27　陶塑屋脊上面店号旁的陶塑仙鹤（佛山祖庙）　　图 2-2-28　屋脊年款方框上的喜鹊陶塑（佛山祖庙）

鳌鱼：传说鳌为海中大龟，龟属水中动物，因龟长寿，成为中国四灵之一。鳌鱼具有神圣之意，能起到消灾灭火的象征作用。在岭南地区学宫、祠堂、庙宇、会馆等建筑屋顶上，流行用鳌鱼作为装饰，通常安装在正脊上方的两端，也有状元及第、独占鳌头之寓意。其造型为鱼头朝下，鱼尾朝上，鱼嘴微张，两眼圆睁，相向倒立在正脊上方的两侧；还有的为鱼嘴大张，吞衔正脊（图 2-2-29、图 2-2-30）。

鲤鱼："鲤鱼跳龙门"用来比喻旧时科举制度下的中举者，赞美其光宗耀祖。在岭南地区建筑陶塑正脊的中间脊刹部位，常塑成鲤鱼跳龙门造型（图 2-2-31），寄托了人们企盼高升的美好愿望。

鸭子：鸭子常与莲花组合，取"宝莲穿鸭"之意。"莲鸭"谐音为"连甲"，"穿"为"中"的意思，寓意读书人在殿试中连登榜首。

蝙蝠：蝙蝠常和古钱搭配，表示福在眼前、好事临近。[11]

人物故事场景。建筑正脊上的陶塑脊饰多为人们耳熟能详的故事或者粤剧戏曲，如佛山祖庙陶塑脊饰中的"哪吒闹东海"、"刘备过江招亲"、"姜子牙封神"等（图 2-2-32～图 2-2-34）。

图 2-2-29 屋脊陶塑鳌鱼（德庆悦城龙母祖庙）

图 2-2-30 陶塑鳌鱼（东莞可园）

图 2-2-31 鲤鱼跳龙门宝珠脊刹（三水胥江祖庙）

图 2-2-32 哪吒闹海（佛山祖庙）

图 2-2-33 刘备过江招亲
（源于《晚中清期岭南地区建筑陶塑屋脊研究》）

图 2-2-34 姜子牙封神（佛山祖庙）

日月神乃是取材自小说《桃花女斗周公》，女为桃花女，即月神；男为周公，即为日神；他们原来都是玉皇大帝身旁之金童玉女。桃花女和周公在天上是一对，下到凡间也依然牵缠不休，关系从未真正断绝，虽是怨偶却也是天造地设的一双璧人（图2-2-35）。

纹样、博古器物。暗八仙：暗八仙是清中晚期岭南地区建筑屋脊常用的装饰题材，即神话故事中八仙所持的法器，象征吉祥如意（图2-2-36）。

图2-2-35　日神、月神

图2-2-36　暗八仙陶塑装饰（顺德清晖园）

宝珠：古人传为一种能聚光引火的宝珠，是一种神奇的通灵宝物，被视为祥光普照大地、永不熄灭的吉祥物（图2-2-37、图2-2-38）。

图2-2-37　鲤鱼跳龙门宝珠脊刹（三水胥江祖庙）

图2-2-38　莲花宝珠脊刹（德庆悦城龙母祖庙）

夔龙纹：商周青铜器上，常以夔纹作为装饰，经过工匠们的简化和抽象后，其形象为头不大、身曲折如回纹（图2-2-39、图2-2-40）。古人把夔归为龙类，所以夔属于具有神圣意义的兽类。

博古纹：博古纹与夔龙纹十分相似，都是以方形作组合，不同之处在于夔龙纹通常作为陶塑屋脊两端的装饰，并塑有眼睛，头、角、身和尾均被简化。博古纹通常作为陶塑屋脊镂空方框部分的装饰（图2-2-41、图2-2-42）。

图 2-2-39　脊饰夔龙纹（德庆悦城龙母祖庙）

图 2-2-40　夔龙纹脊饰（佛山祖庙）

图 2-2-41　博古架脊饰（佛山祖庙）

图 2-2-42　陶艺作品博古架（菊城陶屋）

卷草纹：卷草纹是根据各种攀藤植物的形象，经过提炼、简化而成，有时陶塑艺人把龙头加在卷草纹的一端，便把它变成龙形，或在卷草末端加上平排绵长的曲线，使它看起来恰似龙形。因其图案富有韵味、连绵不断，具有世代绵长的寓意。[10]

（2）琉璃瓦

琉璃瓦包括各类筒瓦、瓦当、滴水、宝珠、草尾及装饰兽头如狮、龙、鳌鱼等，有黄、绿、蓝及绛红诸色，纹样及造型多采用浮雕式，线条流畅，大方稳重。现佛山祖庙"灵应"牌坊门楼上之琉璃瓦制品，即为石湾生产，脊上所饰鳌鱼施黄、绿、白三彩，站狮则施蓝、绿、白三彩，造型古朴粗犷，美观大方（图 2-2-43~ 图 2-2-46）。

图 2-2-43　黄、绿、蓝琉璃瓦（东莞可园）

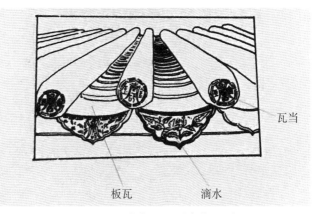

瓦当

板瓦　　　滴水

图 2-2-44　琉璃瓦图示（东莞可园）

图 2-2-45 琉璃瓦（佛山祖庙）　　　　　　　　　　图 2-2-46 琉璃瓦（德庆龙母祖庙）

依照瓦的不同部位，有着不同的名称，主要包括底瓦、盖瓦、筒瓦、板瓦、勾头、滴水等。

底瓦：是指阴阳合瓦顶或者筒板瓦顶中，下一层仰置的瓦。

盖瓦：是指阴阳合瓦顶或者筒板瓦顶中，盖在两块底瓦缝上的瓦。

筒瓦：是指外形为半圆筒形状的瓦；在筒瓦线上檐端的一块做圆头的筒瓦，称为勾头、瓦当、猫头。

板瓦：是指外形为平板状且两侧稍高于中间，前段稍狭于后端的瓦；在板瓦线上檐端的一块做如意头形的板瓦，称为滴水。

（3）盆景

盆景陶塑，又称山公，即山水盆景中的公仔，是石湾独有的一种传统工艺，起源于清代光绪年间，它的雕塑包括了人物、动物和器物等多种造型艺术，以手工雕刻为主，结合小石膏印模。大者有 20 厘米左右，小者仅寸许，最细小者只有米粒般大（图 2-2-47、图 2-2-48）。

图 2-2-47 红釉小鸟塑石　　　　　　　　　　　图 2-2-48 钧釉水洗
（源于《坚守与传承——何湛泉的多元故事》）　　（源于《坚守与传承——何湛泉的多元故事》）

（4）照壁陶塑

装饰壁画主要包括陶瓷镶嵌照壁、花窗、花板等，多采用高浅浮雕塑造，内容为喻吉祥如意之类。佛山祖庙西侧"忠义流芳祠"内石湾"英玉店"制作的大型镂空云龙纹照壁，原为石湾花盆行产品，其中云纹施以绿釉，蝠施酱釉，龙施黄及蓝釉，色彩明快，立体感极强，塑制手法简练含蓄，整体效果和局部刻画俱佳，是一件不可多得的陶塑装饰艺术品（图 2-2-49）。[11]

图 2-2-49　照壁（佛山祖庙）

2.2　陶塑的特色

随着时间的推移，石湾陶塑在漫长的历史长河中不断沉淀、凝练，呈现出造型生动传神、胎釉浑厚朴实的岭南地方特色。

造型生动传神。石湾陶塑作品给人鲜明、生动、充满生活气息的艺术美感。石湾人物陶塑用简洁的块面和流畅的线条表现人物形象的总体动作姿势，结合质朴粗拙的陶土和浑厚凝重的釉彩，表现人物豪放粗犷的艺术风格。石湾陶塑注重人物神态的细致刻画，尤其是脸部五官，直接突显人物的性格特征、内心情感变化以及作品蕴含的深层意蕴。陶艺师习惯采用动静强弱、明暗虚实、粗细拙雅等对比反衬的艺术手法来表现人物生动的艺术形象，从而使人物陶塑的造型和神韵融合、渗透（图 2-2-50、图 2-2-51）。

无论人物、动物或器皿，都致力于典型化的塑造，各种造型风格独具，较少雷同，已达到"百物百形，千人千面"的艺术境界。1990 年，新加坡广惠肇碧山亭聘请佛山石湾陶瓷厂为其塑造五百罗汉，经过制陶艺人梁力、邓巨辉、霍然均一年多的努力，500 个形态迥异的罗汉问世（图 2-2-52~图 2-2-55）。罗汉神态各异，有坐、有站、有蹲、有躺，有的低头沉思，有的咧嘴而笑，宛如真人。许多罗汉身旁，还配有龙、凤、龟、鹤、鹿、马、犀、鳌以及神话传说中的种种怪兽，与各罗汉的动作相互呼应，堪称佳作。

胎釉浑厚朴实。广钧釉装饰的石湾陶塑用的陶土坯胎比较厚，泥质不像瓷的瓷泥那样细腻。石湾陶艺人根据当地泥土材料，形体设计上端庄大方、线条洗练，通过块面与线条的合理运用、强弱表现、合理安排，既能很好地形成陶塑体量，表现空间感，装饰性也很强。大块面的整体雕塑，看

图 2-2-50　白釉陶渊明
（源于《坚守与传承——何湛泉的多元故事》）

图 2-2-51　红釉太白醉酒
（源于《坚守与传承——何湛泉的多元故事》）

图 2-2-52~ 图 2-2-55　五百罗汉局部

起来统一和谐，大气，体现了稳重的整体风格。

岭南地方特色浓郁。石湾人物陶塑清新质朴的艺术风格，表现在人物陶塑的总体美感是拙朴的，不尚浮华，没有刻意追求精雕细刻的艺术效果来取悦观众。陶艺师准确地意识到石湾本地陶土的材质特性和岭南民众的审美情趣。岭南人品性热情开放，对于过分细致雕刻的人物陶塑，人们未必会接受和喜爱。因此，陶艺师利用陶土的材质特性为基础，运用简练、圆活、随意的表现手法塑造人物形象，从而更加突显人物陶塑艺术的岭南地域特色。像"李铁拐搔耳"，陶艺师在神仙身上生动地体现寻常百姓的生活小事，间接突出岭南人热情开放、不拘小节的性格，让观众觉得人物面相奇而不怪、丑而不陋，甚感亲切。

石湾陶塑具有纯朴的地方风格，是在岭南地域文化因素的哺育下形成的，它们的艺术风格与表现形式都强烈地表达出岭南地区的人文风貌以及南粤人民的审美情趣，具有浓郁的地方特色，可以说是一幅幅立体的岭南风情画。石湾的陶塑瓦脊、山公盆景等艺术形式自成一体，瓦脊反映了岭南的建筑风情，盆景则浓缩了岭南盆栽艺术的精华，表现出岭南传统的审美意识，从而成为岭南社会风情艺术的代表。艺人们还创造了众多包含岭南人特质的艺术作品，如劳动群众的形象往往都是上裸、下跣、短裤、襄衣、笠帽，作品"抽竹筒水烟"、"倒泻蟹箩"、"好大靓蕉"、"夏夜招凉"等等，都是岭南群众生活的真实写照，内容平凡琐碎，外观上是俗文化的形式，在艺术内涵上却很高雅，不管是普通劳动者还是文人雅士，都能从观赏中得到愉悦。[11]

3. 陶塑制作工艺

3.1 工具

石湾陶塑匠人很重视雕塑的工具，他们使用的工具俗称"牙批"（因其形似象牙，故名），由竹、木或铁片制成，包括刮刀、刨刀、三角刀、蚂蟥刀、鳝尾刀等（图2-2-56、图2-2-57），大小长短不一，没有统一的规格，多为匠人因用途而自制。"牙批"多采用当地的九里香木削制，具有坚硬柔韧、轻重始终、使用起来不粘泥的特点。毕竟，工具是有局限性的，而匠人那在创作实践积累了丰富经验的双手才是最好的"工具"（图2-2-58）。[11]

3.2 配制陶土

石湾人物陶塑的制作工艺独特之处，主要表现在采用本土陶泥、自配釉药、雕塑结合技艺以及高低温煅烧等几个方面。

（1）选土

石湾地区蕴藏丰富的陶土和岗砂，这是制作艺术陶塑的主要原料。石湾陶土主要有白陶泥、红陶泥和瓷泥，以白、红陶泥为主要材料，瓷泥用量较少。白陶泥因其黏度适中，加水混合后水分不易挥发，有利于雕塑过程中较长时间的操作以及翻模。石湾陶塑人物多采用白陶泥作躯体。红陶泥是以白陶泥加入适量的氧化铁或氧化锰炼制而成，泥质呈红色且黏性较强，人物塑造上多以红陶泥塑造肌肉以显其特色。

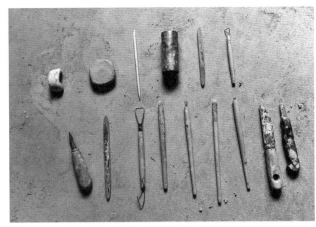

图 2-2-56、图 2-2-57　陶艺匠人的工具（菊城陶屋）

图 2-2-58　刨刀塑形（菊城陶屋）

图 2-2-59　泥池（菊城陶屋）

石湾陶器的坯胎以东莞陶泥与石湾砂混合而成。东莞陶土质地较细，黏性较大，含铁量少，煅烧后胎色较白。若仅以东莞土制坯，则因其土质松散，耐火度低，不足以成器件。若 20%~30% 的石湾砂和 80%~70% 的东莞泥相混，则熔点可大大提高到 1700℃~1800℃，烧制温度约达 1250℃ 时，器形稳定不变。如果坯土中东莞陶泥不足，则含铁量较多，煅烧后胎色偏红，佛山祖庙灵应祠瓦脊极少的公仔胎色偏红即是如此。反之，如果胎土中所含东莞泥较多，则胎色暗灰，佛山祖庙陶塑瓦脊也有少许公仔即属此类。如果以石湾细山砂与东莞陶泥的配合量正合其份，则煅烧后的胎色较白，佛山祖庙灵应祠前殿和正殿等建筑上绝大多数的正脊公仔胎色较白。[15]

（2）炼泥

石湾地区本土的陶泥泥质粗糙，可塑性能差，陶泥要经过陶工的炼制才能塑造成型和上釉煅烧。陶工炼制陶泥，首先将陶土按一定的比例配搭混合、置于"泥井"即炼陶土的方池，注入适量的水，待泥吸水松软，再掺入适量岗砂。过去人工操作时长达一两个月，现有机器辅助，泥土需经过陈腐五天以上，使泥分解为极细微颗粒（图 2-2-59）。

然后将陶泥从池中取出堆放于地面，工人以脚踩踏，反复多次，使陶泥全部混合均匀，并且达至适度软性即称为熟泥，可用作轮制陶器原料。如若用于印制，则需将经过炼制的熟泥置于青砖上以吸去部分水分，再以脚踩踏，使干湿泥混合调匀，方可印制陶器。不经过踩炼的陶土是没有可塑性能的，尤其是制作艺术陶器所采用的陶泥一定要经过炼制，使其具有可塑性，才能烧制。过去以人工踩踏为主，体力劳动强度大且效率低。随着现代制陶技术的进步，炼制陶泥已基本机器化，陶工采用翻板式干燥机、球磨机、拌浆机、压滤机、真空炼泥机等配套设施大大提高陶泥的炼制效率和质量，也显著提高陶塑的品质。

3.3 泥坯制作方法

3.3.1 泥坯的成型方法

陶艺坯体的制作主要分为泥板成型、印坯成型、泥条盘筑成型、拉坯成型、注浆成型和手捏成型。这其中也有把印坯成型和注浆成型统一划分为模具成型的分法。

（1）手捏成型

手捏成型即手工直接捏制成型。在陶艺的成型技法中，手捏成型是最基本的制作方法。徒手捏制可以最快捷、最直观地表达作者的创作思路，看似不经意间还会有一些灵感的突现，激发陶艺师的创作欲望。

（2）拉坯成型

拉坯成型亦是陶艺的主要成型方法，需使用人力转动或电力驱动的辘轳。辘轳是圆形陶瓷器皿成型的主要工具，古称"陶钧"，又称"陶车"，现在称为"拉坯机"。当辘轳转动时，利用辘轳作圆周运动时所产生的离心力，在人手的压力与拉力共同作用下，将揉制好的一定体积的泥团变形成坯。

（3）泥条盘筑成型

这种把泥料搓成长条或用泥条机挤压出泥条后，再圈积盘筑的成型方法是最为古老的制陶方法，是陶艺成型技法之中最为方便，造型表现力最强的技法之一。它几乎可以制作出圆形、方形、异形等等任何形状的作品。还没有发明在辘轳上拉坯以前，工匠们用泥条盘筑法制作较大型的器物。此种方法至今仍然在用，是因为用泥条盘筑法制作陶艺，泥条可以自由地随性弯曲和变化，出现盘旋而生的纹理。

（4）泥板成型

先根据需要进行泥板的制作，常常利用陶泥碾、拍或切割成板状，泥板的厚度随制作需要而定，注意泥板的厚度要均匀。目前泥板机是非常便利的泥板成型工具。这种将制成的泥板围合后用泥浆粘接成器物的成型方法即是泥板成型法。这种方法在陶艺制作中运用广泛，变化丰富。围合粘接制作时要求泥板的软硬程度适中，粘接面做刮痕打毛处理，使泥板粘接面能够挂上足够量的泥浆，用来粘接使用的泥浆要有一定的浓稠度，在粘接后保证其牢固度。形制自由、变化随意的器物适合使用比较湿软的泥板，制作形制规矩、挺拔直立的器物用稍微干硬的泥板粘接即可。[11]

（5）印坯成型

将泥料分制成片、条等形状后填入预先制作好的石膏模具之中印坯成型。可用搓、捻、按、拍、擀或机制等方法制得泥条和泥片。泥料填压进入石膏模具之前，可在石膏模具内抹一层滑石粉作为脱模剂。泥料填压进入石膏模具后，需要用手或柔软牛皮、绒布把泥块压紧，使泥料与石膏模具完全吻合形成坯体。模具印坯成型可以更快且准确地把形体复制出来，还有很多艺术家在把制好的坯体从模具中取出来后根据需要重新组装。

（6）注浆成型

注浆成型有两种方法，即空心注浆法和实心注浆法。空心注浆法是把含水量适量的泥浆注入到模具之中，等一定厚度的泥浆粘覆在模具上后，将多余的泥浆倒出，待其干燥脱模后形成坯体。基于此，泥浆的流动性和模型的吸水性是根本，温度湿度是主要参数，实心注浆法类似于印坯成型，不同的是用泥浆取代泥块。为了使成型顺利进行并获得高质量的坯体，必须对注浆成型所用泥浆的含水量、黏度、流动性、稳定性、触变性、滤过性等性能有所要求，注浆成型的坯体要有足够的强度且成型后坯体脱模容易。[11]

3.3.2　技法

（1）捏塑

捏塑是石湾陶塑艺术的一种传统技法。这种技法是以泥条为基础，再用手捏制塑造，在一些手捏不到的部位或较细致的造型才借助简单工具进行雕琢。匠人按照大处着眼、小处着手的雕塑原则，先捏塑出整体大局的小样作为初稿，之后再根据取舍，塑造出高度概括的工艺品。捏塑的技法风格粗犷豪放，线条苍劲，类似于国画的大写意手法，具有极其浓郁的民间艺术特色。捏塑作品因为其没有受到太多制约，多在无拘无束的状态下进行创作，是最能表现作者的创作灵感的一种传统技法（图 2-2-60、图 2-2-61）。

（2）贴塑

贴塑是一种在整体艺术形象基本完成后，用泥塑造细部，将其粘贴于主体上的技法。如古代将士的盔甲、仕女的凤冠、男子的须眉等。贴塑具有浓厚的装饰味道，有明显突出大体面和远视效果，例如在结合建筑的瓦脊人物和装饰图案等造型中，较多采用贴塑的技法。贴塑技法使人物千姿百态，可表现出塑造物体的清晰形象特征，并且具有明亮的层次和空间感。

图 2-2-60　捏塑（一）（菊城陶屋）

图 2-2-61　捏塑（二）（菊城陶屋）

（3）捺塑

这种技法介于捏塑、贴塑之间，也是在主体塑制基本完成后，以人工或简单工具在作品表面捺塑各种浮雕，以加强作品的艺术性。捺塑大多数是在造型平面上捺上各种浮雕，深浅适度，形态流畅，具有较强的装饰点缀意味，多用人物故事、动物鸟兽、林木山水等，与捏塑同属写意手法，考古学上称这种器物表面的装饰纹样为附加堆纹（图2-2-62）。

（4）镂塑

镂塑又称镂通花，以镂空为主，综合捏、贴技法，多在坯体上把装饰纹样雕通，再贴以花卉、人物等并加彩。镂空技法的表现大多数是经过细致组织的花卉、弧线和几何图形等，多用于艺术器皿如花瓶、笔筒、挂壁及亭台楼阁等，制作时首先根据器物的形状确定装饰题材，花面的布局安排都应与造型整体效果相吻合；同时要考虑坯体承受力，因为镂空面积过大或不合理，将会导致器物在烧制过程产生变形。镂塑完全凭着陶艺师敏锐的观察力和审美意趣，运用娴熟的手艺造型，形态流畅，纹样自然而生动，具有民间艺术原发性的质朴无华的效果。[11]

（5）刻塑

刻，即雕刻，是运用多种工具，如刀、竹、木等对坯体进行雕、琢、刻、划等整体的表现和处理（图2-2-63）。塑，即塑造，也是运用工具对坯体进行捏、粘、贴、捺、批等局部的刻画和装饰。陶塑细部刻划，以石湾人物为例，先制作身体，其次到头部，相继加上衣饰。衣折纹饰是先以钝笔在泥胎上直接刻划，祖庙的瓦脊人物少有重复笔，至于眼睛、口、鼻则以锐笔刻出。衣饰通常用传

图 2-2-62　捺塑（菊城陶屋）

图 2-2-63　刻塑（菊城陶屋）

统的陶塑装饰技巧，例如刻划花、贴花和印花。人物的其他附加装饰，如将军"靠"上的鸟纹、绣球和金钱等，以及瓦脊上所见的屋宇、各类花朵则需要另制，然后贴在人物或屋宇上。常见的陶塑鳌鱼瓦脊则是以锐笔划成，眼睛需要另外安装。

石湾人物陶塑作为一种雕塑艺术品，要经过陶艺师巧妙的创意和精细的雕、塑技艺来塑造成型。在塑造过程中，基本上表现雕塑艺术的所有技法，如贴塑、捏塑、捹塑以及刀塑等技艺方法，总体而言表现为雕和塑两种技法。

3.4　调釉上釉方法

3.4.1　广钧釉的特色

青、红、白、黄、黑是石湾釉色的五个色系，它们又因为颜色深浅不同从而产生不同的色釉系列，例如冬青、粉青、梅子青、翠青、苍绿、深蓝、浅蓝是属十青色系列；红色系列中有祭红、宝石红、石榴红、橘红、粉红、钧红、茄红、茄皮紫、葡萄紫等釉色；白釉中有葱白、纯白、月白、牙白等白色系列；黄釉中有浇黄、鳝鱼黄等黄色系列；黑釉中有黑褐、乌金、铁棕、紫金、玳瑁等等，种类多样，数不胜数。在这些各种釉色中，仿钧釉最为著称。

蓝色调是石湾仿钧窑釉色的主要色调，颜色里也带有白、红、紫等颜色。其釉色丰富多彩，色釉有垂流的效果，也有云斑、兔毫的效果，纹理细密，且富于多变，五彩缤纷。石湾仿钧釉是模仿钧窑的，但色彩方面比其更为多样而富于变化，颜色丰富多彩。石湾仿钧窑中以蓝、红为主，翠毛蓝、三稔花、雨洒蓝、虎皮斑釉等窑变釉色是非常难得的。这些名贵品种，不容易烧制，而且是有别于钧窑釉色，自成一格的。石湾窑陶瓷艺术在窑变色烧制完成后更为美轮美奂、精彩纷呈，从而形成石湾窑艺术陶塑浑厚古朴、绮丽多姿的独自一格的风采。石湾窑向来注重模仿学习历史各大名窑的技法和釉色，而且模仿中有创新。其中特别着重模仿宋代钧窑的釉色，创造出"钧窑以紫胜，广窑以蓝胜"的窑变釉而备受世人的赞扬。

石湾人物陶塑的釉色除了仿钧釉外，还逐渐广泛模仿和烧制其他各大名窑釉色，如仿哥窑的"冰裂纹"、龙泉窑的"梅子青"、汝窑的"玻璃绿"、建窑的"鹧鸪斑"以及磁州窑的"铁绣"花等。石湾窑之所以能在善仿名窑釉色的基础上成就独特的釉彩艺术成就，很大原因是因为供职于石湾窑的善仿高手，很大部分原来就是在中原地区研究陶瓷技艺业的陶工，他们因各种历史原因而南迁至岭南地区后，凭借制作陶瓷的技艺和经验继续在石湾窑进行生产和创作。

3.4.2　调釉上釉工艺

（1）釉料

制作石湾仿钧釉的主要原料有桑枝灰（图2-2-64）、杂柴、稻草灰（图2-2-65）、河泥、玉石粉（图2-2-66）。桑枝灰本身颗粒很细，已经符合配釉的条件，但燃烧后的桑枝灰含有还没完全烧完的木炭、草屑等杂质，需要隔离开来。去杂质一般用水淘洗，也叫漂洗法。传统的杂柴是用松木制作的，但由于现在松木多用来做家具，价格偏高，所以就把各种废弃的木材放在炉子烧，取其燃烧后的灰，一般呈青灰色，也有的呈黄灰色。稻草灰是稻草经过燃烧后的灰，经过漂洗，保持成半湿状态，再用磨球加工，再经沉淀、过滤、干燥后就可以使用。河泥是取于河渠中的淤泥，一般含腐植杂质有机物较多，需要将河泥和杂质分离。玉石粉是将玉石废料经过高温的烧制，再加土进行粉碎。其他的配釉矿物质，如石英、长石等，经过磨研后，加水，用湿法球磨然后过滤、吸铁。广

图 2-2-64　桑枝灰　　　　　　　　　图 2-2-65　稻草灰　　　　　　　　　图 2-2-66　玉石粉

钧釉色用草木灰配釉是学习钧窑的，因草木灰含有磷酸钙成分，烧制后呈现白色。

（2）釉色配置方法

石湾陶塑是陶泥做坯胎，一般广钧釉色的施釉都是采取重复施釉法，也就是分底釉和面釉，底釉可以覆盖陶泥坯胎表面的小气孔，而且减少陶泥坯胎对面釉的吸收。底釉以氧化铁为主要着色剂，黑色或是棕黑色，有些还酌量引入少量形成黑色氧化物（Fe_2O_3，MnO_2 或 Cr_2O_3 等，很少单独引入钴的氧化物），面釉则随所需的颜色而变。合理的广钧釉底面釉配制应该遵循下列原则：

底釉发生熔融的温度比面釉约高 10~15℃；面釉的黏度在高温下比底釉小，因为底釉熔融时最好不要流动；底釉为不透明的乳浊釉。

釉料的制作原料有：玉石粉、冬青瓦粉、玻璃粉、水白、长石、仓后泥、狮山灰、黑釉、星朱、滑石、方解石。玉石粉 13.50%，高岭土 7.72%、冬青瓦粉 7.72%、长石 1.45%、水白 38.64%、玻璃粉 31.00%。

各色广钧釉色的配方：

蓝钧面釉配方：仓后 27.5、水白 30、玻璃 27.5、方解石 2.5、石英 2.5、滑石 5、$ZnO5$。

白钧面釉配方：水白 40、玻璃 20、长石 8、石英 8、滑石 3、$ZnO5$、高岭土 16。

茄钧面釉配方：水白 36、玻璃 21、方解 9、瓷泥 20、石英 7、滑石 2、MnO_26。

绿釉面釉配方：水白 35、石英 10、玻璃 23、方解石 5、仓后 22、滑石 2.5、$CuO2.5$。

紫钧面釉配方：石英 9、滑石 9、方解石 4、仓后 22、玻璃 24、水白 34、外加 $Fe_2O_31.6$、$Co_2O_32.5$。

底釉（除白釉外共用）：水白 14、长石 25、狮山灰 30、星碌 8、克釉 23。

茄钧底：水白 12、长石 15、狮山灰 48、星碌 5、克釉 20。[24]

3.4.3　施釉方法

仿钧釉是一种艺术釉色，其窑变就充满了独特的艺术效果，施釉方法是产生不同艺术效果的方式之一，可以说，施釉是让陶塑绽放生命光彩的重要手段。施釉采用各款料笔，有羊毛笔、狼毫笔、鸡毛笔、笃笔、扫笔、填笔等，一般要求笔锋尖细均匀而且有弹性。一般来说，蓝釉、紫斑等均采用点釉法，用毛笔蘸釉在浸或者浇过的釉面上点滴成斑块，使釉面高低不一，这样烧成出来的花纹变化多样，效果就像一幅美丽的山水画，令人身心愉悦。石湾仿钧釉的施釉是先浸或浇一层约 5~7 毫米的底釉，接着在釉面上点滴或涂釉，釉面出现厚薄不一的效果。也有石湾陶艺人采用弹釉的方法，他们用手沾上一些釉料，然后用指头弹到作品上，这样也会产生很独特的艺术效果。总之，陶艺人不断地尝试不同的施釉方式，发掘出更多的能产生不同艺术效果的施釉法。

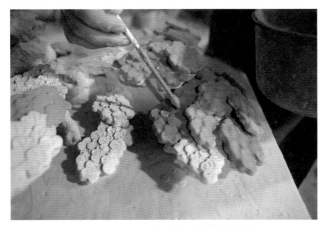

图 2-2-67 匠人上釉（一）（菊城陶屋）

图 2-2-68 匠人上釉（二）（菊城陶屋）

图 2-2-69 匠人上釉（三）（菊城陶屋）

釉层厚度过小，在坯胎上形成的釉层较薄，就不容易覆盖陶泥的坯胎，使釉色的光泽度不好，烧成后容易产生欠釉、发黄等现象。釉层厚度过大，施釉时不容易操作，坯胎有棱角的地方往往施不上釉，而凸出部分又因为釉层过厚而开裂，烧成后陶瓷制品表面会产生堆釉的现象。通常，底釉、面釉要求基本上一致（图 2-2-67~图 2-2-69）。

3.5 烧制方法

（1）传统龙窑介绍

以前的陶塑都是出于柴烧窑，也称龙窑。古龙窑是指古代用柴草、松枝烧制陶瓷的龙形土窑，用土和陶砖砌成。古龙窑最早始于战国时期，以形状像龙得名。古龙窑依山势砌筑成直焰式筒形穹状隧道，一般长约 30~100 厘米，分窑头、窑床、窑尾三部分，沿窑长方向两孔间距约为 80~100 厘米。从横断面来说，窑头最小，窑中部最大，窑尾又较小。据最新考证，国内目前仅存三座还在烧制陶瓷品的古龙窑，分别是福建莆田仙游的"陶客古龙窑"，广东佛山石湾的"南风古灶"（图 2-2-70、图 2-2-71）和宜兴的"前墅古龙窑"。

南风古灶窑址在佛山市石湾镇，窑体依山势向南伸展而紧靠东平河畔，因窑向正南，故称南风古灶。明代正德年间（1506—1521年）始建，是沿用 400 余年至今仍在使用的国内罕见的古龙窑。古时建窑习俗，凡新窑启用，需择吉日良时，此窑还时有"宝物"烧出，相传曾烧出一套完美无瑕的"八仙"，为世人所称颂，在岭南地区颇有名气。

（2）陶塑烧制

除了在雕塑、造型、釉色上有着精湛的技艺之外，煅烧也是石湾陶塑成型、成功的关键一环。煅烧温度的高低、时间的长短，甚至连煅烧部位的对错和燃料材质的好坏，都会影响到陶塑的品质。上好釉的陶塑，要在龙窑中煅烧，温度在 1200~1300℃之间，在低温阶段（600℃之前）升温要慢，防止坯胎开裂或出现滚釉现象。过了低温阶段，可以自由升温，当温度升到 1100℃，温度的升温要稍稍变慢，直到 1200℃，又要开始快速升温直到 1300℃。这时开始保温，急剧冷却到 1150℃左

图 2-2-70　南风古灶正景（南风古灶）

图 2-2-71　南风古灶阶梯式作坊（南风古灶）

右保湿 30 分钟左右，才可以让温度顺其自然地下降。总的周期是 12~14 小时，保温的目的是拉平窑内的温差，使全窑炉的陶瓷制品的高温反应均匀一致。再从窑背上增加柴火，煅烧整整 6 个小时，此称"上火"。上百个火眼，整齐地分布在窑背上，供烧陶人随时观察火势大小、产品成色并决定是否添加柴火。最后，经过 24 小时冷却，才能进入窑内搬运陶塑。因陶塑坯体在高温烧制、瓷化的过程中变软、收缩，所以在造型上有特殊要求，造型上须相对均衡，重心必须落在支撑面内，而且承重部分需要有一定的体量，不能头重脚轻。石湾陶塑是陶泥胎，必须加厚坯体厚度和降低玻化湿度才可以避免产生陶瓷制品的炸开，减少制品的报废，但也不能根除（图 2-2-72~ 图 2-2-74）。[26]

图 2-2-72　烧窑（一）（菊城陶屋）

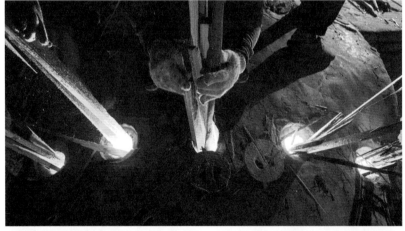

图 2-2-73　烧窑（二）（菊城陶屋）

图 2-2-74　装窑（菊城陶屋）

广钧釉色的烧成和其他窑口的艺术窑变釉色一样，烧成制度包括温度制度、气氛制度和压力制度这三项主要内容。不同产品的要求往往决定温度制度和气氛制度，压力制度是保证温度和氛围实现的主要条件，三者互相影响，相辅相成。合理地制定烧成制度并严格执行是烧成成败的关键。

（3）窑变釉

窑变釉是将窑烧时釉料在一定熔点上使用一种或若干种釉药发生熔合、流动状态下引起的物质结构组合变化而产生的包含多种色彩的釉。这种艺术效果难能可贵，可谓"佳趣天成"，因为窑变是一种无法预测的艺术效果，器物置放的位置、煅烧温度高低，甚至用于煅烧的木料都影响窑变的成色。窑变釉是上天对辛勤陶工的馈赠，鲜艳夺目的窑变釉给石湾陶塑增添了不可言喻的艺术魅力（图2-2-75、图2-2-76）。

图2-2-75、图2-2-76　变釉碟（源于《坚守与传承——何湛泉的多元故事》）

"开片"是广钧釉窑变的一大奇美的艺术特征。釉层在烧制过程中和烧成后自然裂开的无规则细小裂纹称之为"开片"，开片本来是陶瓷的劣点，但其在艺术效果上富有浓烈的装饰性灵动美，开片如冰裂，看起来好像有裂纹，摸起来却是很光滑。开片成了一种具有强烈特色的装饰手段，能给人带来美的感受，因此得到人们的喜爱。从宋代以来，这种装饰已经非常流行，其装饰的特别之处，也是收藏广钧釉色陶塑的潜在价值（图2-2-77、图2-2-78）。

图2-2-77　开片白釉"太白醉酒"
（源于《坚守与传承——何湛泉的多元故事》）

图2-2-78　开片釉三足炉
（源于《坚守与传承——何湛泉的多元故事》）

广钧釉色窑变呈现自然而无规律的效果，纹路深浅不一，纹路在深色里不明显，而在浅色里一目了然。开片断裂面光亮晶莹，釉面层厚重艳丽、釉汁欲滴。在光的折射下，使釉面在不同的角度观察下，呈现不同的颜色和效果，增加了釉的空灵感。广钧釉釉色厚重，而且张力很大，陶瓷器在开片时能发出清脆悦耳的声音，尤其是开窑片刻，犹如一曲交响乐、扣人心弦。瓷器出窑后，随着时间、温度的变化，开片无规则地产生，有些开片还可能持续多年，这样使陶瓷制品表面在多年里还产生不同的变化效果，令人向往。

广钧釉瓷器作品中经常出现一些不同的纹路，有的像珍珠点、有的像蟑螂翼、有的像蚯蚓走泥等，当中以蟋蟀纹和蟑螂翼纹为珍品。广钧釉的纹路是在烧制的过程中，釉色的变幻莫测所偶得，这也是因为它繁杂的釉料组成成分和特别的制作技艺相关联。广钧釉的制作原料有些硬，有些软，而且不同的施釉方式致使釉面层有些厚，有些薄；在作品烧制的过程中，窑炉氛围不稳定，温度时高时低，釉料在高温下翻滚混合，烧成釉色或浓或淡、或深或浅、形状不一的色彩。它们互相融合，自然合成，随窑炉温度氛围而生成，变幻莫测，出人意料，美轮美奂。

4. 陶塑的载体及应用

4.1　陶塑的载体

石湾陶塑艺术与岭南传统建筑的关系尤为密切，为了适应祠堂、庙宇和一些建筑的装饰需要，工匠们制作了花盆、鱼缸、花座、花窗、影壁等陶塑艺术品作为建筑构件；为了满足宗教活动需要，石湾大量制作了瓦脊、偶像和门神等，带有明显的实用性痕迹。

4.1.1　陶塑脊饰在岭南传统建筑装饰中的地位

陶塑与灰塑并称岭南传统装饰中的"两塑"，但陶塑的地位远高于灰塑。陶脊在明清时期成为岭南最高等级的建筑屋脊装饰，是一项奇迹。岭南陶脊的发展历史有两百多年，其全盛时期是清末的 20 年，陶脊以其精湛的艺术、深厚的文化内涵和革新创造精神，影响了岭南乃至东南亚、欧洲及非洲各地。岭南传统陶脊文化的传播路线正折射出当年岭南开放的姿态、强大的海运能力和深远的文化影响力。岭南三大庙宇——佛山祖庙、三水胥江祖庙、德庆悦城龙母祖庙和道教尊为"第七洞天、第三十四福地"的冲虚古观，在 19 世纪末重修的时候都不约而同地以陶塑脊饰代替原有的建筑脊饰，可见当时陶塑脊饰已经成为了岭南最高等级的建筑装饰，像陈氏书院这样的民居建筑也以此装饰为荣。

4.1.2　陶塑脊饰与灰塑的关系

灰塑是广东传统建筑特有的室外装饰艺术，它以石灰为主要材料，拌上稻草或草纸，经反复锤炼，制成草筋灰、纸筋灰，并以瓦筒、铜线为支撑物。博古屋脊是陶塑脊饰的前身，明末清初时始广泛运用在传统建筑上，盛行于以广州为中心的岭南地区。博古屋脊通常为灰塑造型，正脊一般由脊额、脊眼、脊耳三个部分组成。早期的陶塑脊饰脱胎于灰塑博古屋脊，在陶塑脊饰上保留了灰塑博古屋脊的脊额、脊耳等部分；后期的部分陶塑脊饰亦有保留灰塑博古屋脊形式的（图 2-2-79、图 2-2-80）。

图 2-2-79、图 2-2-80　灰塑博古屋脊（佛山祖庙）

　　早期陶塑脊饰中的题材与岭南博古屋脊脊额上的灰塑题材十分类似，其装饰部位也大致相同。可以看出，早期陶塑脊饰的产生是对灰塑屋脊的继承和发展，以陶塑代替灰塑，更适合岭南炎热多雨的气候。因为陶塑造价昂贵，所以一般运用在祠堂、庙宇等高级别的古建筑上，装在屋脊的最高部位，也常与灰塑相互搭配，形成和谐的屋顶造型。建筑正脊部位通常采用陶塑脊饰，而在建筑垂脊这种装饰性部位则采用灰塑这种较为经济的装饰（图 2-2-81）。

图 2-2-81　灰塑垂脊（佛山祖庙）

4.1.3　建筑陶塑屋脊的作用

　　厚重的陶塑屋脊，作为建筑装饰的同时，也具有保持建筑屋顶稳定性的重要作用。岭南地区近海，常年多台风，厚重的屋脊能够把屋顶压住，不致被台风掀翻。

　　陶塑正脊位于建筑最高处，正脊与陶塑垂脊结合起来，形成了最引人注目的建筑装饰。在岭南传统建筑中轴线上每一进都会有陶塑正脊，两厢则有陶塑看脊，不论从内、从外，由陶脊勾勒出来的天际线，都赋予了建筑多重的内涵。如佛山祖庙，在向阳开阔处的陶塑（三门脊饰）丰富多彩，形成了富丽堂皇的场所氛围；而在正殿前狭小幽暗的庭院中，陶塑脊饰的背光轮廓就渲染出庄严神秘的气氛；三水胥江祖庙与德庆悦城龙母祖庙的庭院则是小而开敞，陶塑脊饰增添了和谐欢乐的气氛（图2-2-82、图2-2-83）。

浑厚的陶塑屋脊装饰能让人们产生敬畏之心，例如庙宇和宗祠等。三水胥江祖庙的道教庙宇、佛山祖庙的灵应祠与德庆悦城龙母祖庙都是杰出的例子，陶塑在此已经超出了普通建筑装饰的意义，而是一种信仰的物化表现。磅礴厚重的陶塑脊饰装饰的建筑立面（图2-2-84），犹如天上的琼楼玉宇，给人神圣不可仰视之感，走进三水胥江祖庙，让人感慨圣殿巍峨，肃然起敬（图2-2-85）。

图 2-2-82　陶塑看脊（三水胥江祖庙）

图 2-2-83　陶塑正脊（三水胥江祖庙）

图 2-2-84　陶塑屋脊局部（三水胥江祖庙）

图 2-2-85　牌坊（三水胥江祖庙）

4.1.4　陶塑屋脊的分类

清代岭南地区的祠堂庙宇、富家豪宅大都喜欢用佛山石湾陶塑装饰屋脊，称为石湾陶制瓦脊，又称"石湾花脊"。佛山祖庙的陶塑瓦脊是整个建筑群的重要特色之一，堪称岭南传统建筑装饰的典型代表，其蕴含了精湛的石湾陶塑工艺技术和丰富的岭南传统文化价值。岭南的陶塑瓦脊构图变化多端，富有节奏感，运用斜、横、竖、高低错落有致的结构线，巧妙地把亭台楼阁、人物和鸟兽虫鱼进行合理的安排，从而产生极为丰富的韵律美。

正脊。正脊是屋顶前后两个斜坡相交而成的屋脊。陶塑正脊通常以戏剧故事人物、花卉、祥瑞动物、器物纹样等为装饰题材，内容丰富，双面都有图案（图 2-2-86、图 2-2-87）。佛山祖庙的陶塑正脊分为上中下三层，上层由宝珠、双龙、鳌鱼构成，中层塑有戏剧人物、博古架、年款及祥瑞动物，下层主要为花卉图案。

垂脊。垂脊是庑殿顶正面与侧面相交处的屋脊，歇山顶、悬山顶和硬山顶的建筑上自正脊两端沿着前后坡向下，都叫垂脊。陶塑垂脊通常以花卉、卷草纹、蝙蝠云纹等为装饰题材，双面都有图案。在规模较高的庙宇垂脊上方，还装饰有垂兽（图 2-2-88）。

戗脊。戗脊是歇山顶自垂脊下端至屋檐部分、与垂脊在平面上形成 45 度角的屋脊。陶塑戗脊通常以花卉、卷草纹等为装饰题材，双面都有图案。在规格较高的庙宇戗脊上方，还装饰有戗兽（图 2-2-89）。

角脊。角脊是指垂脊的垂兽之间的三分之一部分，庑殿顶或重檐歇山顶下层檐的四角，亦称角脊（图 2-2-90）。陶塑角脊通常以卷草纹、蝙蝠云纹等为装饰题材，双面都有图案。

围脊。围脊是重檐式建筑的下层檐和屋顶相交的屋脊。陶塑围脊通常以龙纹、戏剧故事人物等为装饰题材，为单面装饰屋脊（图 2-2-91、图 2-2-92）。

看脊。即院落厢房上的屋脊。陶塑看脊通常以花鸟、祥瑞动物、戏剧故事人物题材（图 2-2-93），三水胥江祖庙看脊以古典戏曲和传说为题材，塑造了山水人物、花鸟禽兽形象，千姿百态，栩栩如生。

图 2-2-86　陶塑正脊局部（佛山祖庙）

图 2-2-87　陶塑正脊局部（三水胥江祖庙）

图 2-2-88　垂脊（佛山祖庙）

图 2-2-89　戗脊（佛山祖庙）

图 2-2-90　角脊（佛山祖庙）

图 2-2-91　围脊（一）（德庆悦城龙母祖庙）

图 2-2-92　围脊（二）（德庆悦城龙母祖庙）

图 2-2-93　看脊（三水胥江祖庙）

4.2　陶塑在岭南传统建筑中的应用

陶塑瓦脊上的装饰题材，从一个侧面体现了当时的社会风尚、审美情趣和民风民俗等。这些造型精妙绝伦、釉彩鲜艳夺目的瓦脊，也反映了当时石湾陶塑业极高的技术水平和艺术水准，并为近现代石湾陶艺发展作出了很大的贡献。陶塑瓦脊为古建筑增添了异彩，是岭南建筑装饰艺术中的一枝奇葩。

4.2.1　陈家祠

在陈家祠各厅堂、廊、院、门、窗、栏杆、屋脊、砖墙、梁架、神龛等处，随处可见木雕、石雕、砖雕、陶塑、灰塑等传统建筑装饰以及铁铸工艺，琳琅满目。陶塑工艺主要集中在 19 座厅堂屋顶上的瓦脊，使用的都是双面人物脊，装饰内容丰富，五彩缤纷，令人目不暇接。

（1）陈家祠陶塑屋脊介绍

陈家祠采用的陶塑瓦脊共有 11 条，瓦脊总长度约 163 米，每条瓦脊的装饰题材各异，主要内容为粤剧中的传说、故事及民间吉祥图案，共塑有人物 1109 个，这些瓦脊分别装设在三进三路九座厅堂屋脊上。首进 5 条和聚贤堂瓦脊由文如壁店分别于 1891 年（光绪十七年）和 1893 年（光绪十九年）烧制，中、后进东西两路的 4 条瓦脊由宝玉荣于 1892 年（光绪十八年）和 1894 年（光绪二十年）先后烧制而成，后进大厅的瓦脊则由美玉成完成于 1890 年（光绪十六年）。其中中进聚贤堂正中瓦脊由于损毁严重，1981 年重修时由石湾建筑陶瓷厂仿制并安装（图 2-2-94）。

陈家祠 11 条瓦脊中以聚贤堂正中瓦脊的规模最大，其总长 27 米，高 2.9 米，连灰塑基座总高达 4.26 米。全脊由 39 块饰件连接而成，共塑 223 个人物，题材包括八仙贺寿、加官进爵、麒麟送子、和合二仙、天官赐福、风尘三侠、招财进宝、香山九老等场面，这些都是人们熟知的神话传说和历史故事，人物群像的背景是高低相望的亭台楼阁。整条瓦脊采用连景式组成，内容丰富、形象生动，恰似一个巨大的舞台。

图 2-2-94　陈家祠瓦脊

首进正中瓦脊由著名店号文如壁造，也是陈家祠现今保存最完整的瓦脊之一。全脊长 15 米，共塑 67 个人物。题材有穆桂英下山、铁镜公主取令箭、书字换鹅、商山四皓等，瓦脊左右两边还饰有通雕云龙、博古花件等。这条瓦脊由不同的故事内容组成，就像在为每一位进入陈家祠的人出演永不落幕的高台戏剧（图 2-2-95）。

图 2-2-95　脊饰陶塑戏剧故事（陈家祠）

其他各进各路的瓦脊长短不一，后进正中的瓦脊长 27 米，与聚贤堂正中脊长相当，它也是塑造最早的瓦脊（塑于 1890 年），最短的是首进东西两侧的瓦脊，只有 5 米长。这些瓦脊无论长短，都有完整的形制和排列，且装饰题材都很丰富，包括各种民间吉祥图案和粤剧折子戏中的历史故事、神话传说人物群像，人物群像的背景有瀑布、山陵、高低相望的亭台楼阁，还有各种花鸟、瓜果等造型穿插其中，使这些瓦脊显得生动活泼、绚丽多姿。

石湾陶塑瓦脊在当时十分昂贵，陈家祠屋顶装设了如此多的陶塑瓦脊，表明了广东陈氏族人雄厚的经济实力和对修建祠堂的重视。

（2）陈家祠陶脊的构图特征

陈氏书院的陶塑脊饰体现了传统装饰构图的形式美感，采取左右对称、虚实相间、疏密有度的均衡构图，此种构图原则使整条视觉整体效果脊饰统一连贯，脊饰构图一般按左、中、右三段题材展开布局，中段部分为主体，常设计一组大型的主题戏曲场景，其背景多以楼宇轩榭衬托，左右两侧的副题戏曲场景多以小型的山石背景衬托，主副主题之间用镂空的花件和刻有年款、店号的陶塑构件分隔开来，末端是大型的人物或龙凤雕塑，这样就形成一个中高的"山"字形构图，通过连环画式的布局描绘出一套完整连续、生动立体的戏曲故事长卷。

传统的三段式对称构图势必会带来稳重有余而活泼不足的缺憾，因此陈氏书院的陶塑脊饰中常会看到平中求奇的案例，如首进头门正脊两端突然跃出两条鳌鱼，两条鳌鱼活泼的动姿大有摆尾游弋之势，律动感极强，活跃了整个构图，蕴含"防火消灾、独占鳌头"之意（图 2-2-96、图 2-2-97），表达了人们祈求平安，希望子孙后代考取功名的心理，也是岭南海洋文化的体现。而鳌鱼旁边的镂空花件就不同了，左边是"榴开百子"，右边是"四季平安"，处处在均衡中寻求变化。脊饰考虑构图的同时充分融入了安全性的设计手法"虚实相间"，主题戏曲场景为实体背景，一是便于烘托故事的环境气氛，二来是人能够清楚地观赏人物的表情与配饰，而负责分割故事场景的花件、陶塑以及末端的大型的人物或龙凤雕塑多为镂空设计，并且在整条脊饰中均匀布置，是为了在岭南多台风的季节以减少风的阻力，从而保护雕塑脊饰不受损坏。另一方面也为整条脊饰拉开明暗对比度，在视觉上不至于沉闷。

图 2-2-96　正脊脊饰细部（陈家祠）

图 2-2-97　正脊全景（陈家祠）

4.2.2　佛山祖庙

（1）佛山祖庙陶塑瓦脊艺术特色

佛山祖庙装饰风格鲜明、地方特色突出。佛山祖庙的陶塑瓦脊是石湾花脊的优秀作品，展现了独特的岭南建筑装饰风格，成为清代广东建筑装饰的范例。祖庙的陶塑瓦脊是清末石湾脊饰业最繁盛时期的典型作品，塑件形态粗细恰当，苍劲的线条感呈现鲜明的佛山雕塑风格，釉色也经过细心选择营造出和谐的效果，结合传统建筑屋脊轮廓特点，并融合了民间吉祥、戏剧等传统文化，地方特色十分突出。

规模宏大、气势磅礴。佛山祖庙的陶塑瓦脊均为清代石湾制品，主要包括灵应祠的三门、前殿、正殿和庆真楼的正脊、垂脊、戗脊和看脊等，共二十二条花脊，于清光绪二十五年（1899 年）安置完毕。从制作年代看，这些花脊全是石湾脊饰业最繁盛阶段的制品，因而具有相当高的工艺技术水平。

每座建筑物的瓦脊饰件有一定固有形式的题材，取材内容极为讲究，具有象征意义，充分反映了岭南的传统文化价值观。这种陶塑瓦脊勾出屋顶轻盈、多姿的主体轮廓线，使建筑整体造型秀丽，

图 2-2-98、图 2-2-99　戏剧人物陶塑
（佛山祖庙）

更成为清代岭南传统建筑装饰的重要标志。佛山祖庙陶塑瓦脊的规模、图案、造型及色泽多姿多彩，既有现存最长达 33 米的三门瓦脊，也有仅供观赏的看脊，人物刻画逼真，线条苍劲有力，亭台、楼阁、梯级、石柱的背景造型布置合理。陶匠绘制的人物多以戏剧故事为题材，黄、绿、褐、白、宝蓝五种主要的玻璃釉彩搭配恰当，和谐一致，远看给人柔和恬静的感觉，近看描绘的场面气氛非常热烈，气势非凡，构成了有"岭南艺术之宫"称谓的佛山祖庙建筑群的主要特征（图 2-2-98、图 2-2-99）。

（2）祖庙陶塑脊饰的寓意

1）正脊装饰物寓意

佛山祖庙灵应祠建筑群的四条主要正脊上层分别有宝珠、双龙、鳌鱼脊饰，如三门、前殿和正殿的正脊上层都由宝珠、鳌鱼构成，庆真楼正脊上层则由双龙和宝珠构成。我国自春秋时代以来，建筑物上的动物形象已存有象征意义。在宝珠两侧各设一条龙，由于龙为"四灵"（龙、凤、龟、麒麟）之首，古人认为其可以居于天庭兴云作雨。宝珠既代表月亮，也可代表雷珠，龙和宝珠并置，在某一方面既可象征云中之月，也可象征云中有雷，含有龙在天上准备使用雷珠的意义。石湾的陶匠把鳌鱼放到正脊最高处，并取自民间流传的防火避灾的用意，也迎合人们祈望子孙后代独占鳌头、高贵显要的心理（图 2-2-100、图 2-2-101）。

下层装饰则以中央禹门为基础，门左右设置一系列的石湾公仔以及瓦脊端正吻处的凤凰或镂空方格、博古纹等，构成正脊装饰最繁杂的部分。佛山祖庙三门的正脊全长达 33 米，除了中央点承

图 2-2-100　饰有鳌鱼的脊饰（佛山祖庙）

图 2-2-101　脊饰（佛山祖庙）

托宝珠的禹门外，还一共雕刻了252个神态各异的人物，构成中段的"姜子牙封神"、右段的"甘露寺"以及左段的"联吴抗曹"等戏曲故事内容，正吻处为博古几何纹。

其正殿和前殿的正脊除禹门外也雕塑了戏曲故事人物等内容，正吻处施用了凤凰陶塑。禹门在宝珠下面，常设计成鲤鱼的形式，为"鲤跃龙门"，含有步步高升的吉祥意蕴。以禹门为分界的陶塑是一组戏剧故事、民间传说的人物，是整条花脊的重要部分。这些陶塑人物用连景形式连接成连续的戏曲故事，信众认为以粤剧戏中人物置于屋脊上是最佳的酬神方式，取意是神祇如能因观赏大戏而心悦，则可庇护或降福于人民。人物造型包括文官、武官、皇宫人物、差役等，服饰也以粤剧服饰的靠、蟒、龙袍、纱帽等表现。为了使故事更加生动，在人物之间也穿插亭台楼阁等场景。

另外也有一些民间传说人物组成的陶塑饰物，如"八仙贺寿"、"加官晋爵"等传统故事内容含有吉庆意思，也反映了人们怀有美好愿望的取材用意。

2）垂脊、戗脊陶塑的寓意

垂脊的装饰也值得注意。垂脊位于屋顶正侧两坡相交之处，常用特制瓦片形成脊带，其反向的延伸部分为戗脊。佛山祖庙的石湾陶塑垂脊和戗脊以浮雕花草为基座，基座上设有人物和走兽。垂脊和戗脊的人物是陶塑男女一对，男子为有须老人，女子穿宫衣，一手举着象征月亮的银镜，面容娇媚，他们代表日神、月神。这组人物见于祖庙灵应祠三门屋檐与围墙的端肃门和崇敬门上瓦脊的相交处。这组人物造型也常见于广东木刻版画中，庙宇屋顶安置日神、月神是取其日夜庇护，助镇庙宇的意思。

3）屋脊走兽

佛山祖庙灵应祠的前殿、正殿垂脊和戗脊都以陶塑走兽装饰脊带（图2-2-102）。建筑物屋脊上的走兽饰件始于唐宋时的一个兽头，到了清代已发展成由"仙人骑凤"领头的小动物队列形态。仙人后的排列顺序分别是龙或鸱吻、凤、狮子、天马、海马、狻猊、狎鱼、獬豸、斗牛、行什，合

图2-2-102　走兽装饰（佛山祖庙）

称"鬼龙子"。这些走兽不仅排列有序，而且每一种走兽均代表不同意义。骑凤仙人常置于檐角最前端，寓意逢凶化吉；鸱吻是龙的九子之一，喜欢四处眺望；凤象征尊贵和吉祥；狮子代表勇猛、威严；天马、海马象征威德通天入海、畅达四方；狻猊是与狮子同类的猛兽，传说有率从百兽之意，也有说其是龙的九子之一，为镇庙与辟邪驱魔的象征；狎鱼是海中异兽，是兴云作雨，灭火防灾的神；獬豸传说能辨别是非，是勇猛、公正的象征；斗牛是传说中的一种虬龙，是一种兴云作雨、灭火防灾的吉祥物；行什是一种带翅膀猴，背生双翼，手持金刚宝杵，传说宝杵具有降魔的功效。根据建筑规模不同，垂脊、戗脊的走兽数目也不同，多以单数表现，例如脊带后端接着是由九、七、五或三只走兽组成装饰带。可见，建筑物上的这些小动物装饰件是防火避灾的取材用意。

4.2.3 德庆龙母祖庙

（1）德庆龙母祖庙的形成与发展

德庆龙母祖庙坐落在广东省德庆县悦城镇水口，是供奉龙母娘娘的庙宇。龙母祖庙始建于秦汉，历代有封赐修葺。现存的龙母祖庙重建于清光绪晚年，为砖、木、石结构，建有石级码头、石牌坊、山门、香亭、正殿、两厢、妆楼、行宫、龙母坟。龙母祖庙最为值得称赞乃其精湛的建筑艺术，雕梁画栋，木雕、石雕、砖雕、灰塑堪称一绝，被誉为"古坛仅存"。其建筑按低水区特点设计，柱基特高，墙四周砌以水磨青砖，盖以琉璃瓦，殿内外地面，全以花岗岩石板铺设。每逢水淹过后，庙内稍作清扫便干净如故，此乃龙母祖庙建筑之中的神奇。龙母祖庙，是集两广能工巧匠，运作七年才完成，它与广州陈家祠、佛山祖庙合称为岭南建筑三块宝。

（2）德庆龙母祖庙陶脊介绍

山门、大殿、寝宫（妆楼）这三座中轴线上的建筑，都以"双龙戏珠"为主题，设计建造了脊饰，然而，各具特色。山门的双龙文雅平静，大殿的双龙势欲腾空飞起，而寝宫的双龙张牙舞爪，目视宝珠，有护珠不容侵犯之态。虽为同一题材立于正脊为饰，神态各异，而无重复雷同之弊。香亭小巧玲珑，其虽处中轴线上，仅以双鳌鱼相向倒立，中为莲花宝葫芦为脊刹，正脊浮塑"双龙戏珠"，与山门、大殿、寝宫又有区别。

1）山门陶塑屋脊

上门正脊上原有陶塑脊饰，故事题材广泛，造型生动（图2-2-103），可惜"文化大革命"期间被毁。现装饰有一条双面人物陶塑屋脊，分为上下两层。下层由33块陶塑构件拼接而成，正面中间15块以亭台楼阁为背景的戏剧故事人物；两侧对称依次各为一块方框，左侧塑有年款，右侧塑有店号，三块一组的山公人物，左侧为"八仙故事"（图2-2-104），右侧为"竹林七贤"，两块内塑瓜果、

图 2-2-103　德庆龙母祖庙脊饰　　　　　　　　　图 2-2-104　八仙过海（德庆龙母祖庙）

博古架花瓶的镂空方框；两侧脊端对称各为三块一组的夔龙纹，下层背面装饰题材与正面相同，上层中间为蝙蝠葫芦脊刹，两侧对称各为一条相望的二拱跑龙，一条相向倒立的鳌鱼。在山门正面的两条垂脊处，分别安装有陶塑的日神、月神。

2）大殿陶塑屋脊

德庆龙母祖庙大殿又称龙母殿，供奉龙母。大殿上装饰有一条双面人物陶塑正脊，分为上、下两层。下层由25块陶塑构件拼接而成，背面中间11块为以亭台楼阁为背景的戏剧人物故事，题材为"昭君和番"；两侧对称依次各为一块方框，左侧塑有店号，右侧塑有年款，两块一组山公人物，一块内塑花瓶的镂空方框，一块内塑麒麟吐瑞的镂空方框；两侧脊端各为两块一组的夔龙纹。上层中间为葫芦脊刹，两侧对称各为一条相望的二拱跑龙，一条相向倒立的陶塑鳌鱼。大殿下层檐的围脊由23块以亭台楼阁为背景的戏剧故事人物陶塑构件拼接而成，题材为"水浒一百零八将"（图2-2-105）。

图2-2-105　水浒一百零八将（德庆龙母祖庙）

3）龙母寝宫陶塑屋脊

德庆悦城龙母祖庙后座为龙母寝宫，正脊上装饰有一条双面人物陶塑屋脊，分为上、下两层，正面、背面的装饰题材相同。下层由29块陶塑构件拼接而成，背面中间13块为以亭台楼阁为背景的戏剧故事人物；两侧对称依次各为一个方框，左侧塑有"菊城陶屋造"店号，右侧塑有"乙酉年重修"（2005年）款，三块一组的祥云仙人，一块记录募捐者的方框，一块草龙纹镂空方框；两侧脊端对称各为两块一组的夔龙纹。上层中间为鲤鱼跳龙门宝珠脊刹，两侧对称各为一条相望的二拱跑龙、一条相向倒立的陶塑鳌鱼。

德庆悦城龙母祖庙龙母寝宫前东廊上装饰有一条单面人物陶塑看脊，与东廊看脊对称，由12块戏剧故事人物陶塑构件拼接而成（图2-2-106）。中间六块为八仙人物；两侧对称各为三块为以亭台楼阁为背景的戏剧故事人物，左侧外端塑有"光绪廿七年"（1901年）款，右侧塑有"石湾均

图2-2-106 山公人物（德庆龙母祖庙）

玉造"店号。西廊上装饰有一条单面人物陶塑看脊，与东廊看脊对称，由13块戏剧故事人物陶塑拼接而成。中间11块为以"杨家将"为题材的戏剧故事人物；两侧对称各为一块花板，左侧塑有"辛未年重修"（1911年）款，右侧塑有"小榄陶屋造"店号。

5. 陶塑的传承与发扬

5.1 陶塑发展现状

随着现代电窑、气窑的产生，传统柴烧窑的技艺已经慢慢失传。现代釉料调制中，大多是采用简单的化学成分和化学颜料，如今的陶塑生产周期快速，颜色明丽而艳俗，很少能够找到天然釉料配制的内敛釉色与柴烧窑给器物带来的窑变。快速化与批量化，追求价格低廉，使得大部分陶塑失去了应有的古朴与韵味。

目前在广东地区还在继续使用柴窑烧制陶塑的，除了南风古灶，就是陶塑名匠何湛泉位于中山小榄"菊城陶屋"的柴窑，他坚守30余年，克服种种困难，让龙窑的火没有熄灭。

陶塑技艺在岭南古建筑文物修复中起到了举足轻重的作用，而能够做出修复级别陶塑的工匠，目前在广东地区已不多，因为必须使用龙窑才能保持和原来陶塑类似的效果，所以，陶塑的传统制作技法，在古建筑修复和仿古建筑新建中的意义都是非常重大的。目前能够胜任这项工作的只有一些年龄大的工匠，传统的石湾陶塑技艺发展到现在，已经面临后继无人的困境，努力在有限的市场空间和现实的社会环境中，吸引年轻人投入到陶塑技艺传承并将其当成终生职业，是石湾陶塑技艺保护与传承的关键。

新中国成立后，石湾陶塑的发展进入黄金期。生活方式的变化使得陶塑必须放弃最经典的"瓦脊陶塑"，而向工艺品的方向发展。在"桌面公仔"工艺品制作方面，以刘传、区乾为代表的一大批陶艺家在宽松、和平的环境下，潜心创作，成绩斐然。其中，刘传不仅在陶艺创造上留下许多珍品，也在陶艺理论上颇有建树，提出"人物面10字诀"、细节处理"宜起不宜止、宜藏不宜露"等一系列创作理论。

改革开放以来，在老、中、青三代陶塑艺人的共同推动下，石湾陶塑迎来了创新的春天。有的艺人坚守传统，在传统体裁、风格之内，让技艺日臻完美；有的则把文化创意、其他陶艺风格引入石湾陶塑之中，为其注入新的活力。石湾陶艺人以博大的胸怀、宽容的心态，对待每一次难能可贵的创新。

5.2 陶塑传承人代表

当代石湾陶塑名家有何湛泉、刘佳、庄家、刘泽棉、廖雄标等人，传承人员数量屈指可数。石湾陶塑技艺具有人文性、地方性、民族性的特点，在艺术创作上更是风格独具。

（1）何湛泉

何湛泉（图2-2-107、图2-2-108），第一届岭南传统建筑名匠，1963年出生于广东中山小榄，现任国际石湾陶艺会理事、广东省中国文物鉴藏家协会专家委员会常务理事、中山市古陶瓷研究会副会长、中山市小榄收藏协会副会长。何湛泉17岁时拜石湾陶艺家劳植为师学习陶艺，1983年于

图2-2-107、图2-2-108　何湛泉先生
（菊城陶屋）

中山小榄创办"菊城陶屋"。他收藏有近千件旧石湾陶器，并坚持用石湾陶艺的传统技法，擅长岭南古建筑陶塑瓦脊的修复和制作，先后主持了广州南海神庙、德庆悦城龙母祖庙、三水胥江祖庙、佛山祖庙等多个著名文物保护单位陶塑瓦脊的全面修复工作。2000年在广东民间工艺博物馆首次举办个人收藏与陶艺专题展览。[12]

（2）刘泽棉

刘泽棉，广东省工艺美术家、石湾美术陶瓷厂高级工艺师，40多年来，他植根于石湾这片沃土，用石湾的泥土和火造化了数百件陶塑作品。刘泽棉出身于"石湾公仔"世家，艺传四代，他终日与泥土、陶釉、窑炉为伴，将执着的追求寄托在陶土中。刘泽棉的陶塑以仙佛、罗汉、古代文人、仕女为主，其作品造型严谨、雄健、线条刚劲、流畅，施釉浑厚、典雅。

所谓"石湾陶塑，神余言外"，刘泽棉深得石湾陶塑人物传统艺术之真谛，他的陶塑多撷取人物最传神的瞬间情态造型，并力求表现人物的典型性格特征和内在感情，所塑人物有灵有肉，具有个性。从他近年的作品中，可以明显看到其兼收并蓄，博采众长，融汇石湾传统陶艺精华而形成的严谨、雄健、浑厚的个人风格。在刘泽棉众多的杰作中，当推他近年与其弟刘炳及儿子刘兆津合作获得"中国工艺美术品百花奖珍品奖"的大型组塑《十八罗汉》和《水浒一百零八将》，这两组陶塑人物众多，气势磅礴，开创了石湾陶塑人物大型组塑之先河，可谓在石湾陶塑史上树起的两座丰碑。罗汉是石湾陶塑的传统题材，但以"十八罗汉"构成组塑，在石湾陶艺史上是首创。作品以卓越的造型能力和娴熟的捏塑技艺，将"十八罗汉"迥异的神态、风度、气质塑造得活灵活现，令人叹为观止。1980年，为了创作《十八罗汉》，他用一年多时间精心捏塑了160多个小泥稿，经反复筛选、定稿，最终18个姿态各异、富有个性的罗汉才得以成型。"十八罗汉"或坐、或立、或卧、或笑、或怒、或呼、或持杖、或托钵、或展卷，各有其传神之处，眉宇、眼神、举手投足之间都富有性格的表现力。《十八罗汉》组塑问世后，蜚声国内外，被誉为"石湾陶塑人物史上的里程碑"。

年过七旬的刘泽棉先生在创作《叶问》雕塑时，为了尽量真实反映人物不同动作，费尽周折，从叶问的家属处搜集了十分珍贵的叶问习武照片100多张，并对每一张照片仔细研究，经历数月才动手制作，最终作品为4件组合，展示了叶问习咏春拳的不同动作形态。刘泽棉对自己的作品精益求精，千锤百炼已成习惯，而跟从他学习的徒弟也有不少自立门户。

（3）黄松坚

黄松坚，中国工艺美术大师，石湾陶艺的省级传承人，他将贴塑技法灵活运用，创作了《春夏秋冬》等精品，同时他还首次把诗与陶塑和谐融合，即"塑中有诗，诗中有塑"，使得陶塑的书香味更为浓郁。1958年，19岁的黄松坚从东莞来到石湾，在刘传、刘泽棉的影响下走上了陶艺之路。他借鉴浮雕、圆雕的技艺，为陶塑加上底座、辅以厚实背景，以展现立体感、宏观感。《孙中山》《继往开来》等作品，均获得较大反响。

（4）王河

王河，"南粤工匠"，广东省工艺美术学会常务理事，广州大学建筑设计研究院副院长，建筑总工程师，硕士研究生导师，澳门城市大学访问教授，博士生导师；广东省政府发展研究中心特约研究员，广东省五一劳动奖章，广州十四届、十五届人大代表，广州市城乡建设环境与资源保护委员会委员。王河1986年从广州美术学院毕业后，就开始了从美术到建筑的跨越。随即参与岭南建筑大师莫伯治、黄汉炎主持设计的广东国际金融大厦，他在工地一待就是三年。在莫伯治、黄汉炎大师的启示下，初出茅庐的王河意识到"建筑要有民族语言"。在别人不太关注岭南建筑风格的时代，王河已经开始做"有岭南味道的房子"了。1989年，王河在华南理工大学建筑学院就读建筑设计及理论硕士研究生，后来又继续攻读建筑历史及其理论的博士研究生。美术和建筑复合型的知识结构，使他在岭南建筑理论与实践的路途上开始了新的探索。

"南粤工匠"王河的瓦脊设计。

王河是少有的精通传统陶塑工艺的现代建筑设计师。他把对岭南传统建筑文化特色的追求，应用到了广州亚运建设中，着力提升千年古城的品牌战略，如广州亚运村"村长院"、越秀区一德路百年商业街整改项目、荔湾区"广州美食园"整改等项目。

珠岛宾馆"东一号"项目。由王河主持和设计的广东省委珠岛宾馆"东一号"工程，是九运会的主要接待基地配套项目，先后接待了国际奥委会主席罗格及党和国家领导人。珠岛宾馆"东一号"工程设计的成功受到了中央和省委领导的一致好评，并获2002年广州市建委优秀设计一等奖、2003年广东省建设厅优秀设计一等奖，被评定为"体现了岭南文化建筑风格和高科技的时代特征"。时任国家主席江泽民高度评价了这个项目："小岛改造金碧辉煌，环境优美，风景如画，现代化程度高。"

松园宾馆项目。2006年"南粤工匠"王河设计的广东省委省政府"松园宾馆"，采用传统古建瓦当瓦脊，在传统的佛山石湾琉璃瓦烧制工艺的基础上，大胆地提出工艺改革创新，对古建筑陶瓷"松园风光"瓦当和卷草瓦脊收口及轴色进行多次调试，提出绿蓝的轴色为"松园风光"的专用色，有别于传统的黄绿轴色，令其风格与大自然更加和谐，而艺术神韵采用南越国汉代的风格，体现了岭南文化的源远流长。松园宾馆宴会楼（图2-2-109~图2-2-116）和帽峰沁苑的客家围屋（图2-2-117）的运用，是对岭南建筑文化的传承和发扬，陶塑瓦脊更是将岭南传统建筑技艺融入到当代建筑设计中的典范。"松园风光"卷草瓦脊、"亚运芭蕉对联"在2010年中国华南工艺美术大师精品博览会上，荣获中国工艺美术"百花奖"银奖。

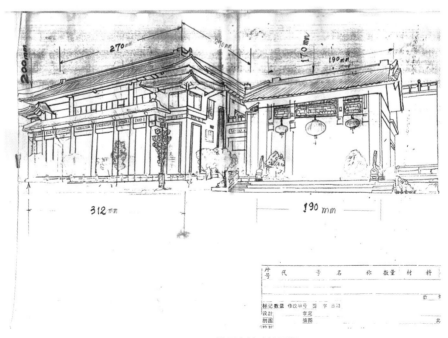

图2-2-109　松园宾馆建筑图纸

图 2-2-110　松园宾馆

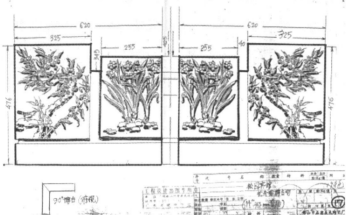

图 2-2-111　松园宾馆瓦脊图案设计图

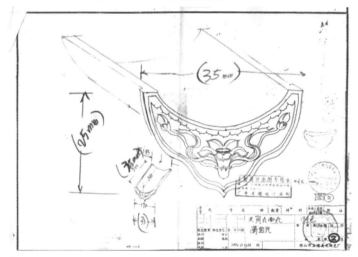

图 2-2-112　松园宾馆瓦脊图案设计图

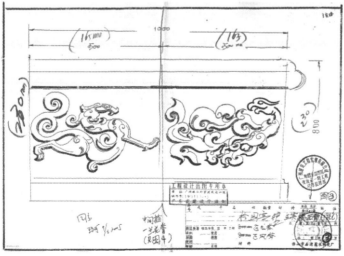

图 2-2-113　松园宾馆瓦脊图案设计图

广州亚运城"村长院"项目。此项目是广州亚运会重要的外事接待场所，作为宣传中华文化和岭南文化的平台，充分体现中华民族追求和谐、喜庆、共享的精神，是一个中国元素和岭南元素集中展示的空间。项目中的"亚运芭蕉对联"（图2-2-118、图2-2-119），是王河对传统岭南园林陶塑的创新，用现代窑高温烧制，轴色均衡，优雅通透，一次成型，性能稳定，成品率高。广州亚运城"村长院"投入使用后，先后接待了亚奥理事会主席萨巴赫亲王、国际残奥委会主席克雷文和亚残奥委会主席阿布扎林以及亚洲45个国家元首和运动员领队，得到一致高度评价，被认为既很好的满足了高标准的外事接待规格要求，又体现了浓郁的岭南建筑文化精髓。阿布扎林更是称赞村长院就好像一个洋溢着历史气息的博物馆。

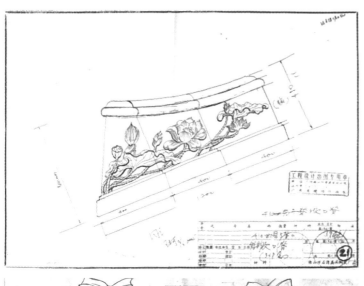

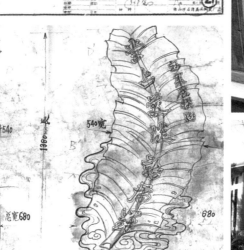

图 2-2-114　松园宾馆瓦脊图案设计图（左上）

图 2-2-115　松园宾馆瓦脊局部（右上）

图 2-2-116　松园宾馆瓦脊局部（右中上）

图 2-2-117　帽峰沁苑　客家围屋（右中下）

图 2-2-118　亚运城"村长院"亚运芭蕉对联陶塑图纸（左下）

图 2-2-119　亚运城"村长院"亚运芭蕉对联实景（右下）

王河设计作品特点

清华大学曾昭奋教授这样评价王河："莫伯治和王河的作品都具有时代性和机遇性，他们都追求一种精神，当精神达到一种境界，那就是一种与自然的和谐，表现在建筑上，是庭园与空间结合，空间的奈切感和开放的空间形态，追求精神上的升华，而不是建筑形式的重复。"

华南理工大学建筑学院原院长陈开庆教授这样评价王河建筑创作上的特点：

一是建筑造型丰富多变。王河在做设计时，喜欢从建筑造型开始着手，先画建筑鸟瞰图，分析地形与建筑体的关系，建筑造型根据地形灵活布置，不拘一格。例如酒店一号楼，在原有建筑中，找出一条居中为尊，呼应东西水平轴线的规律，确立了这良好的组团关系，同时又具有灵活多变的岭南建筑特色。再如在帽峰山设计帽峰沁苑酒店时，他能结合两山之间的地形，安排了一个客家围屋造型的中心楼，呼应帽峰山的"帽"字，两边的客房楼结合山势，随意灵活，与山势混为一体。

二是建筑构思巧妙新颖。他在建筑造型构思中，往往能出奇制胜，又善于表达，从仿古钱币造型的提炼到汕头中国进出口产品博览会投标方案中，很好的体现了乘风破浪的现代建筑风格，做到建筑造型多样化，丰富化。在海南做三亚南田温泉度假区酒店时，他设计了 50 米 × 50 米的酒店大堂，南北通风，清凉舒适，环保节能。

三是综合艺术运用自如。王河在美术学院所学专业是工艺美术装饰绘画。做设计时，他很自然地想为建筑提供更多的空间，留出更多的墙面，增加艺术表现机会。在完成建筑方案以后，他喜欢在室内下功夫，将木雕、陶瓷、工艺、美术、书法等用在建筑创作中，运用巧妙，得心应手。王河在做酒店一号楼设计时，就做了几幅陶瓷装饰壁画，很好的体现了岭南殿堂式建筑特点。

王河从事旅游规划、建筑城市设计、科研三十年，教学十年。围绕建筑文化创新、旅游规划、智慧城市、新型城镇化开发策略等方面不断探索，对政务建筑、商业会展建筑、酒店建筑、观演建筑、宗教建筑、商业住宅房地产建筑等领域进行大量的创新和实践。提出了岭南建筑设计的"活态空间"理论。并积极致力于旅游产业规划创新与研究，提出了"三要论·六要素"的新型城镇化的理论依据，成果丰硕。2017 年获广东省土木建筑学会推荐：申报《中国科学院院士增选被推荐人附件材料》。

一名"南粤工匠"建筑师的学者情怀

王河除了在建筑上继续他的岭南新风格探索，更加意识到建筑师在当代必需担负起文化增值的传播责任。他说："一座优秀的建筑，其精神内涵常常超越其功能本身，建筑有使文化增值的效果，建筑师是建筑文化的主要传播者"。提出了设计师在当下的课题：如何提升中国文化软实力，将中国传统文化和现代建筑技术结合起来是当代建筑师的责任。作为广东省政府顾问，王河早在 2006 年就呈书《应高度重视创意产业的发展》，呼吁政府加快推动设计自主创新的步伐，并呼吁建立"国家设计中心"，整体提升国家创意文化的实力。

如今，王河从 30 年职业设计师转入高校开始了教书育人的新领域，通过实际项目指引着学生们和他一起，不断延续着对的岭南特色建筑设计的追求。王河把自己多年来对岭南建筑的体会、探索和对岭南建筑的源流进行深入研究研究，希望使岭南建筑的灿烂文化能够得到传承和发扬，他先后出版了《岭南建筑新语》、《岭南建筑学派》、《中国岭南建筑文化源流》，包括现在正准备与郭晓敏、刘光辉老师一同出版《岭南传统建筑技艺》。王河希望通过自己的努力，系统地梳理岭南建筑的历史及文化，丰富岭南现代建筑的设计语言，更对未来提出一些自己多年的思考，这也算是对他的岭南情结的一个注脚。

（5）青年一代

在石湾陶塑技艺的大家庭，亦有一大批中、青年陶塑艺人，他们尊重传统，敢于开拓，对陶塑兴趣浓厚。刘泽棉之女刘建芬、黄松坚之子黄志伟等都投身其中。他们为石湾陶塑的发展带来了勃勃生机和无限可能。

封伟民，内敛而传统，早期多创作仕女等传统主题。在他平静的外表下，却激荡着创新的力量。1997 年前后，封伟民敏锐地将"武将系列"引入陶塑的表现主题。《五虎将》《勇夫》《曹操》等意气风发、气势豪迈的作品应运而生，在陶艺界引发起一股"武士"热潮。

范安琪，一位看起来略显文弱的女子，从 1989 年起就与石湾陶塑结下了不解之缘。艰苦学艺 4 年之后，她从学徒成长为一名陶塑艺人，并有了自己的工作室。与石湾陶塑接触 20 年，她对创新有着自己的理解，"现代人渴望传统，同时也希望现代。"范安琪的大部分作品，既浸透传统味道又饱含现代气息。

5.3　陶塑的发展

石湾陶塑作为岭南传统手工艺中的一朵奇葩，已被越来越多的人熟知和认可。石湾陶塑作为国家级非物质文化遗产，承载着传统，只有既不拘于古，又不离其神，才能在坚守传统与锐意创新中找到平衡点。现今大家已经认识到传统文化与工艺的价值，传统陶塑技艺也会受到更多关注，培养热爱陶艺的年轻人，将这门技艺传承下去，把传统柴烧的火把一直传递下去。

陶塑也需要创新。石湾陶塑之创新，一是运用技艺、工具之进步，将其写真写实的特性放至最大；二是在挖掘传统优势的基础上，采用夸张、仿古等手法，将陶塑与文化创意结合，以期更符合现代人的审美观念和生活需求。

何湛泉先生一直在探索将传统陶塑工艺与现代建筑设计的结合运用。他最经典的作品是为顺德和园做的大型"龙舟影壁"（图 2-2-120、图 2-2-121）。用陶塑的技法和釉色，演绎顺德最具特色的传统习俗——赛龙舟。此影壁出自菊城陶屋，耗时 3 年打造完成。采取岭南传统的陶塑工艺制作，运用最原始的龙窑柴烧煅烧而成。此影壁正面是赛龙舟的形象，上面出现人物 112 个，后面则是 300 多字的书法陶塑诗文，匠人们逐字雕刻、烧制，凝聚了真正的"工匠精神"。这幅富有岭南传统艺术及顺德本土风情的和园"影壁"，在陶塑工艺的创作下，成为具有顺德文化象征的标志性建筑。

何湛泉也结合一些现代室内空间作为尝试。比如会所牌匾（图 2-2-121），此牌匾是为一个现代高档会所定制的牌匾，希望在此多聚人气和财气；中山小榄为著名的一家馄饨店的牌匾和室内设计，也运用了大量"菊城陶屋"出品的牌匾和瓷板。"菊城陶屋"造的陶塑鼓凳（图 2-2-122、图 2-2-123）也是颇具岭南特色的家具，在国内订购量颇大，主要运用在室内软装设计中，起到了很好的点缀效果，不论是中式、新中式还是现代简约风格，都非常百搭。

现代石湾陶塑更多的是以工艺品、礼品的形式创作。陶塑家的创作题材广泛，造型各异，有历史人物也有现代生活，有具象形态也有抽象形式。

图 2-2-120、图 2-2-121　龙舟影壁局部（菊城陶屋）（左上、左中）

图 2-2-122　会所牌匾（菊城陶屋）（左下）

图 2-2-123、图 2-2-124　陶塑家具（右上、右下）

参考文献

[1] 罗雨林.广州陈氏书院.广州：岭南美术出版社，1996.34-42.

[2] 程建军.三水胥江祖庙.北京：中国建筑工业出版社，2008.69-113.

[3] 陆元鼎.岭南人文·性格·建筑.北京：中国建筑工业出版社，2005.16-106.

[4] 吴庆洲.中国古建筑脊饰的文化渊源初探.华中建筑.1997.15（4）.6-12.

[5] 宋欣.广州民间的博古脊饰.艺术百家.2005.82（2）.144-145.

[6] 周彝馨、吕唐军.民窑之辩——石湾窑文化解析.陶瓷学报.2013.（06）：233-240.

[7] 周彝馨、吕唐军.岭南传统建筑陶塑脊饰及其人文性格研究.中国陶瓷.2011.（05）.38-42.

[8] 张维持.广东石湾陶器 [M].广州：广东人民出版社，1957.53.

[9] 陈智亮.祖庙资料汇编 [G].1981.89-94.

[10] 王海娜.清中晚期岭南地区建筑陶塑屋脊研究.北京：文物出版社，2016.

[11] 刘东.石湾陶塑技艺.广州：世界图书出版广东有限公司，2014.

[12] 黄海妍.坚守与传承——何湛泉的多元故事.广州：岭南美术出版社，2003.

[13] 徐士福.从陈氏书院看岭南陶塑瓦脊的美学特征，艺术与设计，2014.

[14] 裴继刚.佛山陶塑艺术的传承与创新.陶瓷科学与艺术.2010.06-31.

[15] 李婉霞.佛山祖庙陶塑瓦脊的工艺文化价值探析.文物鉴定与鉴赏.2011.10-102.

[16] 周彝馨.岭南传统建筑陶脊源流研究 [J].建筑与文化，2016（4）：86-87.

[17] 周彝馨、吕唐军.岭南传统建筑陶塑脊饰及其人文性格研究.中国陶瓷，2011.38-42.

[18] 宋欣.广州民间的博古脊饰.艺术百家.2005.144-145.

[19] 陆元鼎.岭南人文·性格·建筑.北京：中国建筑工业出版社，2005.16-106.

[20] 赵金.岭南传统建筑装饰中广府陶塑与潮汕嵌瓷的初探与比较 [J].艺术与设计（理论），2014.09-83.

[21] 黄晓蕙.漫说石湾陶塑日神 - 月神 [J].藏古博今 .2001.07-33.

[22] 刘海珊.石湾人物陶塑艺术研究 [D].广西师范大学 .2011.

[23] 黄济云.石湾陶塑广钧釉彩装饰研究 [D].景德镇陶瓷学院 .2015.

[24] 刘绍生.试谈 - 吉祥寓意 - 在石湾陶塑创作中的应用.佛山陶瓷 .2017.7-240.

[25] 庞彩霞.石湾陶塑——千年炉火煅出陶中瑰宝 [J].经济日报，2010.

三、木雕

1. 岭南木雕历史发展

1.1　木雕历史

　　木雕艺术起源于新石器时期的中国，距今七千多年前的浙江余姚河姆渡遗址，曾出土一件长 11 厘米的木雕鱼，这是我国已发现最早的木雕作品。在夏商遗址中出土大量木雕遗物，留存有饕餮纹、虎纹、龙纹、回纹等纹饰。商周至春秋时期，许多工匠摆脱奴隶枷锁成为相对自由的雕刻工匠，鲁班就是这时期的杰出代表，被后世木雕艺人称为祖师爷。战国、秦汉时期则发现大量木俑随葬。南北朝时期，北方大肆开凿石窟，南方大兴寺庙，宗教木雕开始盛行。唐代，木雕艺术开始写实，题材也日趋广泛，有人物（图 2-3-1）、佛像、花鸟、动物等。宋代木雕日趋成熟，技艺精湛并广泛运用于建筑与装饰。明清时期雕刻题材丰富，物像造型简练，神态生动逼真，刀法明快有力，具有较高的艺术水平，小型观赏性木雕、实用器物、装饰木雕、玩赏性陈设木雕发展迅速，并广泛应用于皇家建筑与民间建筑中。在中国建筑史上出现了众多不同的木雕风格与流派，其中最著名的是：浙江东阳木雕、广东金漆木雕、温州黄杨木雕、福建龙眼木雕，俗称"四大名雕"。

图 2-3-1　人物题材木雕（潮州己略黄公祠）

岭南地区木雕历史悠久，伴随着古代木结构建筑、木质家具、室内陈设和装饰品的发展和完善，木雕艺术技艺日趋成熟，日臻完美，也迎来了中国木雕艺术历史上的顶峰时期。在这样的社会大背景下，岭南木雕随之发展，兴起于明代，清代中叶至民国初期最为兴盛，是岭南地区的商品经济发达和手工业持续发展的产物。岭南木雕历史悠久，具有鲜明的地方特色，以饱满繁复、精巧细腻、玲珑剔透、金碧辉煌的艺术风格而著称于世。那美轮美奂、造型各异的器物品类，那生活气息浓郁、民俗意蕴深厚的题材纹饰，那惟妙惟肖、纤毫毕现的雕刻工艺，那豪华富丽、流光溢彩的漆金技法，形象地展示着岭南人的审美情怀和文化风貌，具有独特的魅力和迷人的风采。

1.2 岭南木雕的两大区域

木雕在岭南的祠堂建筑装修中占据重要地位。木雕载体多种多样，但凡木构件，大抵有雕刻，而且形式多样，内容丰富。在发展过程中形成了以广式家具和建筑木雕为代表的广府地区木雕，以及以金漆木雕为代表的潮州木雕的两大产地。

（1）广府地区木雕

广府地区木雕以广州、南海、番禺、三水等地为代表。清光绪年间（1875~1908年），广州、佛山、三水木雕有"三友堂"作坊，颇具名气。所谓三友者乃许、赵、何三位木雕师傅合伙经营，故称"三友堂"。后三人分业各在一地继续重操木雕制作，广州以"许三友"，佛山以"何三友"，三水以"赵三友"，或"广州三友"、"佛山三友"、"西南三友"称谓，是清末广式木雕杰出代表之一。

广府地区木雕主要包含广州城区以及广州附近区域（包括中山红木家具）的木雕艺术。广州红木雕刻工艺产品，历史久远，其造型古朴典雅，雕工细腻精美，造型流畅，打磨光洁，油漆明亮，以中式客厅、厅堂、楼面陈设的红木家具（粤俗称酸枝家私）为大件产品，此外还有宫灯、雕刻樟木箱、红木小件等，是实用功能和艺术功能并重的高端工艺产品，而且是传统的出口产品。其中宫灯又称宫廷花灯，是中国彩灯中富有特色的汉民族传统手工艺品之一，正统宫灯的形式多样，有八角、六角、四角形的，各面画屏图案内容多为龙凤呈祥、福寿延年、吉祥如意等（图2-3-2、图2-3-3）。

佛山木雕起步较晚，在明代开始兴起，清代中期一直到民国中期这段时间最为兴盛，是佛山商品经济和手工业持续发展的结果。佛山木雕风格粗犷豪放，夸张简练，刀法利落，雕琢感强，形式

图2-3-2 六角宫灯（广州陈家祠）

图2-3-3 六角宫灯（番禺留耕堂）

结实厚重；作品以实用与装饰效果强烈而著名，细节刻画传神，而且不同于潮州木雕的精巧、纤细、以摆件为主的特点，主要是以实用装饰用品为主，尤其以建筑装饰木雕和祭祀用品木雕最为著名。据《佛山忠义乡志》记载，清末民初时，木雕业有"雕花行"、"牌匾行"、"书板行"（刻制木版印刷雕版）、"刻字行"等，分工逐渐细化，可见当时佛山木雕业一度相当繁盛，著名的木雕店号有广华、成利、聚利、恒吉、三友堂、泰隆、合成等。传世作品多藏于今祖庙博物馆内，如"万福台"、"金木彩门"、"贴金木雕大神案"（1899年，佛山镇承龙街黄广化造）、"贴金木雕黑漆大神案"（1899年，承龙街成利店造）、"木雕龙首六角宫灯"（清末）、"木雕大屏风"（清末）等。因此佛山木雕深受广大东南亚地区华侨、华裔所喜爱，其精美的艺术魅力名扬海外。例如"金木彩门"上雕刻着凤凰和牡丹的结合，象征着祥瑞、光明和富贵（图2-3-4）。

（2）潮州木雕

潮州木雕大多饰金涂漆，也称"金漆木雕"。广东东部的潮安、饶平、揭阳、澄海、南澳、潮阳、普宁、海丰、惠来、陆丰、兴宁、大埔，以及毗邻粤东的闽南云霄、诏安、东山一带，明清以来，艺术水平最高，并具有鲜明的地域特色，自成艺术体系，因上述地方，旧属潮州府，人们便习惯称之为潮州木雕。

图2-3-4 金木彩门（佛山祖庙）

潮州木雕始于唐，完善于宋，成熟于明，清代进入登峰造极的鼎盛时期。潮州木雕是享誉海内外的地域性民间雕刻的名称，大型辞书《辞海》中列有独立词条，而且用相当篇幅来专门介绍。金漆木雕是潮州木雕艺术中最具特色和代表性的一个重要门类，其正式出现也是有文献可查的，始于北宋至和元年（1054 年），至南宋中期，潮州金漆木雕的应用范围已扩展至寺庙等古代木结构建筑物之中。

清代，潮州木雕处于全盛时期。随着中原文化、民间艺人大批涌入潮州，潮州民系臻于成熟，形成了特有的文化素质、审美观点、生活习俗，并在木雕和建筑装饰艺术上得到体现。清代乾隆年间出版的《潮州府志》，就有关于建筑屋宇"雕梁画栋"、"望族营造屋庐，必建立家庙，尤为壮丽"的记载，建筑的大肆建造，也促进了木雕艺术的进步，使得潮州木雕的装饰形式和艺术技巧更趋成熟。如果说康乾盛世是潮州木雕的一个高峰时期的话，清末、民初则是潮州木雕发展中的第二个鼎盛时期，这个时期的潮汕人民多出洋谋生，很多华侨衣锦还乡后，兴寺庙、建祠堂、置豪宅，蔚然成风，为光宗耀祖而大兴土木、造园建屋，数量以万计，木雕装饰也愈发追求华美、精益求精。

2. 木雕的种类、题材和特色

2.1 木雕的种类

岭南木雕作品，通常是与建筑物、家具、室内装饰物品、宗教神器物品等结合在一起，作为它们的装饰或构件，按照用途区分，大致可以分为建筑类、家具类、宗教类和艺术品。

（1）建筑木雕

用于建筑装饰上的木雕，主要是在祠堂、庙宇、民居三个大方面的应用，多采用樟木、柚木等材料，包括梁架、梁托、龙柱、屏风门、脚门、月楣、花板（图 2-3-5）、过水楹、倒吊花篮、楹托、飞罩、罩落、莲花托、屏风门、栏杆门、博古架、花窗等多种木雕构件。

图 2-3-5　檐下花板（佛山胥江）

（2）家具木雕

木雕艺术在家具方面的应用主要体现在传统风格雕刻家具的制作上，俗称酸枝家具，在清代中期以后，吸收了法国巴洛克与洛可可式家具风格元素，形成了中西合璧、风格独特的岭南家具，家具造型开始追求线条委婉、精雕细刻（图2-3-6、图2-3-7），各种雕刻技法运用得淋漓尽致，雕刻面积宽广而纵深，有的家具雕刻装饰面积甚至高达百分之八十以上，雕刻和镶嵌技艺堪称一绝（图2-3-8、图2-3-9）。

（3）宗教神器

宗教神器类木雕又称宗教用品装饰品，尤其是从明末清初一直到新中国成立前的400多年间，岭南木雕用于神器装饰的品种众多，达到了登峰造极的地步。遗留下来的神器装饰品，数量巨大，品类繁多，琳琅满目，是中国木雕艺术作品中的精品。

图2-3-6　广式家具（一）（广东省博物馆）

图2-3-7　广式家具（二）（广东省博物馆）

图2-3-8　广式家具（三）（广东省博物馆）

图2-3-9　广作椅背（番禺余荫山房）

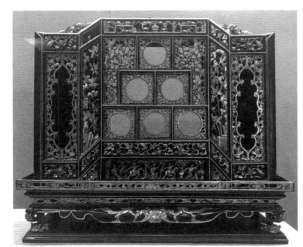

图 2-3-10　金漆木雕糖枋架（左上）

图 2-3-11　金漆神龛（广东省博物馆）（左下）

图 2-3-12　金漆木雕香炉（广东省博物馆）（右）

宗教神器类木雕包括三小类：

1）人物：佛教、道教、基督教、伊斯兰教等宗教人物形象。

2）神器：神轿、香亭、案台、糖枋架（图 2-3-10）、神龛（图 2-3-11）、香炉（图 2-3-12）、供盘、五果盒等。

3）佛器：舍利塔、如意、道场用具等。

（4）艺术品

艺术品类的木雕大多是一些装饰欣赏用的小型产品，包括红木小件、桌上小屏风（图 2-3-13）、镜屏及近现代新兴发展起来的供四面欣赏的圆雕狮子、馔盒和镂雕的花篮及蟹篓、花鸟虫鱼、狮象、龙虎挂屏、如意（图 2-3-14）等。如藏于广东省博物馆中的金漆木雕菱形馔盒（图 2-3-15），盒盖外表作黑色推光漆处理，以金漆绘饰"汾阳世美"图、人物山水风景和喜上眉梢图，并以娴熟的铁线描工艺刻画细部，层次分明，人物栩栩如生。作品虽小，但造型、结构、雕刻极为精细严格。

2.2　木雕的题材

传统的岭南木雕艺术植根于广东地区深厚的文化土壤之中，受到中华民族儒家为主导的传统文化和广东地区世俗民俗文化，以及欧洲文艺复兴时期的文化、艺术、建筑等多重影响。岭南木雕的题材可分为人物故事传说、世俗生活、动植物题材等。

图 2-3-13　桌上小屏风（广东省博物馆）

图 2-3-14　金漆木雕如意摆件（广东省博物馆）

图 2-3-15 金漆木雕菱形馔盒（广东省博物馆）

（1）人物故事传说

在岭南木雕作品中，以人物故事传说为题材所雕刻而成的艺术作品大量存在，而且这些故事传说有的是历史典故，有的是小说演义故事情节，有的来源于戏曲杂剧故事，也有取材于民间传说或传统礼俗故事，还有一些来源于神话或宗教故事等。

传说故事如"水漫金山寺"（图2-3-16）、"牛郎织女"、"白蛇传"、"七姐下凡"、"苏六娘"、"青蛇与白蛇"、"天女散花"、"梁山伯与祝英台"等。

戏剧故事题材的木雕在岭南木雕作品中大量存在。广府的粤剧和潮汕的潮剧都是岭南地区民众喜闻乐见的戏剧种类。如"王茂生进酒"（图2-3-17）、"状元及第"（图2-3-18）、"黄飞虎反五关"（图2-3-19）等。"王茂生进酒"是潮剧有名的折子戏。故事是讲因年税重，王茂生逃荒来到长安城外，一日，闻说平辽王就是昔日投军的义弟薛仁贵，大喜回报其妻。夫妻苦无礼物庆贺，乃用菜瓮装水作酒前往，却备受门官的刁难。王茂生急中生智，把拜帖悄悄别在门官袍后面，才得进门相见，兄弟畅饮"家乡酒"，百官饮"酒"虽作呕，但为谄媚奉承，皆称好酒，茂生窘迫不已，仁贵却说"水比酒更香，饮水要思源。"戏剧故事在木雕中广泛出现，一方面说明了这些题材植根于民众生活之中；另一方面，也体现了博大精深的中华戏剧艺术文化对民众的影响。丰富的民间文学、艺术、宗教文化在岭南地域有深厚积淀，成为木雕艺人的创作源泉。

历史人物主要是一些人民所熟悉的人物故事及所歌颂的历史人物典故，如"穆桂英"（图2-3-20）、"郑成功"、"杨家将"、"岳家军"、"苏武牧羊"、"昭君出塞"、"三英战吕布"（图2-3-21）。潮州木雕中赞美韩愈的"蓝关雪"、表现明代潮州七贤进京应试的"七贤进京"等。

图2-3-16　水漫金山寺（源于《潮州木雕工艺与制作》）

图2-3-18　状元及第人物花板（广东省博物馆）

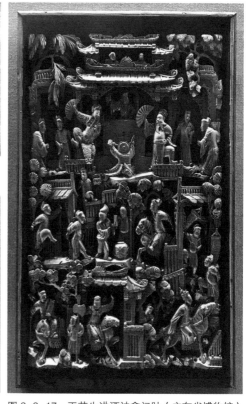

图2-3-17　王茂生进酒神龛门肚（广东省博物馆）

图 2-3-19 黄飞虎反五关
（广东省博物馆）

图 2-3-20 穆桂英挂帅
（源于《潮州木雕工艺与制作》）

图 2-3-21 三英战吕布
（源于《潮州木雕工艺与制作》）

百姓世俗生活主要是反映劳动人民生产和日常生活场景的题材，如耕织、捕鱼、放牧、打柴等。木雕中还有石工、木工、农民、船家、货郎小贩的工作及生活场景，还有花鼓歌舞、杂技节庆活动场景等。地方风光名胜古迹也是木雕常用题材，如"羊城八景"，潮州八景中的"湘桥春涨"、"北阁佛灯"、"凤凰时雨"、"韩祠橡木"等。

（2）动物类题材

祥禽瑞兽是木雕艺人常选取的题材，经常出现的形象有狮（图 2-3-22）、鹿、马、猴，水中的鱼（图 2-3-23）、龟，天上的喜鹊、仙鹤以及属于神兽类的龙、凤（图 2-3-24）、麒麟等。木雕中的动物造型，

图 2-3-22 圆雕狮子（广东省博物馆）

图 2-3-23 鲤鱼跃龙门窗花木雕
（广东省博物馆）

是人们美好愿望的寄托,狮子作为瑞兽,其形象威猛,能驱害辟邪。以狮子为题材的木雕饰物,种类繁多,有屏头狮、牌匾狮、竹头狮、对狮、香炉狮等。狮有南狮、北狮之分,潮州狮是南狮的代表,其造型特色是大头大耳、鼻大嘴阔、双目圆瞪、凸额、钩角、灵秀丰润,是一种经过夸张美化的艺术形象(图2-3-25)。梁架上的"蹲狮",狮子身上的毛发由"读书人、举子、士大夫"组成,寓意"名狮高徒"。

图2-3-24 丹凤朝阳帐顶(广东省博物馆)

图2-3-25 蹲狮——"名狮高徒"(潮州己略黄公祠)

海洋动物鱼虾题材与岭南的地理位置因素相关,与岭南人的生活方式密不可分。海洋文化使人们对海洋生物有着独特的感情,如"龙虾蟹篓"是潮汕地区最流行的雕刻题材,也是最能体现雕刻师傅技术的一个题材,不光要观其外部的雕刻,还要观其内部的细节。鱼虾象征"五谷丰登,年年有余"。"龙虾蟹篓"构思独特,多层镂通雕技法表现得淋漓尽致,精细雕刻了编织经路分明的竹篓,竹篓内外雕刻有姿态各异的螃蟹和龙虾,或俯或仰,或屈或伸,活灵活现,作品还有数尾游动的海鱼,起伏的海草和激扬的海浪相互穿插,整件作品通透玲珑,立体幽深,艺术地表现了水族世界一派生机的景象,是潮州木雕的一绝(图2-3-26~图2-3-28)。图2-3-29所示"蟹篓"作品以整块樟木雕刻而成,为著名潮州木雕艺人张鉴轩、陈舜羌师徒共同创作。作者运用娴熟高超的多层镂通雕和圆雕技艺,由外而内,逐层雕镂,将蟹篓内外大小各异的十只螃蟹刻划得惟妙惟肖,栩栩如生,是一件构思巧妙,造型优美,玲珑剔透的珍贵艺术品。

(3)植物类装饰题材

在建筑木雕装饰中,植物题材应用最为广泛,主要是由于植物形态相对容易把握,植物装饰的题材也更为丰富多样,常见的有梅、兰、竹、菊、桃花、牡丹、莲花(图2-3-30)、桃花、葡萄、石榴、水仙、牡丹、山茶花(图2-3-31)等。同时也从植物茎叶、花图案中提取各式纹样,以及西洋风格的西番莲纹样。"四君子"之一的梅花,迎寒而开美丽绝俗,是坚韧不拔的人格的象征。人们雕梅,主要是表现它那种不畏严寒、经霜傲雪的独特个性(图2-3-32)。"喜上眉梢"的雕刻题材,古时人们认为鹊能报喜,故称喜鹊为报喜鸟,两只喜鹊即双喜之意。"梅"与"眉"同音,借喜鹊登上梅花枝头,寓意"喜上眉梢"、"双喜临门"、"喜报春先"(图2-3-33)。

图 2-3-26　龙虾蟹篓（广州陈家祠）（左上）
图 2-3-27　龙虾蟹篓（陈素民工作室）（左下）
图 2-3-28　必登花甲建筑构件——蟹（右上）
图 2-3-29　蟹篓（广东省博物馆）（右中）
图 2-3-30　莲花鹭鸶纹花板（右下）

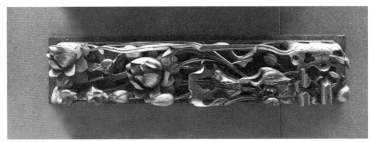

图 2-3-31 茶花喜鹊花板

图 2-3-32 "四君子"之一梅（源自《潮州木雕工艺与创作》）

图 2-3-33 喜上眉梢（陈素明工作室）

（4）文字、图案题材

文字题材主要以书法为主，经常与吉祥图案纹样共同使用，来做花窗或花板。几何图案类题材是指由点、线以及正方形、三角形、六角形、圆形等几何形体组合成具有审美价值的图像（图 2-3-34）。主要用于门窗、横披、格窗以及多层镂通雕的"地子"。主要形式有：回纹（图 2-3-35）、套环、龟背纹（图 2-3-36）等。"龟背纹"是汉族民间装饰纹样的一种。呈六角形连续状的几何纹样，又

图 2-3-34 文字几何纹花板

图 2-3-35 回纹窗花

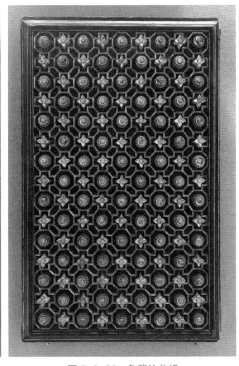

图 2-3-36 龟背纹花板

称灵锁纹或锁纹。古代占卜时灼烤龟甲，视所见坼裂之纹，以兆吉凶体咎。因而龟背纹遂成神秘莫测之物而被崇尚，演化成吉祥之物，雕刻手法以锯通雕为最多，具有较强的装饰效果。

（5）西洋风格装饰纹样

清代以后，由于广东的贸易发展，西欧风格的装饰元素也影响了岭南木雕装饰图案。尤其是岭南家具的雕刻纹样上，除了传统的佛手、石榴、灵芝、葫芦等植物题材外，还出现了像西番莲、西洋卷草纹（图 2-3-37）、蔷薇等多种西洋植物题材，并且岭南家具中还常出现中西纹饰相结合的图案，结合自然巧妙、不露痕迹。

2.3 岭南木雕的特色

岭南木雕艺术特色的形成主要受地理位置、文化背景、经济环境、封建思想和西方文化的影响。其特色主要有以下几点：

（1）以优质木材为载体

广东地处亚热带的地理因素，使其成为多种硬木、红木

图 2-3-37　西洋卷草纹雕刻木雕
（番禺余荫山房）

的主要产地，制作木雕作品的原材料充足，且南洋各国的优质木料多经由广州进口，为岭南木雕艺术的形成和发展打下了坚实的物质基础。例如广式家具由于原料充裕，利于精细雕刻，不加漆饰以显示雄浑与稳重，在社会上广为盛行。

（2）地域性特点突出

岭南木雕分布地域广阔，会有一些区域性的风格差异，如潮州木雕布局繁复、结构严密、精细纤巧，以表现连续性情节见长；广式家具雕刻面积大，构图追求满布画面，并注重古朴典雅，追求仿古效果；佛山木雕粗犷豪放，构图夸张简练，结实厚重，雕刻感强，实用与装饰效果强烈。

（3）雕刻形式手法多样、品类繁多

岭南地区修建祠堂、庙宇蔚然成风，建筑木雕和木雕神器装饰品飞速发展，装饰品种类繁多，为国内其他各地的木雕所罕见。岭南木雕的装饰形式，第一类是使用贵重硬木原料创作的木雕作品，大多采用"本色素雕"的形式，使材质的纹理、雕刻的刀纹本色清晰可见，更显朴素静雅之感（图 2-3-38）；第二类是"五彩装金"（图 2-3-39），大多施以大红大绿或紫红粉黄装彩，再用金色烘托，形成金碧辉煌的建筑表现效果，这种装饰形式多见于建筑木雕构件较多；第三类是"黑漆装金"（图 2-3-40），即在雕饰物件上以赤色的漆料作为底色，然后铺上金箔，还有的在作品边缘加上装饰的油漆作为衬托，形成极具特色的金漆木雕作品。

品类繁多以及题材内容丰富多样的岭南木雕艺术，反映了民间木雕工艺上的详细分类和装饰的多样性，是人们美化生活、表现艺术的一种重要手段，也是中国传统造型艺术的重要表达方式之一。岭南木雕艺术的工艺形式多元，大体可分为：沉雕、浮雕、透雕与圆雕四种主要雕刻技法，多数时候还混合使用，其中以多层次、纵横交错的半立体透雕艺术成就最高，也最具特色，其风格精致细腻、巧夺天工、层次丰富。除了精湛的木雕工艺外，高超的建筑木雕贴金工艺也是岭南木雕的亮点之一（图 2-3-41、图 2-3-42）。

图 2-3-38 "本色素雕"的形式
（潮州己略黄公祠）

图 2-3-39 "五彩装金"的形式
（揭阳陈氏公祠）

图 2-3-40 "黑漆装金"的形式
（佛山梁园）

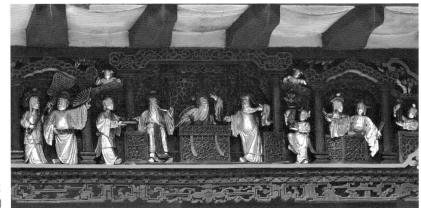

图 2-3-41 檐下花板沉雕
（东莞西溪村）

图 2-3-42 梁上浮雕
（东莞南社古村）

图 2-3-43 镂雕
（顺德清晖园）

（4）构图讲究

岭南木雕构图巧妙娴熟且布局合理、秩序感强，类似传统国画的构图形式。一般把人物布在画面的中心，这种形式构图中人物的透视是平视，但环境的透视则是鸟瞰。平视和鸟瞰相结合的构图方法，把远近人物与不同季节的景物组织在一组画面中，而且没有拼凑的感觉；另一种常用的构图方法是连续性的构图，将各个不同时期的故事情节统一布置在一个构图内，布置时主次分明，一般以人物为主，背景为辅，巧妙地和空白结合运用而造成强烈的空间感，起到衬托和使构图完整的作用，对构图的留白十分讲究，能造成虚实对比与节奏感，较大面积的留白构图是岭南木雕雕刻艺术中的独特手法（图2-3-43）。

（5）中西合璧

清代以后，对外贸易和文化交流更加频繁，西方建筑、家具和艺术形式开始大量涌入。对于美的共通认知影响着人们，如中国传统的家具和木构件被远航运到各国，被视为珍宝，岭南木雕也受到国外装饰式样的影响，中西文化互相碰撞、吸收和融合，使一些木雕作品尤其是广式家具（图2-3-44）呈现出中西合璧的趋势。如广州陈家祠内神龛木雕（图2-3-45），显示了西方巴洛克式的豪华、奔放、繁缛。

图 2-3-44 广式家具（番禺余荫山房）

图 2-3-45 神龛（广州陈家祠）

3. 木雕制作工艺

3.1 木雕工具

木雕主要运用到的工具有：圆凿刀、平刀、斜刀、中钢刀、蝴蝶凿、三角刀、敲锤、木锉、斧头、描绘工具以及一些颜料、金属粉箔等。

圆凿刀。圆凿刀多用来表现雕刻作品的圆形和圆凹痕处，在雕刻传统花卉的时候有比较大的作用，比如梅花的花叶、花瓣及枝干的圆面都需要用圆凿刀来进行适形处理，另外也是镂刻雕凿粗坯时的主要工具（图2-3-46）。

平刀。平刀的刀刃适合刻线，两刀相交使用时能剔除刀脚或印刻图案。平刀雕刻的作品刚劲有力，体现出如挥笔绘画般的效果（图2-3-47）。

斜刀。斜刀主要用于作品的关节角落和镂空狭小缝隙处的剔角修光（图2-3-48）。斜刀适合雕刻例如人物眼角的细小部位刻画。

中钢刀。中钢刀刀刃是平直的，两面都有斜度（与平刀不同，平刀是一面有斜度）。在岭南木雕传统雕刻技艺里认为，中钢刀适用于雕刻人物雕饰及作品道具上的图案花纹等题材内容（图2-3-49）。

蝴蝶凿。在广东有些地区也叫"玉婉刀"、"和尚头"，其刃口呈弧形，是一种介于圆刀与平刀之间的修光刀具，分圆弧和斜弧两种。主要用来雕刻稍圆的线条和处理无须太平整的物体（图2-3-50）。

三角刀。刀刃口呈三角形，是用V形钢条精磨而成的一种刀具，因其锋面在左右两侧，锋利的集中点就在中角上。三角刀尖推过的部位刻画出的线条主要用于人物或动物的毛发、装饰线纹（图2-3-51）。

岭南木雕创作时候所需要的辅助工具也有很多，如敲锤、木锉、斧子、锯子、磨刀石等。

敲锤。敲锤是艺人敲凿子的硬木敲锤。其形状大多扁、平、宽、方，是打坯、叩线（浮雕的轮廓）的重要工具，其作用在于凿镂作品坯的时候，便于敲打刀柄，以便增强刀刃的凿削力（图2-3-52）。

图 2-3-46　圆凿刀

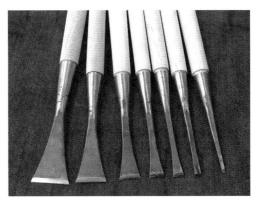

图 2-3-47　平刀

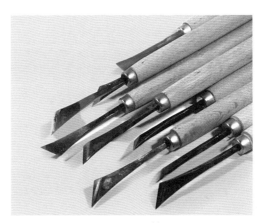

图 2-3-48　斜刀

图 2-3-49　中钢刀

图 2-3-50　蝴蝶凿

图 2-3-51　三角刀

图 2-3-52　敲锤

木锉。主要用于圆雕细雕阶段的修光工序，在使用过程中可以代替平刀修凿磨平，现代生产工艺中还可用砂纸代替木锉来进行修光工序；还可用于大面积调整木雕作品的造型结构，与雕刻刀具配合使用，将人物衣物纹理和植物叶片、花瓣的辗转翻折处理得生动流畅，虚实且有效（图 2-3-53）。

斧头。又称"斧子"，和我们平时用的斧子差别不大，在木雕中的用途是配合出坯，大幅度地砍削材料，以制作粗坯（图 2-3-54）。

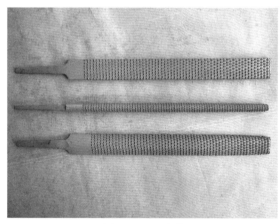
图 2-3-53　木锉

图 2-3-54　斧头

漆绘工具。漆绘刷、漆刷的种类很多，按刷毛可分为硬毛刷和软毛刷，硬毛刷多为猪鬃（或马鬃）制作；软毛刷多为羊毛制作，也有用狸毛、狼毛制作的。按漆刷的形状分为扁形刷、圆形刷、歪柄刷、排笔刷、扁形笔刷、板刷等（图 2-3-55、图 2-3-56）。

颜料。有正银朱、黄漂、红丹、砂绿、藤黄等。其用途一是加入漆料，调配成色漆。在漆料中调入红颜料，可使金箔的颜色更加辉煌亮丽。根据装饰需要调配各色颜料，髹涂于木雕饰件的外表，或用平涂、没骨、钩填等技法在器物漆面上绘画各种纹饰（图 2-3-57）。

金属粉箔。潮州木雕流行粘贴或髹涂金属粉箔的装饰手法，所敷贴的金属粉箔主要有金箔、银箔、锡箔、铝箔、铜粉等，其中以金箔最为常用。髹漆贴金装饰是潮州木雕的主要特点之一，故又有"金漆木雕"之称（图 2-3-58）。

图 2-3-55 漆刷（一）

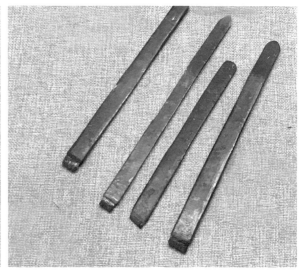

图 2-3-56 漆刷（二）

图 2-3-57 颜料

图 2-3-58 银、铜、金箔

3.2 木料的选择

在进行岭南木雕制作过程中，所选用的木材主要有珍贵的硬木木材和普通的木材两大类。

硬性木材：紫檀、黄檀、鸡翅木、花梨木、酸枝木、铁力木、乌木、红铁木豆等（图 2-3-59~
图 2-3-62）。

图 2-3-59 乌木

图 2-3-60 酸枝木

图 2-3-61　紫檀　　　　　　　　　　　　　　　　图 2-3-62　黄檀

非硬性木材:苦楝木、榉木、榕木、桦木、樟木、黄杨、柞木、楠木（图 2-3-63、图 2-3-64）。

杂木：杉木、楸木、椴木、松木（图 2-3-65、图 2-3-66）。

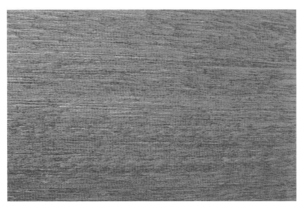

图 2-3-63　樟木　　　　　　　　　　　　　　　　图 2-3-64　楠木

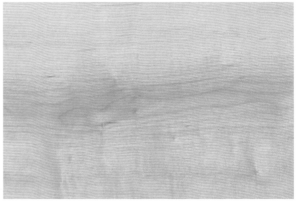

图 2-3-65　杉木　　　　　　　　　　　　　　　　图 2-3-66　松木

3.3　木雕的技法

　　岭南木雕艺术中的雕刻表现技法，是匠人们经过长时期的传授、继承、探索、实践，不断推陈出新，摸索出的表现力较强的几种技法，其中主要包括沉雕、浮雕、透雕、圆雕、镂通雕等几种雕刻技艺形式。

沉雕。即线刻、阴刻、阴雕，类似于印章中阴刻的雕刻方法，是一种雕刻图案形象凹下，低于木材平面的一种雕刻装饰方法。其工艺相对容易，以雕刀的刀刃来雕刻图案花纹。雕刻时艺人应根据材料板面的大小，进行周密的构思，意在刀前，画面忌大面积的"满花"，强调留白，效果类似于写意的传统中国画的表现手法，其性质接近于中国绘画，意境也追求像国画一样强调空灵的感觉。

沉雕对于花纹的刻画和形象的勾勒有着较强的表现作用，可以雕刻纹理，表现景物的美感，多出现在家具如箱、床、柜及屏风等各类板式结构构件的表面之上和古建筑构件，如佛山梁园的案台雕刻的牡丹花鸟图，雕刻艺人以刀代笔，讲究刀法，雕刻出来的图案线条优美、自然（图 2-3-67）。

浮雕。传统工艺中又称剔地雕，通常指在平面上的浮凸表现图案，即在材料平面上剔除花形以外的木质，使表现的图案花样形象凸显出来，是传统木雕中最基本、最常用的雕刻技法，也是岭南木雕中运用较多的表现技法。浮雕一般分为浅浮雕、深浮雕两种形式，浅浮雕雕刻的图案纹样压缩较多，深浮雕作品图案画面构图丰满，深浅对比悬殊，疏密得当，粗细相融，层次较多，立体感强。深浮雕具有较强的空间感和深度感，雕刻层次丰富，少的有 2、3 层，多的有 7、8 层，以此来表现多层次的题材。浮雕技法也常运用在檐下花板和牌匾（图 2-3-68）。

圆雕。又叫立体雕，是完全立体的仿真实物雕刻手法，具有三维的立体雕刻效果。圆雕工艺在雕刻造型上基本上分为两类：一种是独立的、浑厚的圆雕造型风格，它不属于任何一种产品的附属部件或装饰配件，如单体的人物、动物等多适用圆雕技法；另一种是虚实相间的圆雕，又称"半圆雕"，

图 2-3-67　牡丹花鸟案台沉雕
（佛山梁园）

图 2-3-68　檐下花板和牌匾
（佛山祖庙）

图 2-3-69　雀替（番禺余荫山房）

图 2-3-70　锤花（潮州己略黄公祠）

图 2-3-71　荷花芦叶穿莲摆件

图 2-3-72　花鸟透空双面雕（林汉璇工作室）

这种雕刻方法既有整体的造型，又穿插着变化各异、大小不同的镂空形态，形成了虚与实、有与无的空间变化，其作品不仅占据着一定的空间，而且也充满着灵气和活力，这一类造型多适用于装饰性的木雕构件，如在建筑木雕构件中的撑拱、垂花等部位多是利用圆雕的表现手法，来使产品形象刻画饱满而又灵透。撑拱是中国古典建筑构件的专业术语，又称"雀替"，撑拱在江南某些地方俗称为"牛腿"，北方地区又叫"马腿"，是明清古建筑中的上檐柱与横梁之间的撑木（图 2-3-69、图 2-3-70）。

镂通雕。镂通雕是潮州木雕最具代表性的雕刻形式，它融汇浮雕、圆雕等技法而成，采用多层、镂空雕刻，呈现出玲珑剔透的效果。镂通雕有很大的容量，适合表现人物众多、情景复杂、场面宏大、景物丰富的题材，其作品常见于花罩、挂落、雀替、木门窗等建筑构件或屏风、挂屏等室内装饰品中，也见于单纯的木雕装饰摆件（图 2-3-71）。

通透双面雕就是用一种图案进行正反两面雕刻，作品两面都能欣赏到同一幅图案画面的雕刻手法。其作品玲珑剔透、新颖奇妙，极富装饰效果；还有一种是在一块板面材料上将正反两面雕刻出不同的图案，形成不同题材，这更需要艺人有高超的技术、智慧和巧妙的构思来完成透空双面雕刻的作品（图 2-3-72）。多层镂通雕是潮州木雕艺人在继承木雕传统技艺的基础上，经过长期实践创造出来的雕刻技法，这种雕刻技法难度极大，代表着潮州木雕艺术的最高水平。如己略黄公祠梁架上的镂透雕典故"五默非期"。五默也即五知，这是宋朝人李若拙沉浮而作的五知传而来，五知即：知时、知难、知命、知退、知足，后人也将其称为知足常乐（图 2-3-73）。

图 2-3-73　梁架的镂透雕——"五默非期"（潮州己略黄公祠）

3.4　木雕制作流程

岭南木雕的创作步骤大体分为四个阶段：一是雕刻前准备；二是雕凿粗坯；三是精雕细刻；四是表面处理。由于岭南木雕分为广式木雕和潮汕木雕两种不同制作方式，所以制作工艺也有些不同之处，下面分为两部分来介绍木雕的制作工艺：

3.4.1　广式木雕制作流程

雕刻前的准备工作除了要进行一定的艺术构思外，主要还包括草图设计、雕刻工具准备这两个主要的工作。

草图设计。草图设计又叫"起草图"，指雕刻之前绘制的木雕图案草图，常以钢笔或毛笔白描表现，现在的草图，尤其是多件相同的作品创作时候，常借助复印机把草图复印多份，作为雕刻时候的画稿参考。草图只起到确定主题、安排布局、固定题材对象的作用，木雕的草图图稿和其他绘画的草稿有很大的区别，受到多方面的限制（图 2-3-74）。

在进行草图的设计创作时，可分为定稿创作和自然形状创作，木雕工匠应根据不同的木雕工艺和题材类型来进行不同的设计。在创作的时候需要考虑到对浮雕、圆雕、透雕的作品绘制方式的不同，尤其应该注意草图内容的整体布局，既要生动，又要平稳，还要考虑其他部分的延伸和拓展。此外，草图设计也应该注意木雕作品的类型，不同类型的木雕的草图创作也不一样，用于建筑、家具上装饰的木雕草图画稿，要根据木雕构件不同的位置、视点要求及材料的特性来进行设计创作，根据草图创作时又要选取无裂开、无斑痕、木质佳的完整木块为雕刻材料，还应该注意材质的纤维结构来进行调整（图2-3-75）。

雕刻工具准备。在进行木雕雕刻之前，工具的准备至关重要，俗话说"磨刀不误砍柴工"，说的就是这个道理，而雕刀的打磨又是准备的重中之重。先粗磨，再细磨，最后再精磨。

雕凿粗坯。雕凿粗坯是开始雕刻的第一道工序，也称"定形"、"打粗坯"、"削切毛坯"等，指雕凿、削切出作品的形状粗坯。雕凿粗坯的过程是：把草图画稿粘贴或复印在板面（板状木雕作品）上，或用粉笔直接画上去，然后开始雕凿出作品大致轮廓或结构（图2-3-76、图2-3-77）。先雕凿出表面层，再逐渐深入凿。雕凿粗坯的过程中，还需要雕刻匠人边雕凿边构思，根据木料的属性来使作品内容逐渐丰富和具体（图2-3-78、图2-3-79）。雕凿过程中要做到尽可能少换刀，最好做到一类削切只用一种刀具，做好雕刻规划可以提高工作效率，图2-3-80所示为荷花雕刻过程所用到的工具。

根据作品的结构、形状、细节等要素来研究木料的材质、纤维方向、心材、边材，灵活使用刀具，充分体现作品的完整性和连贯性。根据木纹顺势走刀，做到既轻便又不伤木料，突出作品的巧、奇、新、雅的艺术效果。雕凿粗坯要为后续的工作留足余地，为修光工序留有余地，因为打粗坯本身就是一个减胖的过程，打粗坯时要为精细雕刻留足空间，所谓"留宽能为窄，留大能为小，留厚能为薄"。图2-3-81、图2-3-82所示分别为"荷花"和"花瓶形背板"初步完成的粗雕。

深入雕刻。这一阶段的工作主要是对粗坯进一步切削和深入雕刻，一般说来，用平刀及斜刀进行细致雕刻的效果会比较好，而且效率也比较高。在雕刻过程中，一定要注意细节，慢工出细活，有些细节部位的刻画甚至要屏住呼吸。在运刀过程中，注意不要在作品表面留下刀痕，尤其是珍贵的红木类木雕作品，要压紧刀具再运刀、行刀，以防止因行刀过程中刀具的颤动和打滑而导致作品效果走样。图2-3-83所示为"花瓶图案"的细致雕刻。

图2-3-74　在草图纸上定稿创作（陈素良工作室）

图 2-3-75　自由创作——年年有余

图 2-3-76　荷花草图（何世良工作室）

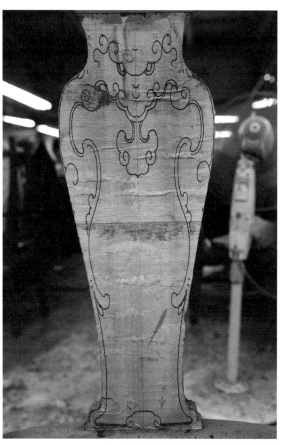

图 2-3-77　花瓶形背板草图（何世良工作室）

图 2-3-78　荷花粗雕（何世良工作室）

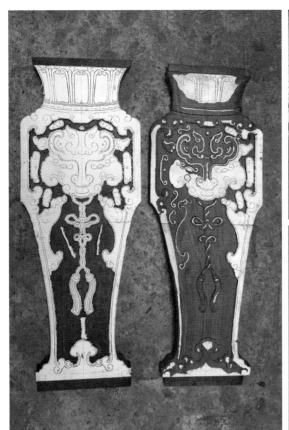

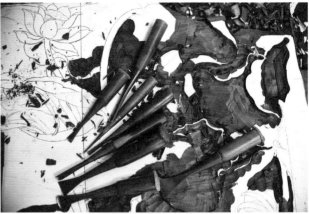

图 2-3-79　花瓶形背板粗雕的呈现（何世良工作室）（左）

图 2-3-80　雕刻荷花过程所用到的刀具（何世良工作室）（右上）

图 2-3-81　"荷花"完成粗雕（何世良工作室）（右下）

图 2-3-82　"花瓶形背板"完成粗雕（何世良工作室）（下）

打磨修光。打磨的时候一定要注意砂纸运动的轨迹，根据作品的木质和纤维纹理来顺着木纹或者逆着木纹来进行，即砂纸走向路线与木纹线平行，不能使砂纸运动轨迹和纤维方向垂直打磨，避免造成作品表面起屑、起皱，产生波纹状，从而破坏平面（图2-3-84）。

精雕。精雕是木雕艺术创作中最为精细，也是最为重要的一道工序，这也是把精雕放在打磨修光之后的主要原因。精雕过程中要求工匠一定要十分小心谨慎，稍有偏差就会造成作品破损，影响效果。如人物的嘴唇、头发、指甲、眼睛，昆虫的触角，飞禽的喙，蜘蛛的网以及植物的须等都需要精雕来完成，以使作品达到细腻、生动的效果，精雕的工艺最能影响作品的价值。图2-3-85所示为"花瓶图案"花纹的精雕。

图2-3-83　"花瓶形背板"的细致雕刻
（何世良工作室）

图2-3-84　打磨（何世良工作室）

图2-3-85　"花瓶形背板"的精雕
（何世良工作室）

精磨。是木雕艺术创作中最后一道工序，也是最为重要的一道工序，精磨过程中要求精磨工人一定要十分耐心，而且要小心谨慎，稍有偏差就会造成作品表面有划痕、破损，而且精磨的砂纸表面也要求十分细腻，方便为之后的涂饰表面打下良好基础（图2-3-86）。

表面处理。表面处理这一阶段的工作主要是指对雕刻完成的木雕作品表面进行涂饰，以弥补木雕作品表面的不足或者缺陷，美化作品并起到保护作品，使作品寿命延长。如用木蜡油保护作品（图2-3-87）。本阶段主要有两种方法，一种是涂饰涂料，即所谓的上漆。另一种是贴金，以形成岭南木雕中最有特色的金漆木雕作品。

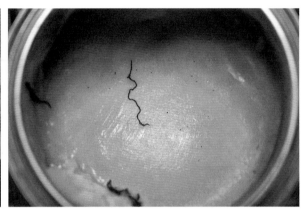

图2-3-86　精磨（何世良工作室）　　　　　　　　图2-3-87　木蜡油（何世良工作室）

3.4.2　潮州金漆木雕制作流程

潮州金漆木雕在雕刻部分与广式木雕，步骤相似，只是多了在木雕上进行涂饰和贴金的程序。潮州金漆木雕的制作有一系列的工艺程序，其制作过程可分为整料、起草图、上草图、凿粗坯、细雕刻、髹漆贴金等六道工序。饰金涂漆制作工艺是潮州木雕又一大特色。

制作金漆木雕作品的上漆操作有四个步骤：一是填料，也称批灰，用生漆搅拌石膏粉或用万能胶搅拌原木锯末将木雕作品表面中的裂纹和缺陷填平，并磨光修整；二是涂饰头层漆膜，用生漆掺入红色颜料，使其呈洋红色，用刷子均匀涂饰在木雕作品表面，使木雕作品表面吸收漆液，使木料毛孔结合；三是涂饰两层涂料，取生、熟漆各一半，调入土红和少量朱砂，使之呈深红色，用刷子涂饰均匀，可使木雕作品表面光滑，提高贴金效果；四是涂饰第三层涂料，取熟漆调入朱砂后呈大红色，用牛毛笔非常均匀地涂在木雕作品上，然后干燥，等到漆呈现微黏的感觉时，便可贴金箔。

经过了涂饰工序后，便可粘贴金箔。岭南木雕中的金漆木雕贴金所用的是用纯金经人工敲打而成的金箔，薄如蝉翼。贴金时，应注意避免风吹，用头发制成的刷子将金箔轻贴于木雕作品表面，要求做到不留漆缝，最后将金粉吹干净，以达到建筑构件金碧辉煌的效果（图2-3-88~图2-3-91）。

贴金也分传统(老式)做法和现代(新式)做法两种。老式做法是利用自然状态的适当温度、湿度，用传统的材料制作完成。一般来说，温度18℃~23℃为最佳，湿度则以偏低为好。一般上完金底漆后12小时，干燥度达到90%左右贴金较为理想，越干燥时贴金，作品亮度越高。新式贴金可在漆液中加入化学干燥剂，人为地控制湿度和黏度，时间则视加入干燥剂的多少而定，这样可以缩短工期，提高工作效率。

图2-3-88 纯金压制的超薄金箔

图2-3-89 将金箔切成小片

图2-3-90 在其表面涂上鱼胶，利用静电将金箔吸附到家具粘贴

图2-3-91 静置一天后，用特制的工具仔细打磨

4. 木雕的载体及应用

根据中国木结构古建的木雕装饰部位来分，岭南木雕在古代建筑中的装饰主要分为以下三大类。梁架部分雕刻、檐下部分雕刻和门窗部分雕刻。

4.1 建筑木雕的载体

建筑木雕的载体包括梁托、瓜柱、柁墩、藻井、天花等构件雕刻。梁架是传统木结构建筑中的骨架，其在室内的结构常暴露无遗，也是雕刻或彩绘的常见之处；梁架雕刻以不破坏构件的稳定性为原则，主要在梁的两端稍加雕饰做成花梁头形式，梁上仅雕刻浅线角。也有梁上采用满布雕刻的形式，但多采用浅刻或者浅浮雕技法。由于与建筑实体的整体关系，梁架在展现梁托、瓜柱、柁墩、藻井、天花等构件木雕造型艺术美及精湛技艺的同时，还注重各自不同的结构、样式及功用。

梁。是木构架建筑中与立柱垂直相连的横跨构件，建筑构架中最重要的构件。梁架设于建筑中立柱之上，承受着上部构件及屋面的全部重量，同时也是建筑中的重要装饰部位，梁柱的装饰有梁头、柁墩等部位。

在潮州古建筑中的木结构梁架上，多是以上短下长的三梁相叠，以木瓜承托（木瓜，其实是指木瓜形的斗栱，一般地说，从房顶'几载几木瓜'的结构，大致可以推断房子的大小，数字越大，房子越大）。在梁与梁的上下四周装饰以动物、花卉雕刻，比较精致的建筑才用人物雕饰。潮州木雕艺人，总结明清数百年来，独具地方特色的木结构梁架法则，称之为"三木载五木瓜，五脏内十八块花坯"，这些木结构既有实用价值又有美学价值，承担起整个房顶的重量又营造了厚重感，同时这些主要承重结构之间的空隙又为其他的木雕构件提供了空间，给人以琳琅满目之感（图2-3-92、图2-3-93）。

屐头。在横梁伸出柱上端之部位，叫屐头。在广东地区的很多古民居、祠堂等建筑中，屐头一般位于建筑大门口处最显眼的地方，一直是雕刻装饰的重点部位，所以在进行雕刻装饰时不惜工时和成本，其雕刻题材一般以人物故事题材、动物、植物纹样等图案居多。此外，屐头的雕刻手法和表面装饰会根据不同的建筑类型，进行相应的调整，来适应不同建筑类型的建筑风格和使用意图（图2-3-94、图2-3-95）。

图2-3-92 梁架与瓜柱
（潮州从熙公祠）

图2-3-93 梁柱结构
（潮州己略黄公祠）

瓜柱。柱是传统建筑构架中最主要的构件之一，它几乎垂直承受着建筑上部所有的重量，在岭南传统建筑的木结构体系中，有一种位于梁上的短柱，形状如瓜果状，故称为瓜柱。瓜柱位于建筑梁木结构的梁背之上，而且在瓜柱雕刻完成后，后期大多进行表面装饰，主要有涂饰彩色颜料和贴饰金箔两大类，而潮州老厝"三载五木瓜"叠斗构架，"木瓜"作为短柱的，蕴含了多子多福，瓜迭连绵之意。瓜柱构件除了素色之外，还有贴饰金箔的和涂饰彩色颜料的（图2-3-96～图2-3-99）。

图2-3-94　屐头（揭阳陈氏公祠）

图2-3-95　屐头（潮州己略黄公祠）

图2-3-96　瓜柱（揭阳黄公祠）

图 2-3-97　瓜柱（揭阳城隍庙）

图 2-3-98　瓜柱局部图（一）（广东省博物馆）　　　图 2-3-99　瓜柱局部图（二）（广东省博物馆）

凤托。无论是民居或是祠堂，进入大门，首先看到的是多个横梁与梁架的直立而形成的一个曲尺形，为了解决曲尺形的生硬结构，清末时期，潮州地区在曲尺形状的斜角处，雕饰了两翅张开的飞凤式样的承托，将梁架结构中的曲尺经过雕刻而形成凤凰的造型。凤常用来象征祥瑞，是人们心目中的瑞鸟，天下太平的象征（图2-3-100、图2-3-101）。这种作法是广东潮州古建梁架构件雕刻中的典型代表，不仅起到了承载横梁的作用，而且表面经过贴饰金箔后，还有很强的装饰作用。

除上述四种主要的梁架装饰构件外，梁架建筑构件还有一些其他附属构件，如楹联、角背、柁墩、梁托、穿、花牙子等。柁墩是两层梁枋之间用来垫托的构件。当两层梁枋距离较远时，柁墩增高变为短柱，即瓜柱或童柱。角背是瓜柱的辅助件，位于瓜柱两侧用来增强瓜柱的稳定性。楹联一般位于寺庙或者祠堂等木结构建筑的柱子上，雕刻或镶嵌着对联，楹联的上部和下部一般都有雕刻的图案来进行装饰，在开元寺大殿中厅堂两侧柱子上用金箔装饰的雕刻对联和龙纹图案。

图 2-3-100　凤托（一）
（潮州己略黄公祠）

图 2-3-101　凤托（二）
（潮州己略黄公祠）

附属构件在梁架上都有不同程度的装饰，因雕刻的形制不同，其形式也多种多样。如将枝墩做成盆状，或是雕刻成人物、动物状；瓜柱立于梁背，将柱脚分开跨于梁上做成燕尾瓜柱，角背有几何形、卷草形，也可以做成狮子、凤凰等木雕造型的结构形式。

在建筑檐廊或室内梁枋与柱子交接处，有时安装类似雀替、形状呈四分之一圆的小型托件，称为"梁托"。穿是联系两柱的小型构件，常位于立柱与梁上瓜柱，或瓜柱与瓜柱之间，形制多种多样。另外，岭南传统建筑中的梁架，也常常采用"彻上露明"的方法，将梁架部分暴露在建筑物室内外，方便细腻的雕刻和贴金装饰、彩绘装饰建筑构件的表现；未施表面装饰的木色本身雕刻（图 2-3-102），则显露本色之美；或涂饰彩绘的梁架；或者涂贴金箔的梁架（图 2-3-103），为建筑构件装饰锦上添花；或多种形式兼而有之，使建筑更具艺术性。

包括雀替、斗栱、额枋、花板、撑拱、挂落、垂花、花牙子、栏杆匾联等构件雕刻。其中斗栱、额枋以及雀替、撑拱等构件，在建筑中起着重要的支撑作用。花板、挂落、垂花、花牙子、栏杆、匾联等构件则主要以装饰为主，主要用来体现建筑雕刻构件图案的造型美及寓意，其样式、造型、寓意内涵都非常丰富，也是建筑雕刻艺人大力施展雕刻技术的主要位置。

图 2-3-102 木本色梁架结构

图 2-3-103 涂贴金箔的梁架

雀替。又名角替，是中国传统木结构建筑中位于柱头与梁、枋交接的三角处，其作用主要是用于承托梁、枋并具有稳定直角功能的建筑构件。原来的雀替由拱形替木演变而来，最初是从柱内伸出用来承托额枋，主要是从力学的角度来设置的建筑构件，其功能主要有减少额枋的跨度、增大额枋榫子所受剪力及拉结额枋的作用，随着时间的推移逐渐发展成美学的装饰构件。

广东地区传统建筑中的雀替具有各种不同的样式，题材内容也大不相同，表面装饰效果多种多样，并且广东各个不同地区，雀替的造型风格也稍有差异，表面装饰形式也有所不同（图2-3-104）。

陈家祠又名陈氏书院，其建筑风格装饰是广东民间建筑装饰工艺之集大成者，是广州的城市文化名片，整座建筑以古朴典雅的风格为主，建筑木雕大多以黑漆为主要表现形式，其建筑中的雀替也与之相一致。广州陈家祠走廊处和大殿内的雀替，雕刻以植物题材的卷草图案，雕刻精细，线条流畅自然，主要运用透雕的雕刻技法，雕刻完成后的雀替构件表面施以黑漆装饰，看起来古朴典雅，造型与装饰都与陈家祠的建筑形式和风格严格保持一致，具有很好的装饰作用（图2-3-105、图2-3-106）。

图2-3-104 雀替（番禺余荫山房）（上）
图2-3-105 建筑走廊的雀替（广州陈家祠）（左下）
图2-3-106 建筑大殿内的雀替（广州陈家祠）（右下）

在德庆龙母祖庙建筑群内的庙宇大殿建筑的檐柱雀替和殿堂内柱雀替，采用的也是以涂饰漆料为主要表面装饰。离广州比较近的佛山祖庙古建与陈氏书院的建筑风格又各不相同，当然其建筑上雀替的造型与风格与陈家祠的雀替风格也有比较大的差异（图 2-3-107、图 2-3-108）。

佛山祖庙建筑群内的戏楼建筑上的雀替，多以岭南木雕中非常有特色的金漆木雕为主要表现形式，而且多以人物造型的图案进行雕刻装饰，后又涂饰金箔，与戏楼建筑主要用来表演人物故事戏剧的功能互相一致，另外也与戏楼建筑背景大量人物故事为题材的金漆木雕相得益彰，交相辉映。

岭南木雕艺术中的又一代表是潮州木雕。潮州开元寺大殿中的建筑雀替，其题材和类型在不同的建筑空间及位置都各不相同。潮州开元寺建筑庭廊空间内的檐柱部位雀替，表面贴饰金箔，雕刻的是植物题材的卷草纹样，非常精细，以透雕的雕刻形式来表现，雕刻形式自然精美。在潮州建筑构件中，除了彩绘人物造型的雀替外，还有以植物题材的彩绘卷草纹样造型的雀替也时常出现（图 2-3-109、图 2-3-110）。

图 2-3-107　雀替（德庆龙母祖庙）（左上）
图 2-3-108　祖庙戏台建筑的雀替（佛山祖庙）（右上）
图 2-3-109　潮州开元寺的亭廊空间雀替（左下）
图 2-3-110　潮州民居内雀替（右下）

罩落。是中国传统建筑中非常典型的装饰构件，隶属于木结构建筑中的小木作。罩落常位于走廊屋檐下的柱子中间，岭南木雕罩落常常由几何图案、花草或龙、凤形象组成，题材丰富多彩，大多采用透雕的雕刻技法，有些还采用圆雕、透雕等多种雕刻技法混合使用，形象生动，表面多采用涂饰或贴金箔装饰手法，造型曲折回转，工艺水平极高（图2-3-111）。顺德清晖园的建筑罩落，表面装饰依然是黑漆涂饰，雕刻图案以植物和动物图案为主，雕刻技法是常用的透雕雕刻手法，纹样精美，并强调图案与建筑风格的结合，体现了点缀建筑空间，渲染艺术氛围的作用（图2-3-112）。

花板。花板又称挂檐板或封檐板，通常用在建筑物的屋顶及楼阁各层的梁（屐）头部位，呈横向板状，大多悬挂放置于屋檐下，又因其大多雕刻着植物、人物故事等各种题材的图案纹样进行装饰，故又称檐下花板。它的作用主要是遮挡梁头等檐下的建筑构件，使其免受日晒雨淋，另外对建筑物还有装饰美化的功能。建筑上的檐下花板，主要采用的是浅浮雕技法在花板上进行精雕细刻，雕刻的题材是人物故事图案纹样并结合自然逼真的花草纹样，还对其加了金漆的装饰，使其显得生动美观。佛山祖庙大殿建筑檐下的花板，采用浅浮雕和镂透雕结合的雕刻手法，雕琢精致细腻，雕刻所选用的题材包含多种多样，包括动物中的猴子、鹿、凤凰、狮子，植物中的花、草、树，以及多种人物构成的故事传说，雕刻完成后的花板图案中的人物、动物、植物等都贴饰了金箔，画面内容丰富，构图浑圆饱满。人物、动物、植物雕刻造型精细巧妙，工艺水平极高（图2-3-113）。

斗拱。斗拱是传统建筑中以榫卯结构交错叠加而成的承托构件，斗拱处于柱顶、额枋、屋顶之间，是立柱与梁架之间的关节。林徽因曾经这样描述："椽出为檐，檐承于檐桁上，为求檐伸出深远，

图2-3-111　罩落（佛山梁园）

第二部分　岭南传统建筑技艺

图 2-3-112　罩落
（顺德清晖园）

图 2-3-113　檐下花板
（佛山祖庙）

故用重叠的曲木——翘——向外支出，以承挑檐桁。为求减少桁与翘相交处的剪力，故在翘木加横的曲木——栱。在栱之两端或栱与翘相交处，用斗形木块——斗——垫托上下两层栱或翘之间。这多数曲木与斗形木块结合在一起，用以支撑伸出的檐者，谓之斗栱。"由于斗栱具有承挑外部屋檐荷载的作用，才使得外檐外伸更远。在不同的斗栱中，每一种栱的尺寸、形状也不尽相同。

虽然岭南木雕艺术建筑构件在建筑中应用很多，但是在斗栱中的雕刻则比较少，东莞南社古村的百岁坊上斗栱部件的雕刻主要体现在栱构件尾端的植物纹样造型，并在植物造型的末端还阴雕了一些云纹，对半栱构件作了简单的雕刻装饰，另外斗栱构件通体涂饰了红色油漆，与整个圣域牌坊的风格相一致，整体风格简洁大方（图 2-3-114）。

岭南建筑的檐下部分构件雕刻装饰除了上述的雀替、罩落、花板以及斗栱之外，还有其他的一些如额枋、撑栱、垂花、花牙子等建筑构件的雕刻，雕刻工艺同样十分精彩，大多采用浮雕、镂空雕、线雕等多种雕刻手法，雕刻题材也颇为广泛，戏文故事、历史人物、祥瑞宝器、祥禽瑞兽、卷草花卉等各种类型，多种多样，应有尽有（图 2-3-115、图 2-3-116）。

门窗雕刻。包括门、窗及其细部构件雕刻。门、窗是建筑中的小木作，是传统建筑室内外空间相分相连的中介。门窗木雕是人的视线较多关注的部位，在展示艺术风格、造型特征和雕刻技巧的

图 2-3-114　斗栱（东莞南社古村）（上）
图 2-3-115　垂花（揭阳城隍庙）（左下）
图 2-3-116　垂花（潮州己略黄公祠）（右下）

同时，门窗的类别、样式、结构等也体现了建筑木构件的灵活多样，形象直观地体现传统建筑门窗的装饰美。

在中国古代建筑中，门窗的作用至关重要，岭南木雕在传统建筑门窗中的应用主要体现在隔扇门以及花窗两个主要方面，在明清两代古建筑形式中最为成熟，这一时期的木雕门窗工艺式样繁多，重视整体表现和细部刻画，远观其效果，近品其独有的文化内涵，体现了雕刻艺术与建筑整体装饰的紧密结合（图2-3-117）。从整体建筑群落来说，门起到了建筑功能划分的作用，不同的门有不同的作用和称谓，按门的性质还分为板门和雕花隔扇门，板门上的雕刻装饰一般较少，而雕花隔扇门在岭南传统建筑中的应用较多，无论是题材还是雕刻技法，艺术成就最高。

在木雕隔扇雕刻艺术中，广州陈家祠雕花隔扇艺术独具特色。雕花隔扇的隔心部分和典型的传统雕花隔扇木雕装饰相一致，有内外两层，用木格栅组成网格造型，中间夹玻璃，中心部分再放置雕刻的花纹图案，绦环板、裙板部分则是用沉雕技法雕刻的植物花纹，雕花隔扇三部分的图案都贴了金箔。广州陈家祠建筑的雕花隔扇木雕艺术如图2-3-118所示。

另外一种形式则是只在隔心和绦环板两个部分重点进行了雕刻装饰，裙板部分未做装饰，只是涂饰了黑色油漆，绦环板位置用沉雕技法雕刻的植物花纹，并涂贴了金箔。佛山祖庙建筑的雕花隔

图 2-3-117　广州陈家祠内窗雕

图 2-3-118　雕花隔扇木雕
（广州陈家祠）

扇木雕艺术，其隔心部分图案，有些是用颜料和金箔进行装饰，也有只用金箔来涂贴装饰图案的细节（图 2-3-119）。

无论是哪种形式的装饰风格，雕花隔扇艺术的木雕雕刻手法，大多是以浮雕或者透雕技法为主要表现手段，具有非常典型的岭南木雕艺术风格。雕花隔扇中的装饰图案除了以人文故事传说为表现题材外，其他雕刻的动植物和器皿等木雕图案，蕴涵着多种吉祥寓意，如瓶插月季象征"四季平安"；瓶插如意代表"平安如意"；古钱与蝙蝠组合称为"福在眼前"；石榴代表多子；文房四宝代表文采学识；这些图案通过谐音、象征等手法表达着人们对美好生活的向往，折射出对吉祥和睦、事业兴旺、生活平安的追求，达到装饰和实用的完美结合。

雕花窗。岭南木雕中的雕花窗工艺精巧，图案纹饰优美，受雕花隔扇的影响，岭南建筑中的雕花窗大多采取和隔扇相似的雕刻手法、图案花纹以及装饰手法，但也有和隔扇繁复的雕刻装饰艺术风格不同的雕花窗户。广州陈家祠的雕花窗户，采用深色油漆涂饰，用小木条拼成的万字纹窗格，窗户间放置了圆形玻璃，透光性好，工艺相对隔扇就简单了很多（图 2-3-120、图 2-3-121）。

但是对于大多数建筑的雕花窗户，受隔扇雕刻装饰的风格影响较大，其工艺和风格与隔扇风格十分类似。潮州开元寺中某雕花窗是以金漆木雕为主要装饰风格的作品，窗户的中心位置是用坚木

图 2-3-119 雕花隔扇木雕
（广州陈家祠）（上）
图 2-3-120 广州陈家祠的雕花窗户（一）（左下）
图 2-3-121 广州陈家祠的雕花窗户（二）（右下）

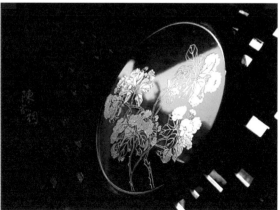

条制作而成的形状，中间夹着玻璃，起到了装饰和实用的双重功能，格子的边缘是用透雕和浮雕手法雕刻而成的植物花纹，并且在图案花纹雕刻完成后都饰以金箔，与潮州隔扇的雕刻和装饰艺术风格一致（图2-3-122）。

有些建筑中的雕花窗，所采用的雕花图案、雕刻手法以及表面装饰手法都和隔扇雕花图案几乎一样，这样可与整个建筑的雕花门窗风格保持一致，也不失为一种很好的建筑装饰手法。佛山祖庙建筑中的雕花窗是以木条组成的花形图案，中间部分是瓶状的器皿和花组成的图案并饰以金箔进行表面装饰，和建筑中雕花隔扇隔心部分的图案和花纹非常类似，在建筑装饰风格上非常统一（图2-3-123）。

图2-3-122　潮州建筑的木雕隔窗（潮州开元寺）

图2-3-123　佛山祖庙雕花隔扇

图2-3-124　正门（己略黄公祠）

岭南木雕艺术中的隔扇门和雕花窗多以雕刻的装饰工艺出现在建筑及园林之中，是传统建筑的主要组成部分，也是木雕的重要载体之一，除了独具文化寓意外，门窗的装饰功能十分重要，因此门窗作为建筑装饰的最重要的组成部分，具有极高的艺术价值和观赏价值，处处可见，雅俗共赏，同时也反映了中国传统民居建筑艺术中岭南建筑木雕艺术的成就。

4.2　木雕在岭南传统建筑中的应用

4.2.1　潮州金漆木雕代表——己略黄公祠

己略黄公祠（图2-3-124）是一座硬山式建筑，祠堂装饰精美，用料讲究，被誉为"潮州木雕一绝"，是潮州古建筑中的翘楚，充分体现了潮州木雕的艺术形态美。其艺术表现题材从祥禽瑞兽、古代戏剧、民间传说到民间生活，从不同的角度反映了潮州当地的民俗风情。如"铜雀台"、"张羽煮海"、"水漫金山"、"韩江景丽"等。在技法上则采取了浮雕、圆雕、沉雕、镂空、彩绘等不同技法，同时综合运用了黑漆装金、五彩装金、本色素雕等表现手法，是潮州地方文化、艺术、民俗通过木雕在建筑上的体现。

传统的祥禽瑞兽题材。传统的祥禽瑞兽是潮州木雕艺人常选取的题材，尤其以狮子为题材的木雕饰物，种类繁多（图2-3-125~图2-3-127）。另外，祠堂内共有18只凤凰，6只凤，6只凰和6只鸾。旧时，凤凰为皇家的标志，然而在这座祠堂内，凤凰却频繁出现，既是对先祖的尊崇，也彰显了家族的繁盛。如"鸾

图 2-3-125~ 图 2-3-127
己略黄公祠名"狮"高徒木雕

凤和鸣"这组木雕，象征了家庭美满，这是先人对家庭最好的祝愿，也是对后人的期望。少些纠纷，和和睦睦地度过有生之年（图2-3-128）。

历史典故。历史典故在木雕中的作用是借古寓今，如"高第喜报"典故（图2-3-129）：上半部木雕是"高第喜报"，高处为儒林第，有报喜之人前来报喜；中间是读书人在弹琴，坐下是沉思对弈的棋手和琢玉的匠人，寓意沉着应对、玉不琢不成器，市井中有知音，以及只有努力读书才能出人头地；下半部木雕中，读书人在高楼之上，其他地面上的却是普通百姓，蕴含万般皆下品，唯有读书高的儒家思想。又如借助典故"泛舟江湖"（或"范蠡扁舟归五湖"），范蠡协助勾践破吴，功成名就后，范蠡深知，大名之下难久留，于是与西施乘舟隐退，别时，曾劝文种跟他一样退隐江湖，但文种不听，不久后被勾践赐剑自杀。

浓厚的生活情景题材。潮州己略黄公祠木雕中还描绘了大量乡土生活中常见的动物、蔬菜瓜果、家禽家畜，以及农具、渔具等生产用品。这些描绘发生在身边自然生活图景的题材正是潮州木雕在民间具有旺盛生命力的根源所在（图2-3-130~图2-3-132）。

图2-3-128 "鸾凤和鸣"（己略黄公祠）

图2-3-129 典故"高第喜报"木雕

图 2-3-130 典故"泛舟江湖"木雕

图 2-3-131 祠内花果植物题材木雕
（己略黄公祠）

图 2-3-132 祠内螃蟹题材木雕
（己略黄公祠）

　　此外，祠堂内梁枋、梁桁和柱子间满是精美的金漆木雕装饰。这些雕饰繁而不杂，金碧辉煌而无俗气，精巧玲珑而不小气，显得雍容华贵、多姿多彩（图 2-3-133、图 2-3-134）。

　　后厅"三载五木瓜十八块花坯"结构的屋架，是中国古建筑与金漆木雕的完美结合，堪称世界独一无二。在精美的木雕背后，隐藏着很多吉祥祝福，例如立柱墩子被刻成瓜状，因为瓜有连绵不断的藤子和丰硕的果实，故而寓意一脉相承、繁衍昌盛（图 2-3-135）。

图 2-3-133　凤托
（己略黄公祠）

图 2-3-134　"名师高徒"
（己略黄公祠）

图 2-3-135　三载五木瓜柱
（己略黄公祠）

4.2.2　佛山祖庙木雕

　　佛山祖庙位于广东省佛山市禅城区，始建于北宋元丰年间（1078-1085 年），起初名为祖庙，其实就是北帝庙。当时珠三角地区多为水乡，水患多，而且北帝恰是传说中治水的神，于是北帝作为禅城人的保护神被供奉起来。说来奇怪，自从之后禅城一带再也没有闹过水灾。广东人有以水为财的观念，故北帝崇拜就成了珠三角民俗的典型，其中更蕴含着风调雨顺、国泰民安的良好愿望（图 2-3-136、图 2-3-137）。

图 2-3-136　佛山祖庙（一）

图 2-3-137　佛山祖庙（二）

佛山祖庙木雕以其刀法利落，线条简练，豪放、粗犷、流畅，构图大方饱满，装饰性强而著称，题材以人物、动物、花卉、瓜果为多。祖庙前殿、正殿所陈列的大型神台，就是禅城著名的金漆木雕杰作之一。其中所雕刻的内容包括"荆轲刺秦王"、"李元霸伏龙驹"、"竹林七贤"、"薛刚反唐"等故事。

万福台，是目前广东省内现存最古老的戏台，建于清顺治十五年（1658年）是专用演戏的戏台。初名为华封台，光绪时改名为万福台。因为是戏台，故用一扇装饰大量贴金木雕的隔板分为前台和后台，隔板雕刻内容为"三星拱照"、曹操"大宴铜雀台"、"降龙罗汉"、"伏虎罗汉"、"八仙"等。除"曹操大宴铜雀台"为多层镂空雕外，其余都为高浮雕，雕工浑厚有力，风格豪放，是典型的佛山木雕作品，全部木雕均贴以金箔，使整个万福台显得金碧辉煌，光彩夺目。隔板左右开门，"出将"、"入相"，供演员等出入，如今世界各地粤剧团体都将万福台视为粤剧之源（图2-3-138~图2-3-140）。

图2-3-138 佛山祖庙万福台

图2-3-139 三星拱照——
万福台内局部

图 2-3-140 粤剧演出（佛山祖庙）

图 2-3-141 佛山祖庙内木雕牌匾

祖庙建筑木雕也很多，其中有檐口木雕，木雕大门、戏台（万福台）、屏风、牌匾（图 2-3-141）、对联、挂屏、仪仗、彩门、香案、花篮、门窗、案台、桌椅等。

在祖庙灵隐祠上整条贴金木雕花檐板共雕刻了十四组故事，从西到东依次是：夜战马超、八仙贺寿、将相和、竹林七贤、苏护反商、梁山伯与祝英台、薛仁贵征西、六国大封相（图 2-3-142）、薛刚反唐、三顾茅庐、罗通扫北、卞庄打虎、狄青怒斩王天化和渔歌唱晚，这些都是中国古代文学作品中脍炙人口、百姓津津乐道的故事。在一组组浮雕人物故事中，适当间以寓意吉祥的花卉鸟兽，在檐板开头和结尾的部位又以"加官进爵"的图案作结。此檐板雕刻风格既粗犷豪放又蕴含着细腻雅致，刻画传神，构思独特，表面贴金箔，集装饰性和实用性于一体，具有很高的艺术欣赏价值和研究价值。

图 2-3-142　木雕故事"六国大封相"（佛山祖庙）

4.2.3　广州番禺余荫山房

余荫山房又称余荫园（图 2-3-143、图 2-3-144），位于广州市番禺区南村镇东南角北大街，距广州约 17 公里。余荫山房为清代举人邬彬的私家花园，始建于清同治三年（1864 年），距今已有 150 多年的历史。园占地总面积约 1598 平方米，以小巧玲珑、布局精细的艺术特色著称，充分表现了古代汉族园林建筑的独特风格和高超的造园艺术。余荫山房的布局十分巧妙，园中亭台楼阁、堂殿轩榭、桥廊堤栏、山山水水尽纳于方圆三百步之中，充分反映了天人合一的汉民族文化特色，体现了人与自然和谐统一的宇宙观。

建筑局部细致精巧，镂空的花罩、挂落，通透的门窗（图 2-3-145）、横披、栏杆，高大开敞的厅堂，檐廊相接、虚实相接的布局，造就一种玲珑通透的意境。且多运用西方样式和材料，体现了岭南建筑文化开放、多元、兼容、务实、精巧、进取的特点（图 2-3-146）。

临池别馆（图 2-3-147）。原是书斋，为硬山顶建筑，前临四方荷池。古时候的文人雅士以墨砚为"池"，蘸砚挥毫称为"临池"。馆内朴素简洁，外观新颖，明间以细密的冰裂纹隔断涂金假窗装饰。为显示岭南建筑具有遮阳避雨的功能特点，临池别馆有较深的前檐廊。檐廊天花及檐柱栏杆均采用"卐"字图案（图 2-3-148）。"卐"从形式上看似几何形纹饰，从其上下四端延伸绘制出各种连续纹样，意为绵长不断，有富贵不断之意，这种标志古时曾译为"吉祥云海相"。

闻木樨香水榭（图 2-3-149）。这座建筑为八角卷棚歇山顶建筑，窗户八面开启，玲珑通透，又置身水中，故又称玲珑水榭，是园主人聚集骚人墨客挥毫雅叙的地方。榭内设八条檐柱四条金柱，均用坤甸木制成，八面设有明亮的细密花格长窗，榭内雕刻了多种动植物题材木雕，家具与窗棂色彩一致，产生整体搭配和谐之美，具有很强的观赏性和研究价值。如榭内的"百鸟归巢"挂落，制

图 2-3-143　余荫山房大门
（一）

图 2-3-144　余荫山房大门
（二）

图 2-3-145　余荫山房的窗

图 2-3-146　余荫山房照壁木雕

图 2-3-147　临池别馆（番禺余荫山房）

作别出心裁，细数只得79只，原来有些是一鸟双首，分向前后，令人忍俊不禁，寓子孙虽各散东西，但不离其宗之意（图2-3-150）。又如深柳堂的"松鼠葡萄"挂落。松鼠为繁殖力极强的动物，葡萄结果累累，表达园主祈求宗枝繁衍昌盛的心态（图2-3-151）。

祠堂梁上的木雕，以封神榜和六国大封相人物故事为题材，寓意邬氏祈望子孙生时要做官，死后要升天封神（图2-3-152~图2-3-154）。善言邬公祠享堂梁架上的柁墩木雕："三羊开泰"，"阳"和"羊"谐音，喻三阳开泰之候，万物出震之时（图2-3-155）。

图2-3-148 檐廊之"卍"字锦天花
（番禺余荫山房）

图2-3-149 闻木樨香
水榭（番禺余荫山房）

图2-3-150 闻木樨香
水榭内的"百鸟归巢"
挂落

图 2-3-151　深柳堂的"松鼠葡萄"挂落（番禺余荫山房）

图 2-3-152~图 2-3-154　祠堂梁上的木雕（番禺余荫山房）

图 2-3-155 善言邬公祠享堂梁架上柁墩木雕："三羊开泰"和"狮子玩绣球"（番禺余荫山房）

5. 木雕的传承与发扬

5.1 发展现状

由于现代建筑与传统木构建筑的营造完全不同，所以对于建筑木雕，只能在修复和仿古建筑中见到。传统家具由于其体量小且精致，越来越受到人们的欢迎。1978 年改革开放之后，城乡经济发展迅速，红木雕刻家具的需求量剧增，于是广州包括临近广州各县的红木家具业大规模发展，从业人数与日俱增，雕刻艺术也迅速提升，并实现了半机械化的生产方式，提高了生产效率。尤其是近年以来，形成了以广州、中山、顺德为中心的岭南红木雕刻家具生产基地，很大程度上促进了岭南木雕艺术的进一步发展壮大。随着改革开放以来的大好形势，潮州木雕开发新门类、发展新品种、合理调整产品结构，大力发展了一大批欣赏与实用相结合的木雕实用品和木雕装饰品，逐渐进入各地的园林、宾馆、商场，并开始跨出国门，走向世界。

当今随着人们对传统文化和艺术价值的回归，不论从建筑设计、室内设计到家具的设计与选择，都喜欢带有传统文化韵味或传统元素的，所以时下新中式风格非常流行，也带动了木雕的发展。

5.2 现代传承人

（1）肖楚明

肖楚明，1950 年生，潮州磷溪人，出生于潮州磷溪镇顶厝州古建筑大木作世家，省级非物质文化遗产建筑木结构营造技艺项目代表性人物。2016 年，他与其他 8 位名匠一起获评首届"广东省传统建筑名匠"称号。40 多年来，其承接的传统建筑营造工程遍布粤东和珠三角地区，木结构工程质量及造诣饱享盛誉、广受好评，如潮州广济桥相关修复或重建工程、粤剧艺术博物馆琼花堂、意溪松林古寺等。大木作，是古代中国木构架建筑的主要结构部分，由柱、梁、枋、檩、斗栱等组成，同时又是木建筑比例尺度和形体外观的重要决定因素。殿堂结构、厅堂结构、簇角梁结构的大木作结构建筑在唐初即已普遍存在，宋代的《营造法式》也明确记录了关于大木作具体结构的基本形式。

出生于潮州磷溪镇顶厝州大木作世家的肖楚明，祖父肖文盛、伯父肖耀坤、父亲肖耀辉、堂兄肖唯忠均为潮州传统建筑业界的著名"大木作师傅"。自15岁起，肖楚明便跟随父亲及堂兄肖唯忠当"大木作学徒"，辗转于各个建筑工地，1970年学成出师便开始了他维系一生的传统建筑大木作营造生涯。

40多年来，肖楚明承接传统建筑营造的区域遍布粤东和珠三角地区。他带领团队参与修缮的潮州广济楼始建于明代洪武三年（1370年），为三层四檐木石结构、青瓦屋顶的宫殿式建筑。肖楚明按照宫殿式三层歇山顶设计，恢复明代石木结构，保留东门楼原有防御、防洪和观景的功能。在内部装修过程中，他专门从广西采购上等桐油作为木结构的主要油漆原料，并专门聘请潮州有名的古建筑师傅进行彩绘、贴金，更好地体现潮州古建筑特点和城防建筑的粗犷风格，使广济楼以明代古城楼的风采重现于韩江边，成为潮州市的一大文化地标。

总结入行以来的实践经验和对潮州传统建筑营造技艺的领悟和理解，肖楚明认为，作为一个"大木作师傅"应该具有三大技艺特点：一是具有掌握潮州传统建筑营造整个过程的能力，包括风水、人文、习俗等，总体把握传统建筑营造的文化特征；二是了解潮州传统建筑营造的发展历史和演变过程，了解各个历史时期的建筑布局、造型和工艺特点，方能真实地表现和传承潮州传统建筑的营造技艺；三是明辨各类型传统建筑的共通性与特殊性，才能在祠堂、庙宇、府第、园林等不同类型建筑的营造中做到准确把握、游刃有余。

从业以来，他与徒弟们接手的工程大大小小有上百个，木结构质量广受赞誉。肖楚明认为，其中的秘诀不过是一句乡家祖辈古训："只做万年工，不赚一时钱。做工程一定要有匠人精神，才能将这门手艺传下去。"为了把这门技艺传承下去，他也广开门路，招收弟子，言传身教，多名弟子在他的悉心指导下已成功出师，其中，他的儿子——传统建筑木结构技艺项目第五代传承人肖淳圭的技艺已日渐成熟。2017年，肖楚明及其团队还接手了广州光孝寺藏经楼、潮州仙河别墅、潮阳金灶民居、惠东千手观音大雄宝殿等木结构工程建造，大木作营造技艺将在他的传承中不断延续其独特魅力。

（2）林汉旋

林汉旋，1963年生，揭阳揭西人，潮州木雕世家，高级工艺美术师，省级非物质文化遗产项目木雕代表性传承人。2016年，他与其他8位名匠一起获评首届"广东省传统建筑名匠"称号。主要从事木雕工艺专业创作、古建设计、木狮、馔盒、挂屏、人物等木雕工艺创作，作品多次在全国工艺美术展览上荣获金奖等奖项。参与潮汕地区诸多古建筑修缮和重建工程，如揭阳城隍庙、天后宫等。林汉旋出生于潮汕木雕世家，是家族的第七代传承人。17岁时，他师从父亲林加先学艺，后多次前往福建仙游、浙江东阳等地学艺，并拜木雕名家庄龙瑞、王东方等为师，从此踏上了精雕细刻的"木雕之路"。

刚入行时，林汉旋从木雕工艺最基本的"削木"开始。用了将近一年的时间，历经了无数次扎痛手指，磨出了茧后，他打下了扎实的基本功。在父亲的指导下，他又开始了"打粗胚"的技艺。由于天赋较高，没过多久，他就正式拿起雕刻刀，学习木雕技艺的核心，开始"精雕细琢"，并慢慢学会了雕琢木雕佛像。通过多年的探索与实践，他逐渐把潮州与东阳等地木雕技艺融为一体，创造了一种新的工艺艺术。作品的线条、技法、刀法生动流畅，既有潮汕木雕的古朴典雅，又有东阳等地木雕的疏朗秀美，在潮汕本土与东南亚国家享有较高声誉，多件作品为泰国淡浮院、香港大酒店等收藏。

20 多年来，凭着"艺无止境"的不断追求和超越自我，他先后为揭阳城隍庙、揭阳民间工艺展览馆以及各地多间祠堂等建筑进行木雕构件的制作。他还曾为山东、安徽、香港、江苏等地的建筑创作了 30 余幅大型屏风或挂屏，并为众多佛寺制作了大量神像与木雕佛像，作品多次在全国工艺美术展览上荣获金奖。林汉旋刀下的人物神态各异，栩栩如生，他的作品《三十六神童》，三十六个孩童在不足 1 米的樟木上雕刻而成，最见其木雕功力。面对工业化生产的冲击，他仍然坚持古老手工特有的温度和艺术韵味。林汉旋认为，电脑制作不是艺术。真正的艺术品需要精雕细琢，从设计到创作一个摆件，都需要匠人用心制造。只有在一刀一凿之间，才能见个性和神韵。其 2004 年创作的《四大美人》被中国文联、中国民间艺术家协会评为优秀奖；2005 年创作的《申奥成功》、2009 年创作的《三羊开泰》分别被广东省工艺美术评审委员会评为金奖和银奖；2012 年 11 月木雕作品《南山五老》荣获"粤文杯"首届广东民间工艺博览会金奖；2009 年创作的《三英战吕布》和《三羊开泰》、2011 年创作的《姜子牙点将》、2012 年创作的《四季平安》、2015 年创作的《蟹篮》分别在中国国际文化产业博览会上被评为金奖。

为了更好地传承潮州传统木雕技艺，近年来，林汉旋也开始广收门徒，言传身教，包括他的儿子林信雄，目前，林信雄已被认定为区级潮州木雕非遗项目传承人。他所收的 40 多名学徒，不少逐步进入木雕艺术境界，创作技巧得到提升，技艺大有长进。还有一部分学成后更自立门户，其中有一名学徒在深圳，把传统的木雕工艺融入到现代的家居装饰中，获得了不小的成就，令他颇感欣慰。

如今，林汉旋的木雕厂已成为潮州市文化产业示范基地、市非物质文化遗产保护中心、市木雕传承基地。2017 年，他和他的团队还参与修缮了百兰山工程。其参与创作的作品《毛泽东》在中国（深圳）第十三届国际文化产业博览交易会上获得"中国工艺美术文化创意奖"金奖。在林汉旋看来，艺无止境，多年来，他还坚持举办各种传习活动、讲课、培训、重视现场传艺，传授弟子雕刻技艺综合运用，让揭阳木雕这个源远流长的工艺继续散发它的独特魅力。

5.3 木雕的发展

（1）直接应用

传统建筑是典型的木架构形式，而现代建筑是以钢筋混凝土制成的大多以直线条为主的形体结构，传统的岭南建筑梁架部分的木雕艺术就不太适合在钢筋混凝土制成的现代框架建筑中使用，而只能在以传统木结构制作的现代传统样式建筑中发挥作用。

形式方面，在广东地区的现代建筑建造中，经常会出现一些传统古建如宫殿、寺庙、祠堂等的重建或者修复，为了达到和原建筑的一致，就肯定会选择传统的木结构建筑样式，而且梁架上面的雕刻样式也会采取和传统形制一致，直接复原了当时古建的梁架结构、雕刻装饰和形式，此时，岭南木雕构件就可以直接使用于此类古建。

另外，在有些追求与岭南传统建筑形制一样的中式别墅住宅、餐馆、会馆、园林与店铺等建筑，为了营造一种传统建筑风格的建筑空间和室内氛围，其建筑不仅会采取木制架构形式，而且其梁架部分的梁架、柱身、柱头、檐下部分木雕形式以及雕刻木雕也会大量运用岭南建筑木雕艺术构件，不仅在建筑结构形式、架构形式、技法等方面的直接引用，而且还使雕刻样式、技法选取，都尽可能的和传统的岭南木雕艺术一致。

题材内容方面,岭南建筑木雕艺术中有一些构图形式优美、题材寓意吉祥、风格简洁且有一定文化寓意的图案可以在现代建筑装饰中直接加以引用,图案引用的形式也多种多样,其中雕刻、彩绘、粘贴等是常用的方法。岭南木雕艺术中有很多固定内容和形式的图案题材,符合现代人的审美和欣赏方式,具有现代建筑相同的简洁的外部特征,能被现代建筑直接引用,同时也能够被广大的现代人所接受,当然大多数图案也非常适合现代化的机械加工批量生产。

(2)借鉴应用

现代岭南传统建筑建造过程中,有些建筑主体框架用现代建筑材料制作,外观是仿古建样式,这种建筑大多会借鉴岭南传统木雕建筑的样式和题材来进行装饰,以达到一种传统古建筑的模仿效果。

形式方面,在用现代材料制作的仿古建筑中,如中式宫殿中的庭廊、门窗、梁架等部位,后期会附加一些借鉴岭南建筑木雕的装饰构件,起到单纯的装饰作用,以期达到和古建一样的装饰氛围和意境;还有如模仿古典园林中的楼台、亭阁、花厅等建筑中,装饰在其柱头、梁架、廊柱、栏杆等部位,雕刻形式和技法借鉴传统岭南木雕艺术,大多用现代机器如镂刻机、CNC 雕刻中心等来进行加工制造,最终的效果和传统岭南木雕作品基本一致。题材内容方面,充分理解岭南木雕艺术中的传统雕饰题材内容,在现代设计理念和建筑装饰实践中,根据现代人的思想观念,把传统岭南雕刻题材借鉴修改应用到建筑装饰中,用传统与现代相结合的形式,即以建筑中的直线块面或曲线块面组合为基调,配以题材中的各种曲线形装饰图案和配件,使建筑整体既壮观又牢固,题材与建筑部位之间相互协调,融为一体,产生一种和谐、古朴、庄重、新奇、华丽的建筑装饰节奏美。

(3)创新应用

创新应用是指在传统木结构建筑的基础上,对传统建筑的梁架雕刻装饰、檐下雕刻装饰、门窗雕刻形式以及木雕图案纹样进行改革或者提炼,改造后,再应用到现代的建筑结构和装饰中的一种方法。根据建筑木雕装饰形式、类别与图案题材的相互关系,主要采用四种创新提炼应用的原则,分别是简化提炼、抽象提炼、夸张提炼和分解与重构提炼。

简化提炼创新应用是将岭南传统建筑中复杂繁琐的木雕形式和图案进行简化与概括,在把握住建筑原有木雕形式和图案内涵的前提下,删繁就简,去掉繁缛的木雕艺术形式和图案里琐碎的、不符合现代建筑木雕艺术的部分,然后在形式和图案表现方面,创建既能更直接、更集中、更能符合现代人的思想观念和审美形式,且又不失传统建筑木雕形式和美感。

抽象提炼是利用几何变形的手法对传统的建筑形式和图案形象进行抽象的变形处理,通常抽象出一些简单的块面组合来对传统建筑木雕方式进行代替,用几何直线或曲线对传统图案的外形进行抽象概括处理,将其归纳组成简单的图案形体,使其具有简洁明快的现代美。

夸张提炼和分解与重构原则是现代设计理论中常用的应用法则,夸张提炼是对建筑形式或装饰图案中的某些部位和特征给予突出、夸大和强调,使原有的形式和特征更加鲜明、生动和典型的一种提炼原则,往往借助于想象力,将对象形态、动态以及色彩等特征加以夸张表现,更鲜明、更强烈地揭示自然形态的本质特征,增强艺术感染力;而分解与重构提炼是根据设计者的意图,将木雕形式和图案对象加以分割移位,然后再按照一定的规律,重新组合构图的一种提炼原则。

参考文献

[1]   陆琦 . 广东古建筑 [M]. 北京：中国建筑工业出版社，2015.63、67.

[2]   林明体 . 佛山工艺美术品志 . 佛山市工艺美术工业公司，1989.

[3]   张森镇、辜柳希 . 潮州木雕工艺与制作 [M]. 广州：暨南大学出版社，2010.

[4]   刘园 . 潮州木雕——1200 年的减法 . 2015.

[5]   高山 . 徽州古民居建筑雕刻艺术的研究与应用 [D]. 苏州大学，2008.

[6]   徐杨 . 明清家具雕刻工具及工艺研究 [D]. 东北林业大学，2007.

[7]   潘顺仙 . 徽州古民居家具雕刻与装饰研究 [D]. 北京林业大学，2006.

[8]   余肖红 . 明清家具雕刻装饰图案现代应用的研究 [D]. 北京林业大学，2006.

[9]   陈姗 . 家具雕刻零件的结构特征分析与数控加工工艺研究 [D]. 南京林业大学，2007.

[10]   赵静 . 木质材料激光雕刻加工技术的研究 [D]. 北京林业大学，2007.

[11]   刘双喜 . 古代江西木雕艺术风格初探 [D]. 江西师范大学，2004.

[12]   孙丹婷 . 大理白族建筑木雕装饰技艺精神 [D]. 昆明理工大学，2005.

[13]   杜文超 . 传统木雕文化艺术研究及其在室内设计的应用 [D]. 南京林业大学，2008.

[14]   秦学 . 阆中古民居的木雕花窗装饰艺术研究 [D]. 西南交通大学，2008.

[15]   程娟 . 阆中传统木雕门窗装饰在现代应用的研究 [D]. 重庆大学，2009.

[16]   张瑞 . 徽州古民居木雕门窗的装饰特色研究 [D]. 西北大学，2009.

[17]   罗子婷 . 徽州木雕的文化意蕴与文化特征 [D]. 西安美术学院，2009.

[18]   伍炳亮 . 文苏、豪广、奢京中式古典家具的"三国"演义 [J]. 中国经济周刊 . 2010.

[19]   苗红磊 . 木雕 [M]. 北京：中国社会出版社，2008.

[20]   唐家路、潘鲁生 . 中国民间美术学导论 [M]. 哈尔滨：黑龙江美术出版社，2000.

[21]   礼记·曲礼 .

[22]   周礼·冬官考工记 .

[23]   刘昼（北齐）《刘子·知人》.

[24]   李新民 . 木雕在现代建筑中的应用 [J]. 上海工艺美术，2009.

[25]   陆小赛 . 古代建筑木雕装饰民间化演变特征探讨 [J]. 美术大观，2008.

四、石雕

1. 石雕的历史发展

1.1 石雕的历史

在漫长的旧、新石器时代，石器加工是岭南原始先民谋生的手段。在珠江口的香港、澳门、珠海发现多处岩刻，以复杂的抽象图案为主，采用凿刻的技法，尤以青铜时代的珠海南水镇高栏岛最大的一幅高3米、长5米的岩刻为例，明文凿刻，线条清晰，从复杂的线条中还能辨认出人物神态和船刻。

南越王赵昧墓，是岭南迄今为止被发现的规模最大的石墓室，墓室巨石重达2.6吨，用石板作冰裂纹精细铺砌的石池、蜿蜒逶迤的石渠及巨大石板架设的石室，为中国秦汉遗址所首见（图2-4-1、图2-4-2）。墓中出土的244件（套）玉器，其中包括71件玉璧以及两件青玉圆雕舞女、1件浮雕卷云纹的青白玉雕角杯，还有丝镂玉衣、龙虎并体玉带钩、龙凤纹重环玉佩、兽首衔璧，均可谓精美绝伦的珍品，反映了当时加工玉石的高超工艺水平。可见南越国已掌握了开料、造型、钻孔、琢制、抛光、改制等手法以及镶嵌工艺。此外，在南越王墓中还发现砚石、研石、砺石及磨制细腻的石斧等石器，可见当时南越国已掌握了对石雕的开料、造型、琢制、抛光等工艺流程，还间接说明了当时的石雕工艺技术已较为成熟。

中国建筑石雕起源于商，形成于周，汉代为历史发展的第一个高峰期，历经秦汉的统一进入封建社会以后，中华民族旺盛和蓬勃的精力、征服和开拓的信心、社会生产力的发展，使得雕塑技术取得了前所未有的成就而进入鼎盛时期。当时的浮雕类以画像石、画像砖和瓦当为代表，圆雕类以陶俑、石雕和木雕为代表。由于老庄哲学的勃兴以及封建统治者追求阴间的福禄和对来世的信仰，致使厚葬之风大兴。统治者们不惜耗费巨大的人力、物力、财力而大肆兴建供他们死后在阴间继续享受豪华奢侈生活的豪宅——陵墓。于是基于陵墓装饰的需要，表现当时社会风貌的画像石和画像砖就以浅浮雕的形式出现了，它是后世浮雕类雕塑的本原，陵墓装饰中的大型石兽雕刻相传就开始于汉代。著名的西汉霍去病墓石雕群是汉代石雕艺术的代表作。墓前石兽群的石雕作品均具有雄浑的气势和统一完整的内在特性，做到了静中欲动，形神兼备。其简洁、拙朴、雄浑而且独特的艺术风格，反映出了汉代石雕艺术的最高成就。

三国、两晋、南北朝时期由于佛教艺术的盛行，宗教石雕取得了较快发展，这一时期的雕塑主要是围绕着佛教雕塑而展开的，是我国古代雕塑史上的又一个重要发展阶段。佛教雕塑丰富了中国雕塑的表现技巧和题材。例如大型石窟内的石雕和泥塑的制作技术和大型摩崖雕像的制作和装饰等。

图 2-4-1　南越王墓博物馆
（广州南越王赵眜墓）

图 2-4-2　南越王墓室
（广州南越王赵眜墓）

民间石雕匠师们依照中国民众的审美心理，大量吸收、借鉴印度佛教雕塑艺术的制作经验和表现技法，创作出了许多具有中国民族特色的佛教雕塑形象。另外，这一时期除了佛教造像盛行以外，碑塔、窟龛和陵墓石雕也具有很高的艺术成就。

　　隋唐时代石窟开凿的风气极其盛行。隋朝统治的时间虽然只有短短的三十七年，但是现今全国各地的一些重要石窟中却留存下来有很多隋代的石雕造像。经过隋代的短暂过渡，中国雕塑在唐代又迎来了另一个辉煌的时期。唐代堪称中国封建社会的"黄金时代"，产生的石雕佛教造像在数量、规模和工艺上都是前所未有的。举世闻名的敦煌莫高窟内两座分别为 25 米、30 米高的弥勒佛、四川乐山高 70 多米的弥勒石佛像等都是唐代大型石雕艺术中最具有代表性的作品。

宋代的雕刻艺术作品的整体风格已经失去了唐代时期奔放雄健的气概，逐渐开始向世俗化方向发展。然而，宋代的工艺性雕塑却十分兴盛，除了官方有专门管理雕刻制作工匠的机构外，还出现了大量从事工艺雕塑的民间艺人。宋代雕塑的成就体现在众多气质、性格多样的罗汉像上。

明代的陵墓石雕以帝王陵为代表，除南京的明孝陵、北京的十三陵，还有江苏泗洪的明祖陵和安徽凤阳的明皇陵。清代的雕刻水平与唐代、宋代和明代相比较缺乏生气和魄力，已大为逊色。然而，明清两代的建筑装饰石雕却非常优美精致，尤其以遍及全国各地的民间石牌坊最为著名。同时与模式化的大型仪卫型石雕和宗教石雕相比，小型石雕成为了明、清两代雕塑艺术领域中最有生命力的雕塑品种，显现出一派勃勃的生机。明、清两代各皇帝陵的陵墓石雕装饰较前代规模更大、更多，如北京明成祖长陵，陵门之外有石雕文臣武将八人，大象、骆驼、翼马、麒麟、貔狳、狮子各四件共二十四件。

中国的佛教石窟造像到了清代已经是基本停止了。自康熙和乾隆后，建筑装饰石雕在一定程度上体现出了清代雕刻的艺术成就，整体上显得愈发繁琐和精巧，呈现出一种装饰性极强的时代倾向。民间工艺性石雕随之有了相应的发展，并体现出一定程度的成就，作品精致小巧而又富有甜美的装饰意趣，代表了清代石雕的风格和特色。清代民居建筑石雕装饰发展十分迅速，出现了许多精美的叹为观止的石雕艺术品。

迄今人类包罗万象的艺术形式中，没有哪一种能比石雕更古老，也没有哪一种艺术形式更为人们所喜闻乐见、亘古不衰。不同时期，不同的需要，不同的审美观，不同的社会环境和社会制度，使石雕在类型和样式风格上都有很大变化。

1.2 具有岭南特色的石雕

自古岭南人敬畏神灵，并有很强烈的宗族观念，他们的创作题材也多与历史名人故事、神话故事以及宗族有关，逐渐形成了自己独有的特色。通过特有的雕刻技法，以石头为载体，运用于寺庙、祠堂等建筑的装饰上。如花都资政大夫祠的石门栏装饰（图2-4-3），淡雅的硬石材质显示出大夫祠的尊贵与大气，间接传递着某种伦理思想及等级制度，潜移默化地影响人们对视觉与空间的感知，承载着对神灵的敬畏和美好愿望的寄托。广州陈家祠中石牛腿与石雀替（图2-4-4）的运用显示出建筑所属宗族的财力，而石材的质感也让建筑更加耐久，展示出恢宏的气势。

最具有岭南特色的石雕要数广府和潮汕地区，广府石雕和潮汕石雕都以门框、门槛、柱、梁、栏杆、台阶为主要载体。不同的是广府石雕多以浮雕为主要雕刻形式，而潮汕石雕则突出圆雕、镂空雕等多种雕刻形式。建筑室外的柱子、栏杆、墙裙等部位雨淋日晒，多采用质坚的花岗岩，如有浮雕、圆雕等雕刻手法结合在一起的台基，有"子孙绵延，富贵吉祥"之意（图2-4-5、图2-4-6），整体感觉厚重、朴素。潮汕石雕以名人祠、观光塔、祖祠居多。为了防潮、防雨、防白蚁腐蚀，潮汕建筑的承重部位以石结构为主，如石梁枋、斗栱等。斗栱是屋顶与立柱之间过渡的部分，作用是将屋顶的重量集中到柱上，是横展结构与立柱间的衔接关节。处在这个特定位置上的斗栱（图2-4-7），在屋檐下错落纷繁，形成了既为建筑结构又有装饰的效果。潮汕传统建筑的斗栱造型不像中原地区的单一，而是根据建筑的特点和要求灵活地改变斗栱构件的造型，创造出许多不规则的斗栱构件及营造方式，其中以叠斗式、无昂式、插栱式的石建筑结构居多。石雕常常被作为宗祠的"门面"建筑装饰，形式繁琐而豪华，雕刻精细而精美。石雕装饰艺术中最著名的是潮州从熙公祠（图2-4-8），

图 2-4-3　石门栏（花都资政大夫祠）

图 2-4-4　石牛腿、石雀替（广州陈家祠）

图 2-4-5　台基（广州陈家祠）

图 2-4-6　祥龙台基（东莞南社古村）

图 2-4-7　石梁枋（潮州己略黄公祠）

图 2-4-8　石梁枋
（潮州从熙公祠）

可以看出标榜孝义是中华民族传统优秀的道德与品质，这也对形成和发展地方特色的建筑石雕起极大的推动作用。

　　潮湿多雨的自然环境使得岭南建筑更适合用石材作为建筑构件，也给石雕带来了更多的发展空间。自明清以来，潮商兴建宗族祠堂，标榜孝义，对建筑石雕的地方特色形成和发展起到极大的推动作用。潮汕建筑石雕以名人祠、观光塔、祖祠居多。名人祠多为彪炳名人及记录其杰出贡献而建立，为求建筑的永久性，供世人瞻仰，故建筑选择了石结构和建筑石雕装饰。在营造的过程中，各宗祠竞相追求华美精致，以夸耀族人的财势地位。

　　岭南石雕的雕刻精细复杂，堪比木雕的效果。建筑石雕施工时，常常请多班艺人一起承建，互相竞赛，以激励石雕艺人进取，力求精益求精、锦上添花，这在客观上又促进了建筑石雕艺术的发展。

　　岭南石雕彰显着宗族的兴旺和实力。潮汕宗祠的建筑石雕，以精美传世，以细刻繁雕见长，镂通雕技艺得到全面发展，甚至穿插以彩金，形成精细纤秀瑰丽的艺术特色，这不但显示了宅主的身份和品格，无形之中又发挥了积极的教化作用，其艺术和社会价值都不可小觑。宗祠是表现族权尊严的象征，是族人的骄傲。在建筑石雕的装饰上，过分强调宗族昔日的荣耀和强盛，难免累赘雕琢，但依然可以代表当地建筑石雕技术的最高水平，表现出最华美的艺术气息。

2. 岭南石雕的题材及特点

2.1　石雕的题材

　　岭南石雕的种类大致可分为动物纹样、植物和水果纹样、博古器物纹样、人物、文字和吉祥纹样 5 个方面。

　　（1）祥瑞动物。在石雕中常用的动物题材主要有龙、狮子、麒麟、猴子（图 2-4-9）、鱼、龟

（图 2-4-10）、蝙蝠等形象，让石制的建筑结构变得灵动而具有美好的寓意，比如龙象征着神圣与威严（图 2-4-11）；狮子象征着吉祥，有"狮子滚绣球，好事在后头"的说法（图 2-4-12）。

（2）植物、水果。植物以莲（图 2-4-13）、荷花、竹（图 2-4-14）等代表人们推崇及追求美的道德品质，也有些植物是与鸟兽、果品组合在一起（图 2-4-15）。在陈家祠的石栏杆上，雕刻着各种水果，如石榴、杨桃、荔枝、梨子、葡萄等，寓意"多子多孙"、"家宅安宁"（图 2-4-16、图 2-4-17）。

（3）博古器物纹样。博古即博通古物，通古博今之意，这自然是古代文人有学识的标志，如卷轴、宝剑、文房四宝等用器物来暗含对获得知识学问的追求（图 2-4-18）；在佛教建筑中，佛教的法轮、法螺、宝伞、莲花（图 2-4-19）等八宝吉祥，也常常作为装饰内容，其中"禅机玄妙，法流净土，一似莲花开朵朵"说的是莲花在佛教中的涵义，以此来表达佛教追求心灵净土的信念。

图 2-4-9 猴子（东莞可园）

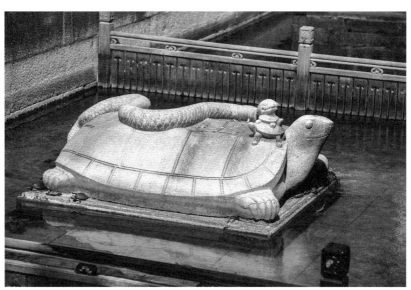
图 2-4-10 玄武（佛山祖庙）

图 2-4-11 祥龙石雕（番禺宝墨园）

图 2-4-12 石狮（德庆龙母祖庙）

图 2-4-13　莲花（沙湾留耕堂）

图 2-4-14　竹（广州陈家祠）

图 2-4-15　鸟兽、花卉组成的石雕（广州陈家祠）

图 2-4-18　博古石雕（潮州龙湖古寨）

图 2-4-16　石榴（广州陈家祠）

图 2-4-17　荔枝（广州陈家祠）

图 2-4-19　莲花（东莞可园）

岭南传统建筑技艺

（4）人物。常见的人物形象有两类：一类是佛教建筑人物石雕，尤其是砖石佛塔、经幢上的佛像，以及单独摆放作为景观小品给前来虔诚膜拜的游客欣赏，如在广州光孝寺，五个眉目祥和的小和尚在认真地钻研与学习佛道之书，神态真诚（图2-4-20）；另一类是故事传说和世俗生活中的人物题材，如文臣武将（图2-4-21）、仕男淑女，还有在装饰中独立存在的人物，如在基座上的角神和力士。

（5）文字和吉祥纹样。还有用文字作装饰纹样，常见的文字装饰有"福（图2-4-22）、禄、寿、喜"和"万"等几种，都表示吉祥幸福，几千年来都是广大百姓的生活追求与理想。还有如意纹、云纹、水纹、回纹等纹样，云纹（图2-4-23）、水纹，常作龙、凤、鱼等装饰的底纹和陪衬之纹，表现出龙凤遨游于云水间，增添了石雕表现力。

图 2-4-20　小和尚们的人物石雕（广州光孝寺）

图 2-4-22　"福"石雕纹样（潮州龙湖古寨）

图 2-4-21　武将（番禺宝墨园）

图 2-4-23　云纹（花都资政大夫祠）

2.2 岭南建筑石雕艺术特点

地域性差别显著。岭南建筑文化主要以土著越文化、闽文化、中原文化和海外舶来的各种文化长期交汇、融合，产生独有的岭南建筑特色文化。从而使岭南建筑石雕的形式呈现丰富异彩，变化多端，充分体现多样性的岭南特色。

广州陈家祠是广府建筑艺术的杰出代表，被世人称作"岭南建筑艺术的明珠"。在陈家祠石雕栏杆中，有嵌以铁铸通花，用果品题材作细部装饰，给"麒麟玉树凤凰"（图 2-4-24）这一传统题材赋予了"新语言"，在当时传统石雕和铁铸工艺的完美搭配是非常少见、大胆又具创意的石雕装饰设计手法，这种与时俱进并结合中国传统石雕艺术的匠人精神值得今天的设计者去学习和模仿。

潮汕石雕在岭南地区颇有名气，罕有像潮汕建筑石雕这样，能够将石雕制作成如木雕一般的效果，甚至为了雕刻一个垂花需要花费一年的时间，雕刻时大小铁锥要三十六支，最小的只有铅笔芯大，除了沿用传统的四种雕刻方法之外，还借鉴潮汕戏剧、绘画等民间艺术形式，从精雕细凿中体现奢华富贵，是一种财富的折射（图 2-4-25）。此外，还有大面积的石壁及萦绕在柱子上的祥龙，彰显出潮汕石雕的复杂性和多样性（图 2-4-26）。

图 2-4-24　麒麟玉树凤凰
（广州陈家祠）

图 2-4-25　石花篮
（潮州己略黄公祠）

图 2-4-26　祥龙柱子及石壁（潮州开元寺）

图 2-4-27　浮雕（花都资政大夫祠）

图 2-4-28　浮雕（揭阳城隍庙）

　　雕刻手法多样性。在岭南石雕中，充分运用了各种石雕技法，如浮雕（图 2-4-27、图 2-4-28）、圆雕、透雕（图 2-4-29、图 2-4-30）、镂雕、线刻等多种技法，有的石雕古朴雅致，有的雕刻繁琐而高贵。广府石雕多以浮雕为主要雕刻形式，而潮汕石雕则突出圆雕、镂空雕等多种雕刻形式。广府石雕比较侧重于朴素和创新，如东莞南社古村的石狮子，简练地雕刻其身上的纹路（图 2-4-31）。而潮汕则对精致和奢华比较喜爱，把民俗文化融入建筑石雕中，注重音形的意象，展现旧日的安富尊荣，呈现着火热、深沉而又迷信的南国情调，如潮州青龙古庙的石狮子（图2-4-32），相对于广府石雕来说，潮汕地区在用色方面比较深沉，雕刻方面比较繁复。

注重"音、形、意"寓意。在陈家祠上的"富贵吉祥"石雕（图2-4-33），由牡丹花、喜鹊题材组成，牡丹花寓意"富贵"，喜鹊则一直被当作吉祥物。在潮汕地区，有崇拜蛇的习俗，蛇是龙的形象的来源，故潮汕人后改崇尚龙的图腾，潮汕柱子雕盘龙，门罩刻透通雕龙，墙上饰龙云图案，龙成为潮汕老百姓最喜爱的题材之一，如潮州青龙古庙在墙身上雕饰着龙云图案，表达了人们祈求风调雨顺、安居乐业的心愿（图2-4-34）。

图 2-4-29　透雕（德庆龙母祖庙）

图 2-4-30　透雕（潮州牌坊街）

图 2-4-31　蹲门狮（东莞南社古村）

图 2-4-32　石狮（潮州青龙古庙）

图 2-4-33　富贵吉祥（广州陈家祠）

图 2-4-34　祥龙石壁（潮州青龙古庙）

3. 石雕的制作工艺

3.1 石材的选择

岭南石雕工艺的石材包括花岗岩、油麻石、青白石、红砂石、滑石等。

花岗岩是熔岩因受到一定的压力而隆起至地壳表层，慢慢冷却凝固后形成的构造石。花岗岩属于岩浆岩，由长石、石英和云母组成，岩质坚硬密实（图2-4-35）。花岗岩质地坚硬，不易风化，适于做台基（图2-4-36）、阶条石、地面等，但花岗岩石纹粗糙，不宜精雕细镂。

油麻石属于片麻状花岗岩，质坚性柔、易于雕刻，特别为广东地区居民所喜爱（图2-4-37）。如广州陈家祠的石栏杆雕饰，生动地刻画麒麟、凤凰、蝙蝠等吉祥动物纹样（图2-4-38）。

青白石（图2-4-39）的种类较多，有青石、白石、豆瓣绿、艾叶青等，其质地较硬，质感细腻，不易风化，适用于宫殿建筑及带雕刻的石活儿。如在广州粤剧博物馆的青白石窗，与青砖搭配营造出一种浓厚的岭南建筑风格（图2-4-40）。

红砂石在东莞地区建筑上被广泛应用于门和墙基上，是建筑石材中少有的暖色调材质（图2-4-41）。此外，在番禺留耕堂也发现有红砂石，为单调灰色系的建筑增添了红色元素（图2-4-42），同时红色在民间也是富贵、富有的象征。

图2-4-35　花岗石（广州光孝寺）

图2-4-36　台基（番禺余荫山房）

图2-4-37　柱础
（德庆龙母祖庙）

图2-4-38　石栏杆
（广州陈家祠）

图2-4-39　抱鼓石
（东莞可园）

图 2-4-40　青白石窗
（广州粤剧博物馆）

图 2-4-41　红砂石墀头
（东莞西溪古村落）

图 2-4-42　红砂石门楣
（番禺留耕堂）

选择石料时，对石材常见的缺陷也要留意。当选用的石料有纹理不顺、污点、红白线、石瑕和石铁等问题时，要及时处理，而有裂纹、隐残的石料最好不要选用。有瑕疵的石料尽量不要在重要的、具有观赏价值的构件中使用。石料决定了石雕的材质和基本原始形态，最终决定石雕作品质量的，还是石雕的制作工艺和石雕艺人的金石技巧。

3.2 石雕工具

石材雕刻必备的工具有：

雕塑刀。用于刮、削、贴、挑、压、抹泥塑和造型。按材料属性可分为3种：第一种为金属工具，由钢（发蓝防锈）、不锈钢、黄铜等制成，刀头分斜三角形、柳叶形、卵叶形和箭镞形，有的边缘为锯齿状。第二种为非金属工具，由竹、木、骨、象牙、牛角、塑料等材料制成。大型的刀具形状有鞋底形、墨鱼骨形、拇指形、斜三角形等；小型刀具形状有菱角形、小脚形、球形、条形等。第三种为混合材料——刮刀，可切削造型和做衣纹，有各种圆弧形和方形双面刮刀等。

石雕凿。为钢质杆形石雕工具，下端为楔形或锥形，端末有刃口，用锤敲击上端使下端刃部受力，按刃部形状分尖凿、平凿、半圆凿和齿凿。

石雕锤。为敲击工具，用以敲击石雕凿或木雕刀雕刻石、木料，分大、中、小三号。花锤亦是石雕锤，直接以锤面敲击石块，造成粗犷厚重，浑然一体的雕塑感。剁斧用于直接剁砍石面，砍出工整平行的细线，能加强雕塑体面的方向感、韵律感（图2-4-43）。

木雕刀。一般由刀头、刀把和铁箍构成，依刃口形状分平口、斜刃、三角和圆口4种，按颈状分有曲颈、直颈两种，每一类又各有大、中、小3号（图2-4-44）。

弓把。雕塑用的卡钳，可测量距离，有两个可开合的象牙形卡脚，也可随时改变卡脚的弯度。比例弓把，是雕塑放大用的度量工具。

点型仪。为三坐标定位仪，用于复制石雕与木雕。在石膏像上找出3个基准点，用点型仪上的定位钢针对准并固定，利用点型仪上可滑动的部件和万向关节及指针，可对准雕像上任何一个空间位置，把可移动的部件锁定。把点型仪挪到石块或木料上，钢针对准相应的基准点，指针能把石膏像上的点标于石头或木块上，就能准确地复制成石雕和木雕。

图2-4-43　石雕凿和石雕锤

图2-4-44　木雕刀

3.3 石雕的制作过程

选取材料。材料的选择对整个雕刻的过程来说，是相当重要的，要根据所表达的主题和雕刻对象的规模大小来选取合适的石料（图2-4-45）。

起草稿。在石雕进行雕刻之前，需要雕刻师傅或者工程方提供要做的石雕的样稿。如果是请师傅来设计，师傅就需要在纸面上绘制出要表达的团和花纹，以及他们自己比较熟悉的标记方式。

"捏"。在石雕最初阶段的捏就是打坯样，也是创作设计的过程。有的雕件打坯前先画草图（图2-4-46），有的先捏泥坯或石膏模型（图2-4-47），这些小样便于形态的推敲，避免在雕刻大型石雕时出差错。

"剔"。又称"摘"。就是按图形剔去外部多余的石料（图2-4-48）。雕刻大型的石雕时，因为石料体积比较庞大，故会用机器来"摘"。"摘"完之后表面若还需除去少部分的石料时，通常会采取"机器湿剔除"（图2-4-49），这会便于使切口更加规整且统一，接着要扫除表面沾着的废石料（图2-4-50）。

"磨"。石料表面本身就有许多颗粒，需要打磨后才便于雕刻。在"摘"之后先人工粗略地把石料表面最粗糙的那面进行打磨一次（图2-4-51），接着用水边淋湿边细磨（图2-4-52）。

"镂"。即根据线条图形先挖掉内部多余的石料。如德庆龙母祖庙的龙柱子，变化龙的具体形态，多处镂空，使柱子更具有抽象性（图2-4-53）。

"雕"。就是最后进行仔细的雕琢，使雕件成型。先勾勒出大体图案的形状（图2-4-54），然后用打磨器使图案变得更立体（图2-4-55），初步的轮廓完善后（图2-4-56），最后还要再细磨（图2-4-57）。

图2-4-45 选取石材（揭阳石雕厂）

图2-4-46 草图（揭阳石雕厂）

图2-4-47 打坯
（揭阳石雕厂）

图2-4-48 剔去石料
（揭阳石雕厂）

图2-4-49 加水剔去石料
（揭阳石雕厂）

岭南传统建筑技艺

图 2-4-50　扫除废石料（揭阳石雕厂）

图 2-4-51　第一次打磨（揭阳石雕厂）

图 2-4-53　龙柱子（德庆龙母祖庙）

图 2-4-52　再次打磨（揭阳石雕厂）

图 2-4-54　勾勒大体（揭阳石雕厂）

图 2-4-55　打磨图案（揭阳石雕厂）

图 2-4-56　初步轮廓（揭阳石雕厂）

图 2-4-57　细磨（揭阳石雕厂）

3.4　石雕的雕刻技法

石雕雕刻技法可以分为浮雕、圆雕、沉雕、影雕、镂雕、透雕。

浮雕。即在石料表面雕刻有立体感的图像，是半立体型的雕刻品，因图像浮凸于石面而称浮雕。根据石面深浅程度的不同，又分为浅浮雕、高浮雕。浅浮雕是单层次雕像，内容比较单一，没有镂雕通透。如番禺留耕堂的门枕石（图 2-4-58），题材为鱼跃龙门，寓意学业进步，能考取功名。高浮雕是多层次造像，内容较为繁复，多采取透雕手法镂空，如德庆学宫上的御道（图 2-4-59），双龙嬉戏的画面生动，颇显空灵庄重。

圆雕。是单体存在的立体拟造型艺术品，石料每个面都要求进行加工，工艺以镂空技法和精细剁斧见长。花都资政大夫祠的牛腿石雕（图 2-4-60）中间的镂空处，为创作题材添加了不少戏剧性。三水胥江祖庙望柱头处，圆雕小石狮子（图 2-4-61）的神态非常具有喜感。

沉雕。又称"线雕"，即采用"水磨沉花"雕法的艺术品。如在番禺宝墨园九龙桥上的石雕装饰，刀法流畅，力度适中（图 2-4-62）。此外，这类雕法吸收中国画与意、重叠、线条造型散点透视等传统笔法。如石料经平面加工抛光后，描摹图案文字，然后依图刻上线条，以线条粗细深浅程度，利用阴影体现立体感，如古代的许多府邸外壁表面都会雕饰各种吉祥的图案文字，文字排列有序，有较强的艺术性（图 2-4-63）。

镂雕。镂雕也称镂空雕，即把石材中没有表现物像的部分掏空，把能表现物像的部分留下来。镂雕是从圆雕中发展出来，它是表现物像立体空间层次的石雕刻技法，是中国传统石雕工艺中一种重要的雕刻技法。例如狮子口中的珠子剥离于原石材，比狮子口要大，但是在狮子嘴中滚动而不滑出，这种在狮子口中活动的"珠"就是最简单的镂空雕（图 2-4-64）。如在东莞西溪古村落中，石雕雀替镂空了中间部分，强化了立体感（图 2-4-65）。

透雕。在浮雕作品中，保留凸出的物像部分，而将背面部分进行局部镂空，就称为透雕。单面透雕只刻正面，双面透雕则将正、背两面的物像都刻出来。不管单面透雕还是双面透雕，都不是 360 度的全方面雕刻，属于正面或正反两面雕刻。因此，透雕是浮雕技法的延伸（图 2-4-66、图 2-4-67）。

图 2-4-58　门枕石（番禺留耕堂）

图 2-4-59　御道（肇庆德庆学宫）

图 2-4-60　牛腿石雕（花都资政大夫祠）

图 2-4-61　石狮子（三水胥江祖庙）

图 2-4-62　雕刻有祥龙和卷草的抱柱石（番禺宝墨园）

图 2-4-63　文字石刻（潮州龙湖古寨）

图 2-4-64　狮口珠镂雕

图 2-4-65　石雕雀替（东莞南社古村）

图 2-4-66　透雕（番禺余荫山房）

图 2-4-67　双面透雕（三水胥江祖庙）

4. 石雕的载体及应用

4.1 石雕的载体

石雕讲究造型逼真，表现手法圆润细腻，纹式流畅洒脱。它的传统技艺始于汉，成熟于魏晋，在唐朝流行开来。在石雕艺术的众多载体中，石柱、墀头、石基座、月台、栏杆、门楼和门罩、石狮子、石牌坊等兼具结构与装饰双重功能的石构件颇为显眼。

石柱础。柱础就是支撑木柱的基石，具有加固木柱、防潮防腐、减少磨损等功能。石柱有方形、圆形（图2-4-68）、六角形、八角形（图2-4-69）、亚字形等，还有根据莲花的形状演变而来（图2-4-70），上面一般都雕刻有装饰纹样，采取的雕刻手法有阴线纹刻、浅浮雕、高浮雕（图2-4-71）、透雕等。因其位置接近人的视线，往往被历代工匠加工成各种艺术形象，表面常做各种雕饰，雕刻精美，形式多样。

墀头。墀头（chí tóu）是中国古代传统建筑构件之一。山墙伸出至檐柱之外的部分，突出在两边山墙边檐，用以支撑前后出檐。本来承担着屋顶排水和边墙挡水的双重作用，但由于它特殊的位置，远远看去，像房屋昂扬的颈部，于是在这很有限的空间中屋主和工匠却尽情地挥洒着自己丰富的情感，鲜活了墙头屋顶，是对美好生活的向往。

墀头石雕的题材有植物类图案，有梅、兰、竹、菊、牡丹、卷草等；动物类图案，常用鹤、鹿、麒麟、凤凰、猴子、马、蝙蝠等寓意明确的动物；器物类图案，主要有四艺图、博古图与宗教渊源的图案；文字图案，利用汉字的谐音可以作为某种吉祥寓意的表达，常用的吉祥文字有"福""禄""寿""喜"（图2-4-72、图2-4-73）。

月台。在古代，赏月之夜上月台是生活中不可或缺的一部分。南朝梁元帝就作《南岳衡山九贞馆碑》："上月台而遗爱，登景云而忘老"。月台是为赏月而筑的台，到后来，月台也指在正房或正殿前方突出、三面有台阶的台。由于月台一般高出前院天井一定高度，所以有些祠堂在月台三面的陡板石上常作一些雕刻。如番禺留耕堂的月台台基束腰雕刻得非常精美，其雕刻题材有"老龙教子"（图2-4-74）、"双凤牡丹"（图2-4-75）、"双狮戏球"（图2-4-76）、"犀牛望月"（图2-4-77）、"苍松文狸"等，雕刻图案纹饰，线条流畅，刀法精细。

栏杆。石栏杆，宋代称"勾栏"，多用于须弥座式和普通台基上。石栏杆一般由望柱、栏板和地栿三部分组成。其中望柱又细分为柱身和柱头两部分，望柱柱身的造型比较简单，但柱头的形式种类却有很多。从隋朝至元代的柱头多以雕刻狮子、明珠、莲花（图2-4-78），明清则有莲瓣头、云龙头、云凤头、石榴头、狮子头（图2-4-79）、覆莲头、水纹头、火焰头、素方头等。龙凤柱头只有皇家宫室才能采用，民间不得使用。因此民间风格的柱头形式相对比较自由。

门楼。门楼（图2-4-80），自上而下大体分为三部分：上部门洞两旁凸出墙面的部位称垛头，中部叫枋，下面为勒脚。其中部的枋分为上、中、下，枋与枋之间有半圆形线脚浑面作过渡处理，中枋较高，是题字和雕饰的重点部位。在中部的构件雕饰上，一般从住宅门楼的上枋和下枋四边起线，两端作云头等花纹；中枋四边镶边起线，中枋中段四周镶雕花纹，正中部位则用于题字。下枋束腰处设下悬垂花柱和挂落，雕镂细巧（图2-4-81）。墙裙部分虽然大多简单雕饰，却起着实际的承重作用，是门楼不可缺少的组成部分。

石狮子。中国的古代建筑中，经常可以看到各种各样的石狮子形象。在陵墓墓道的石兽行列中，石狮子往往被置于墓门前的重要位置以衬托环境氛围。特别在重要建筑的大门两旁也有石狮子，起着镇宅和显示主人地位、威望的作用。宅院门前雌雄石狮的摆放是有讲究的。站在面向大门的位置看，门右边是雄狮，其特点是脚蹬绣球；门左边是雌狮，脚下按幼狮（图2-4-82）。这已经成为固定化的模式，为历代所承袭。狮子形象被广泛用在栏杆柱头、石柱础、牌坊夹柱石、石基座、梁枋（图2-4-83）等处，作为建筑中的一个装饰构件。

石牌坊。牌坊，简称坊(图2-4-84)。在中国传统建筑中，它是一种非常重要的标志性开敞式建筑。石牌坊初期是仿造木牌坊的结构，后来石牌坊的形式变化多样，逐渐形成了不同的地区独有的风格。牌坊的整体布局严谨合理，能巧妙地运用陪衬、对比、烘托、呼应等艺术手法，达到凸显主次、轻重、疏密、虚实、起伏等艺术效果的同时还减弱了形体的笨重感，从外观上给人一种协调、轻松、优美的感觉。石牌坊雕刻最精彩之处要数明间大、小额枋板上的枋心部分，"双狮戏球"、"鱼跃龙门"、"尺水龙腾"、"双凤朝阳"等，雕刻得神采飞扬，栩栩如生。石柱两侧设置夹柱石或石狮，增添了牌坊的雄伟气势（图2-4-85）。

石经幢。石经幢是宗教纪念性建筑物，经文主要以《陀罗尼经》为主，一般由幢顶、幢身和基座三部分组成（图2-4-86）。经幢上刻有佛教密宗的咒文、经文、佛像等，多呈六角形或八角形。幢顶是展示石雕工艺最重要的部分，雕饰复杂，通常由宝盖、仰莲、宝珠等组成。石经幢一般立于佛寺主要大殿前的庭院之中，或者在大殿前庭院两侧（图2-4-87）。

图2-4-68 圆形柱础
（德庆龙母祖庙）

图2-4-69 八角形柱础
（东莞南社古村）

图2-4-70 柱础
（佛山梁园）

图2-4-71 高浮雕柱础
（广州陈家祠）

图2-4-72 墀头（东莞南社古村）

图2-4-73 角柱石（东莞南社古村）

图 2-4-74 "老龙教子"（番禺留耕堂）　　　　图 2-4-75 "双凤牡丹"（番禺留耕堂）

图 2-4-76 "双狮戏球"（番禺留耕堂）　　　　图 2-4-77 "犀牛望月"（番禺留耕堂）

图 2-4-78 莲花瓣
（广州光孝寺）（上左）
图 2-4-79 狮子头
（广州陈家祠）（上中）
图 2-4-80 门楼
（肇庆德庆学宫）（上右）
图 2-4-81 门楼
（三水胥江祖庙）（下左）
图 2-4-82 狮子
（广州陈家祠）（下右）

图 2-4-83　梁枋上的石狮子（东莞南社古村）

图 2-4-84　牌坊（潮州牌坊街）

图 2-4-86　石经幢（广州光孝寺）

图 2-4-85　牌坊（花都资政大夫祠）

图 2-4-87　石经幢（潮州开元寺）

4.2　石雕在岭南传统建筑中的应用

佛山祖庙和潮州的从熙公祠的石雕不仅是岭南建筑石雕的典范，也是世界建筑石雕中令世人瞩目的艺术成果。

4.2.1　佛山祖庙石雕

佛山祖庙位于广东省佛山市禅城区，与德庆龙母祖庙、广州陈家祠合称为"岭南古建筑三瑰宝"，现为国家级重点文物保护单位。在康熙年代，海外贸易频繁的同时也有外国传教士前来传教，使得一些民间艺术也受到潜移默化的影响，例如佛山祖庙内石雕艺术作品会有"另类"、"新颖"的人物图像出现（图2-4-88）。

佛山祖庙中给人印象深刻的石雕是"祖庙"牌坊。进入祖庙后你会发现周围有许多石雕陈列品，有以民间劳作的生活场景为题材，并加上水果、篮子、桌子为石雕装饰元素，从篮子的编痕就足以看出雕刻工艺纤细，造型简单生动（图2-4-89）。

"节孝流芳"是佛山祖庙内众多石雕牌坊中最具代表性的作品之一（图2-4-90）。雕刻元素以人物、植物和卷草纹为主，还有一些局部的花板（图2-4-91）和梁枋（图2-4-92），雕刻繁复。而石栏板（图2-4-93）用了"压地隐起"浅浮雕的雕刻方法，望柱和寻杖则采用简单的雕饰以突出栏板。精湛的雕刻技艺使得石雕栩栩如生，形象生动有趣。

图2-4-88　石雕洋人柱础（佛山祖庙）

图2-4-89　民间劳作石雕（佛山祖庙）

图2-4-90　牌坊（佛山祖庙）

图2-4-91　雕刻花板（佛山祖庙）

图2-4-92　梁枋（佛山祖庙）

图2-4-93　栏板（佛山祖庙）

柱础的下端称为柱基（图2-4-94），由于岭南气候湿热多雨，柱础一般比中原地区高出20~30厘米，这就扩大了石柱基的装饰范围。柱基花纹多用相对复杂的几何形纹，夹柱石（图2-4-95）的纹样是凤凰纹。佛山祖庙是明清时期皇帝祭祀的地方，这种吉祥纹样正符合当时统治者内心所愿，以及暗示了人民百姓对"桃花源"生活的向往和追求。古时人们还对文人士子颇为喜爱，佛山祖庙有一个关于孔子的石碑（图2-4-96），碑头蝙蝠卷云纹，碑文字体方正，古雅拙朴，虽部分字体有损，但不影响它所体现的浓厚文学气息。

石雕狮子及其他石雕。在古代，狮子是极为罕见的，中国绝大多数的石匠根本就没见过狮子，石匠们缺乏"写生"的参照对象，这时民间不断流传着对狮子特征的猜想：威风凛冽，鬃毛特长、体型庞大、四肢健壮等，石匠们则以这些民间的流传为背景，再加上他们无限的想象力，创作出形态各异的石狮子。石雕狮子也逐渐在人们心目中形成高贵威严的印象，成为了辟邪和守门的吉祥物。佛山祖庙里面也有许多形态各异的石狮子，有守门的石雕狮（图2-4-97），也有石梁枋的石狮（图2-4-98），还有众多的石狮子还在醒狮台上聚集（图2-4-99），让游客可以多个角度地观赏石狮子（图2-4-100）的动态。

石栏杆的柱头上也有石雕狮子（图2-4-101、图2-4-102），两侧柱头上的狮子不一样，仿佛是一只来自本地，一只来自远方，在相互交流嬉戏。可见，石雕狮子形象已逐渐渗入了我们民族文化，成为了我们传统文化中不可分割的一部分。不仅有来自远方的石狮子，还有独特的石羊、拴马桩等。对于石羊的雕刻，匠人重在表现整体形似，以表现客体特征为主，简略细节，注重表现主要轮廓和力的线条，在有形与无形之间求得自然的美，没有作过多的雕镂装饰，风格古拙质朴（图2-4-103）。

拴马桩（图2-4-104），体现了一种原始、纯粹、朴素的自然美。这是以功能为主的石雕装饰，既有实在的功能，又兼具美观。如柱座下的力士造像（图2-4-105），它双臂举手往上托，凸显人像的孔武有力，从衣着与相貌上可以看出，其造型是个洋人，可见当时中西文化的交融也反映到了石雕作品中。

这些石雕作品，让人们体会到历史沧桑，时代变迁，展现了古人对质、形、意相结合的审美追求，交织在火热而又凝重的岭南民俗风情之中，铸就了岭南地区独特的石雕文化。

图2-4-94　柱基（佛山祖庙）

图2-4-95　夹柱石（佛山祖庙）

图2-4-96　石碑（佛山祖庙）

图 2-4-98　梁枋上的石狮（佛山祖庙）

图 2-4-97　守门的石雕狮子（佛山祖庙）

图 2-4-99　醒狮台上的石狮（佛山祖庙）

图 2-4-100　可多角度观赏的石狮（佛山祖庙）

图 2-4-101　石栏杆上的石狮（佛山祖庙）

图 2-4-102　石栏杆旁的石狮（佛山祖庙）

图 2-4-103　石羊（佛山祖庙）

图2-4-104 栓马桩（佛山祖庙）

图2-4-105 力士造像（佛山祖庙）

4.2.2 潮州从熙公祠

从熙公祠，坐落于彩塘镇金砂管理区斜角头，为旅居马来西亚柔佛州华侨陈旭年所建的私家祠堂。整座建筑为潮汕特色的"驷马拖车"建筑样式，配有南北龙虎门，石门匾镌刻"资政第"（图2-4-106）。正中为从熙公祠，坐西向东，中间为天井，两边回廊，后有拜亭，祠分前、后二进，深42.25米，宽31.22米，门厅为石结构（图2-4-107），后座为歇山顶的木石结构建筑。该建筑是潮汕地区清末的私家祠堂与府邸统一布局，同时营建的代表作。2006年公布为全国重点文物保护单位。

丛熙公祠门厅为石结构建筑，其门斗为石结构的凹门斗，莲花覆盆式石柱础，石柱身不作雕刻，而一层层石柁墩雕刻得非常精致，可见工匠们注重对比效果，重点突出石梁枋上的石雕装饰。在大梁不做任何雕刻，但石穿枋（图2-4-108）精细刻铸，上面刻有山水树木、楼台亭榭、才子佳人、花鸟虫鱼等，运用潮汕特色的镂通雕，便于两面观赏，从人物构图到造型都恰到好处，对于精美图案的雕琢，走刀虚实准确、果断；中央部分就要刀口垂直，以推刀、提凿、顺刀、逆刀等工序来雕出轮廓线。轮廓线的起伏变化，要求繁而不乱，精中有简，剔透利落，突出重点。显然，建筑结构上的装饰，与建筑艺术有密切的关系，这些装饰的增多，能够间接影响建筑艺术给人的直观感受。因此，在建筑石雕中使用各种图像来雕刻装饰，是一种下意识的行为，这些建筑石雕构件的雕饰被融入到某种意义之中，体现了人在精神上的某种追求。建筑石雕所形成的艺术情调，与宅主文化追求相一致，是宅主与石雕艺人的精神思想产物。潮汕石雕匠人们大胆创新的雕刻方法和对建筑石雕的探索引发我们对"精、钻、专、守"精神的理解。

从熙公祠门厅前，雕刻了一对雄雌石狮，雌狮抚子，通体灵性，亲切可爱，又有一种强烈的威严感，雄狮外形新颖，狮毛别具一格，引人注目，显得生机勃勃（图2-4-109）。在大门两侧的石鼓圆润流畅，油光可鉴，底座均饰以吉祥寓意的图案，如"三羊开泰"（图2-4-110）等。

大门两侧的石壁上镶嵌了四副石雕艺术品，分别以渔樵耕读（图2-4-111）、花鸟虫鱼（图2-4-112）、百鸟朝凤（图2-4-113）、士农工商（图2-4-114）为题材，采用镂空错层叠沓雕法，运用"之"字形的构图，构图奇峰悬流、怪石柔柳、幽人羽客、润枝艳朵、彩则露鲜、飞鸣栖息、动静如生，仔细发现可以看出连捕鱼的渔网线都十分清晰，网眼疏密有致。雕工最称道的是"士农工商"——牧童拉紧的牛绳，绳长 10 厘米，直径仅 4 毫米，运用镂空雕刻出绳纹，色彩以石绿为主色，配以赭石、三青、黑色为辅色，以重彩绘染，显得沉稳而有生气，可见石雕艺人在雕刻的同时，还十分注重色彩的搭配、对比与呼应，总体色感和谐统一，于华丽中透着典雅，色彩与石雕技艺的融合为一，实为建筑石雕之佳作。

图 2-4-106 南虎门（潮州从熙公祠）

图 2-4-107 前厅（潮州从熙公祠）

图 2-4-108　石穿枋
（潮州从熙公祠）

图 2-4-109　石狮子
（潮州从熙公祠）

图 2-4-110　三羊开泰
（潮州从熙公祠）

图 2-4-111　渔耕樵读（潮州从熙公祠）（左上）

图 2-4-112　花鸟虫鱼（潮州从熙公祠）（右上）

图 2-4-113　百鸟朝凤（潮州从熙公祠）（左下）

图 2-4-114　士农工商（潮州从熙公祠）（右下）

门匾下方雕刻有两对石狮子（图2-4-115），摆放的石狮子（图2-4-116）象征着"去凶化吉"，它实际上是门顶榻板的一块垫石，与门匾组合装饰，扩大门匾的装饰范围。石狮子的雕刻刀法十分精良，特别是石狮子口中那颗圆珠子的雕刻，要求极精细，给雕刻增加了很大难度，行刀不能有一点错乱，要求匠心独运，意在刀先，才能达到完美的效果。造型的准确，形象的生动，这需要有高度的熟练性和高超的操刀雕刻技巧。在门匾两侧有两只分不清雌雄的石麒麟，除头上见一角外，身子、脚爪都接近龙形，通身鳞片，是一只独特的四足兽（图2-4-117）。

梁架周围的石雕装饰多为双面镂空，雕刻着各种花草鱼虫等吉祥动物，如倒挂蝙蝠，双鹿携仙草，以及梅、竹、菊等，共同表现出传统又充满浓厚的地方特色。此外，门前悬挂的石雕花篮可谓是潮汕石垂花柱的代表作，寓意富贵玉堂，花篮四边主要由连接不断的拐子龙组成，以示一脉相承，子孙锦

图2-4-115　门匾下的两对石狮子（潮州从熙公祠）

图2-4-116　石狮子（潮州从熙公祠）

图2-4-117　石麒麟（潮州从熙公祠）

衍，花篮里装满各式花朵，玲珑剔透、赏心悦目，象征着子孙昌盛，此花篮被收入《中国美术全集》[29]，并被评价为"中国一绝"（图2-4-118）。常立正屋脊的鸥吻作雀替而卷缩在柱梁之间，运用镂空雕的方法雕饰龙和花浪的动态，表现出蛟龙跃海，争作上游的场面（图2-4-119）。另外，同样是雀替构件元素之一的羊，为家畜的代表，象征五谷丰登，但它在构图和雕刻方法上却与卷草龙完全不同，刀法圆润厚实。往上看，石柁墩骑在梁枋上，雕刻有螃蟹或鱼虾，其鳞片清晰可见、栩栩如生，虾须雕刻精美，刀刻成线，由数道合而为一，刚中有柔，表现得十分有力度，充满浓郁的生活气息（图2-4-120）。再往上看，石斗栱雕饰多为卷草龙图案，龙纹灵巧，斗栱重叠成脊柱，造型奇特。

图2-4-118　石花篮（潮州从熙公祠）

图2-4-119　雀替（潮州从熙公祠）

图2-4-120　石斗栱（潮州从熙公祠）

石雕牛腿式样千奇百怪，门厅的牛腿外形是上大下小的梯形，牛腿随着柱梁均匀分布，其造型和表现手法奇特（图2-4-121），不同方位搭配不同祥瑞图案，增强内容的意义，但随着牛腿雕饰的内容不同，雕刻方法也不相同。

鲜明的题材内容，生动的人物刻画。在大门左侧的石鼓座图案寓意"路路登科"（图2-4-122），画面由鹭鸟、芦苇、莲、小甲虫等组成。鹭与路谐音，莲与连谐音，小甲虫即科甲，此图案取谐音，寓意路路连科，意为科举及第，各级考试都取得好成绩，同时也指事业顺利。对应右侧的石鼓座图案（图2-4-123）由老鼠和葡萄组成，鼠即子，葡萄因枝叶蔓延，果子多，雕刻繁复，故看出以前民间喜用葡萄象征子孙多，长寿富贵等，而佛教也说过有此草果，能吉祥如意，五杀不损。

"莺歌燕舞，吉祥如意"（图2-4-124），由莺歌、燕子、金蝉、菊花、柳树等组成，取鸟的形态、动作和谐音，莺歌鸟即莺歌，燕子在戏要即燕舞，合称莺歌燕舞。还有一幅是用来警示后人，做人要坚定，名叫"切莫心猿意马"（图2-4-125），喜鹊取谐音"切"，巧妙地把猿刻成人形，并穿上背心，即"心猿"，而"猿"双眼瞪着马，十分关注的样子，即意马。在大门的侧边墙壁上，雕饰着菱花镜，四边由四种植物组成，即南瓜、棉花、石榴、苦瓜，整幅图案名为"福至心灵"，意在劝告世人多照镜子，每日三省吾身，与"切莫心猿意马"的寓意相似（图2-4-126）。

图2-4-121 镂空雕（潮州从熙公祠）

图2-4-122 石鼓座（一）（潮州从熙公祠）

图 2-4-123 石鼓座（二）
（潮州从熙公祠）

图 2-4-124 莺歌燕舞，吉祥如意
（潮州从熙公祠）

图 2-4-125 切莫心猿意马
（潮州从熙公祠）

图 2-4-126 福至心灵
（潮州从熙公祠）

5. 传承和发展

5.1 石雕行业的现状

对于大部分雕刻世家，虽受到新兴文化的强力冲击，可在今天仍然能占有一隅之地。但事实证明，石雕雕刻艺术仅靠家族传承或拜师学艺的方法在现今不断新陈代谢的大环境下已显得岌岌可危，石雕也是众多建筑技艺中断代最为严重的。石雕雕刻技艺在缺少文化支撑的条件下，没有经过条理性的系统的学习和全面性正规培训的能工巧匠，要想成为雕刻大师的可能性是很低的。另外，因为缺乏知识产权，有些顶尖的经典作品就会轻而易举地被模仿，而且仿造石雕作品所需要的成本较低，能够快速地产生经济效益，在这个滥竽充数，唯利是图的经济模式下，给传统石雕产业带来了极大的伤害。

石雕除了是一项手工艺，还是个体力活，是个脏活、累活。新中国成立以后，党和国家开始重视文化艺术，出现了一批专门开设雕塑学科的艺术院校，但是他们一般只会用泥进行塑造小样，直接拿到工厂去打打样，而自身并不懂石雕。而目前在工厂的师傅们也经常通过现代机器去完成石雕的很多部分，手工雕凿越来越少。所以，雕刻技术好的石雕师傅越来越少，甚至岭南地区都不多，有时需要到福建去找。已经几乎没有工匠再利用将近一年时间去精雕细琢，打造一个石雕垂花，原来技术好的石雕师傅现在几乎已经到了退休年龄，而新的一批年轻人很少选择学习传统石雕这个技艺。

5.2 石雕传承人代表

林飞，1954 年出生在福州市晋安区后浦村，是中国当代寿山石艺术发展史上一位兼具传统与现代精神寿山石雕刻大师，也是新中国成立后寿山石雕界的代表人物之一。林飞与其父林亨云同为中国工艺美术大师，其弟林东为福建省工艺美术大师，可谓"一门三杰"。少年时期，林飞就跟随其父林亨云大师学习雕刻技艺，掌握了扎实的雕刻基础。十九岁，进入罗源县雕刻厂工作，担任技术骨干，培养了大量的雕刻人才。

代表作有《独钓寒江雪》、《杞人忧天》、《庄周蝶梦》、《姜太公钓鱼》等。林飞已经培养指导了潘泗生、黄丽娟两位国际工艺美术大师，以及陈建熙、黄忠忠、潘惊石、林邵川等省级工艺美术大师和众多寿山石雕人才。

周宝庭（1907-1989），福建后屿人，是著名的寿山石雕刻大师，尤善仕女、古兽题材。在寿山石雕刻艺术道路的探索中，他汇聚了寿山石雕"东门"与"西门"派之精华，在继承传统技法与题材的基础上，逐渐形成具有鲜明个性的"周派"风格。

其创作的题材作品有《工农兵》、《为人民服务》、《解放军学游泳》、《牛羊满山岗》等，在晚年还创作了多枚古兽印纽。周宝庭一生尽心钻研中国的传统文化与寿山石雕刻技法，着眼于传统寿山石雕艺术的传承，在激进时代的洪流中以一位文化保守主义者的姿态对中国传统手工艺精神的回应与致敬。

5.3 石雕的发展与探索

探索石雕艺术中的艺术价值。石雕艺术中最核心的部分是那些世代相传、基于中华民族传统文化，这些传统文化背后所隐含的有关社会的知识系统、精神指向、思维方式、智慧结晶和文化价值观念，是构成现代设计应用的基础。随着时间流逝，时代变迁，传统石雕艺术在现代设计中通过分离与重构这两种设计方法，创作出具有意义很深的新样式石雕作品，其所蕴含的文化价值不仅仅只是石雕艺术，更是一种精神的传承。

岭南建筑文化石雕艺术题材。石雕艺术在长期发展中积累了丰富的程式语言，以造型、色彩、构图、材质、肌理等作为石雕的创作元素。"五子登科"、"四季平安"、"鱼龙变化"等吉祥图案，都直观表达了中华民族崇尚"中和"的品位选择，偏好用"团圆结构"的故事来营造出人们内心的美好夙愿。岭南建筑雕刻艺术展现了工匠们惊人的设计构图和造型能力，更重要的是石雕艺术题材源于生活，生活习俗结合到石雕艺术的创作中，使得石雕艺术具有更深刻的历史文化意义。

石雕艺术今后的发展。作为传统文化遗产的岭南建筑雕刻艺术，是现代设计汲取养分的源泉。传统可以作为资源，传统也不是一成不变的。社会的变革给文化艺术带来了新的发展契机，岭南建筑雕刻艺术作为一种传统的手工艺，既可以通过现代设计理念来赋予石雕艺术文化内涵，也可以使石雕艺术得以传承和创新，让石雕不再仅仅只是传统艺术品。

在我们中华民族的传统文化与现代生活相互融合的新时代中，石雕承载着一代又一代匠人的传统工艺文化，亟待新一代人去了解、认识、保护和传承。

参考文献

[1]　楼庆西.中国建筑的门文化 [M].郑州：河南科学技术出版社.2002.

[2]　李绪洪.潮汕建筑石雕艺术 [M].广州：广东人民出版社，2004.

[3]　潮州市建设局编.潮州古建筑 [M].北京：中国建筑工业出版社，2008.

[4]　陈历明.潮汕文物志.汕头市文物管理委员会.1985.

[5]　林春城.潮汕人手册.香港：香港中国法制出版社，2004.

[6]　林凯龙.潮汕老屋.汕头：汕头大学出版社，2004.

[7]　刘敦桢.中国住宅概念 [M].北京：中国建筑工业出版社，1981.

[8]　沈福煦.中国古代建筑文化史 [M].上海：上海古籍出版社，2001.

[9]　王尔敏.近代文化生态及其变迁 [M].北京：百花洲文艺出版社，2002.

[10]《中国美术全集》建筑艺术篇6[M].北京：中国建筑工业出版社，1988.

[11]《中国民间美术全集》起居篇.建筑卷 [M].山东：山东教育出版社、山东友谊出版社，1993.

[12] 样坚平.《潮州民间美术全集》潮州木雕 [M].汕头：汕头大学出版社，2000.

[13] 金维诺.中国美术史论集 [M].北京：人民美术出版社，1981.

[14] 楼庆西.中国传统建筑装饰 [M].北京：中国建筑工业出版社，1999.

[15]（意）马里奥·布萨利著.单军、赵焱，译.东方建筑 [M].北京：中国建筑工业出版社，1999.

[16] 侯幼彬.中国建筑美学 [M].哈尔滨：黑龙江科学技术出版社，1997.

[17] 王志艳.中国魅力之中国民间艺术 [M].北京：燕山出版社，2006.

[18] 徐华铛.杨谷城，中国狮子造型艺术 [M].北京：人民美术出版社，2004.

[19] 钟茂兰.范朴，中国民间美术 [M].北京：中国纺织工业出版社，2003.

[20] 薄松年.中国民间美术全集—雕塑 [M].北京：人民美术出版社，2002.

[21] 季龙.当代中国的工艺美术 [M].北京：中国社会科学出版社，1984.

[22] 王毅.中国民间艺术论 [M].山西：教育出版社，2000.

[23] 谭金华.2013 年影响我国石材行业的主要事件 [J].石材.2014，32（02）：1-9.

[24] 寿步.合理保护知识产权是中国的必然选择 [J].上海交通大学学报（哲学社会科学版），2006.14（02）：5-11.

[25] 宋生贵.传承与超越当代民族艺术之路 [M].北京：人民出版社，2007.

[26] 诸葛铠. 裂变中的传承 [M]. 重庆：重庆大学出版社，2007.

[27] 易中天. 艺术人类学. 上海：上海文艺出版社，1992.

[28] 李诫，撰（宋）. 王海燕，注. 营造法式. 武汉：华中科技出版社，2011.

[29] 楼庆西. 中国古建筑砖石艺术. 北京：中国建筑工业出版社，2005.

[30] 玲珑. 石雕·砖雕收藏与鉴赏. 北京：新世界出版社，2014.

[31] 林飞. 林飞自选集. 福州：福州美术出版社，2002.

[32] 林飞. 中国寿山石艺术——林飞雕刻艺术专辑. 福州：福州美术出版社，2009.

[33] 梁思成. 中国雕塑史 [M]. 天津：百花文艺出版社，1998.

[34] 李绪洪. 赵嗣助故居建筑及石雕的保护与维修 [J]. 建筑技术，2007.

[35] 华炜. 中国传统建筑的石窗艺术 [M]. 北京：机械工业出版社，2005.

五、砖雕

1. 砖雕

1.1 砖雕历史

在封建社会，建筑有严格的等级限制，《宋史》记载，"六品以上宅舍，许做乌头门，凡民庶家，不得施重栱、藻井及五色文采为饰"，而砖雕却不在限制的范围之内[1]。魏晋南北朝时期，除画像砖依旧盛行在陵墓中起装饰作用外，砖塔的兴起也给砖雕提供了更广阔的施展空间，塔基成为砖雕最集中的地方。唐朝时期，盛行花砖铺地，"纹样以宝相花、莲花、葡萄、忍冬为主工艺，上采取模压印花后再进行雕刻"，砖雕从此走向繁盛。

宋代，不仅出现全部砖砌的建筑，全雕凿的砖雕也出现了，以浮雕和半圆雕为主，同时还有包括地面斗八、宝瓶、龙凤、花卉、人物、壶门等若干规范做法，这使砖雕有了建筑等级的象征意义。宋代以前砖雕随着砖构建筑的发展逐渐兴起，到了两宋时期有了长足的发展，在宋代《营造法式》中有关于砖雕的记载[2]。

明代以前砖雕主要用于墓室装饰，明代砖雕作为民居建筑装饰进入了繁盛期，和广大人民生活产生密切接触，注入了更多的民间文化元素和内涵。明代中期，高级别的建筑装饰多被石雕和琉璃所取代，而砖雕造价低廉，就和普通百姓生活产生更为紧密的联系，具有浓厚的民间特征。这种富有民间质朴、率真特点的雕塑形式得到人们的喜爱。

砖雕技法在清代发展到了顶峰，砖雕技法趋于多样化，在厚不及寸、尺余见方的砖上雕出情节复杂、多层镂空的画面，景象从近到远、层次分明。这时砖雕在全国范围被普遍使用，并形成了南北不同的风格特征。北方砖雕以北京、天津、山西等地为代表，风格古拙、质朴、庄重、浑厚，砖雕不拘泥于细节的塑造，注重整个画面"势"的营造，讲究大的布局和格调，形体饱满、简洁，线条粗犷有力。南方砖雕以徽州和苏州地区为代表，特点是精巧、雅致、细腻，砖雕体现崇文尚雅的审美心理，画面布局考究，善于营造层次，形象刻画深入，线条流畅。岭南砖雕则吸收了南方砖雕的特色，取材于高质量建筑青砖，并且在材料和雕刻技法上更加细致讲究。

1.2 广府砖雕的发展

广府砖雕既是中华民族数千年砖雕艺术的一个重要支流，又是岭南地区传统的民间工艺品种，是岭南非物质文化遗产的重要组成部分，因其雕工细腻如丝，被称为挂线砖雕。

广府地区在秦末汉初时期出现了带纹饰砖的使用，如南越王宫署遗址发掘的大型砖表面大都模印有菱形、四叶、方格和叶脉等几何图案，少数则压印有绳纹。1995 年，南越国宫署遗址的发掘现场，在"蕃"池堆积层上，发现一块长条形空心砖踏跺的侧面的残件，有模印的立体感很强的熊纹造型，并且在随后几年里的发掘中，又陆续出土了几件。在北京路南越王宫博物馆，展示了这几块广州最早的砖雕遗物，其线条粗犷有力，很有汉代雄风。出土的南越砖，胎质坚实，火候高，制作精工，多数压印花纹，有的表面有釉汗的滴斑，可知是入窑烧制的。在南越王宫的御苑内，也发现过熊的骨骼残痕，熊图案成了汉砖上的"明星"，可能在古代，将士们都希望自己能如熊一样勇猛有力（图 2-5-1）。

岭南的砖墓出现在东汉时期。东汉时期墓砖纹饰为简单的几何纹饰，如网格纹、菱格纹、方格纹等，起一定的装饰作用。这些纹饰有的是模印的，也有的是刻画的，至两晋南北朝时期，开始出现图样纹理，如叶脉纹、钱纹等，更具艺术效果，且含有文化寓意。如广州市淘金东路中星小学南朝墓、深圳市宝安南朝墓及广东揭阳南朝墓都出现饰有莲花纹的墓砖，反映了这一时期佛教文化在岭南地区的传播及影响。

隋唐南汉时期也有砖墓的出土，杂色砖开始减少，多为青灰砖及红砖两种且大量使用素砖，砖的生产技术进一步发展。唐代砖墓出现了水平较高的砖雕，如广东四会市南田水库唐墓中就发现十块生肖砖雕，分别对称竖立紧贴于两侧墓壁（图 2-5-2），上面的砖雕应是为一次性模制成型的，局部后又经过加工，其规格为：长 26.5~30 厘米、宽 13~15.5 厘米、厚 2~2.5 厘米，其中的丑牛砖雕与酉鸡砖雕的做工最为精细。

宋元时期用砖修缮或兴建新城，砖塔的建造在规模及技术水平上都远远优于唐代。广州宋城的城墙十分坚固。庆历年间，依智高起兵，捣毁了不少城池，"独广州子城坚定，民逃于中获生者甚众"。为此，宋代朝廷"益重南顾，乃诏二广悉城"（《永乐大典·广州府》），就目前出土的广州古城墙砖拓片可知。1972 年，在广州越华路西段，发现的广州宋代子城墙遗址，此段为子城的西面城墙。城墙为夹心墙，两边用砖砌筑，中间以残砖和土填塞。遗址东西的砖墙残高为 1 米多，西南的砖墙残高为 0.6 米。城墙砖多呈青灰色，大小规格为 42 厘米 ×22 厘米 ×4 厘米。有的在砖的长身面印有"番禺县"3 字；也有少数在砖的陡板面刻有砖文"水军修城砖"及"水军广州修城砖"的戳印，可以推测为当时广州水军所烧造。

发展到明清，岭南砖雕在艺术上及技术上，都取得了较大的成就，且应用范围广泛。在粤中广

图 2-5-1 南越王宫遗址出土的熊图案

图 2-5-2 广东四会市唐墓出土生肖砖雕（四会市博物馆）

府地区较多采用，主要出现在各地的祠堂、庙宇、民宅等建筑的墙头、墀头、照壁、神龛、檐下、门楣及窗檐等部位，作为建筑装饰。在沿海的潮汕地区，因砖质易被海风侵蚀，砖雕的使用并不多见，但广府砖雕在清中晚期以后蓬勃发展。与其他地方的砖雕不同，广府砖雕以建筑用砖作为原材料，将高浮雕、浅浮雕及线刻艺术等雕刻技法互相穿插应用，手法自然生动，刀法明快、干脆，秉承了岭南雕刻细腻为主的艺术特征，讲究造型和层次，立体感强，线条规整而又流畅自如，纤细如丝，这种雕饰称为"挂线砖雕"。如图 2-5-3 所示的三水胥江祖庙挂线砖雕，从上往下第一层为装饰雕花，第二层为石榴和鸟，第三层为建筑和人物，雕刻惟妙惟肖，线条丰富，装饰繁多。在题材方面，广府砖雕倾向表现繁花似锦、龙凤呈祥、仙子献瑞等内容，也善于将历史人物、戏曲人物入画，表现热闹非凡的盛世景象，是岭南特色工艺美术风格的体现。

清代后期，随着现代建筑的兴起，砖雕艺术逐渐被现代雕塑工艺装饰所取代。至民国初期，砖雕装饰已较为罕见，砖雕这一传统工艺逐渐走向沉寂。

图 2-5-3 三水胥江祖庙挂线砖雕

1.3 广府砖雕繁荣的原因

由于民居建筑有严格的等级限制，"凡庶民家，不得施重栱、藻井及五色文采为饰"，砖雕却因为其本身的材质出于泥土又不饰色彩，所以不在限制范围之内。广府地区是最早的开放口岸，经济发达，兴建了大量祠堂和民宅建筑，这些建筑从设计到建造，花重金却不显奢华，尤其砖雕单色，完全靠精湛的雕刻技艺来展现它的华美，堪称一绝，表现出岭南人们极高的审美品位和对美好生活的追求与向往。

地理位置与特有的气候、土质，都决定了广府砖雕的兴盛。岭南地区砖雕的主要产地是广府地区的番禺沙湾和佛山，而潮汕、客家地区砖雕少有，一方面由于潮汕地区土质强度差，土粒大，而广府地区砖雕的土粒比较小，强度高，适宜用作砖雕原材料，另外一方面在沿海的潮汕等地区，因砖质易被海风侵蚀，所以使用并不多，反而石雕艺术在潮汕地区得到发展。砖雕在珠三角的大部分地方都有存在，但处东江流域的莞、深、港等老新安县范围、老归善县现惠州市的部分地方、增城等地较少采用砖雕。

2. 广府砖雕的题材及特点

广府地区的砖雕题材广泛，应用载体丰富，纹饰精美多姿，形成了岭南地区建筑的一大装饰特色。

2.1 广府砖雕题材

广府砖雕的题材多表现世俗生活，代表了大众的审美理想，主要有：以人物为主的题材；以花鸟、动物为主的题材和图案、文字题材。

（1）人物题材

人物题材有：神话故事、历史典故、古代戏文、风俗民情、民间传说等。人物题材的砖雕在建筑上一般用于门楼、门罩的额枋或挂板上，位置比较突出，是最能体现砖雕特色的重要组成部分。人物题材砖雕以借古喻今、追求吉祥如意，寄托了民间淳朴的生活理想（图 2-5-4~图 2-5-8）。在人物题材中包含了"仁""义""礼""孝"等传统思想，具有深刻的教育意义，如砖雕"郭子仪拜寿"被民间作为崇敬、洪福、长寿的象征而普遍应用，传达的是晚辈对长者的敬意和孝道。如番禺宝墨园墙壁砖雕作品"开封府断案"中（图 2-5-9），画面中人物分布在两层建筑中，姿态各异、形神兼备，通过一个故事，把众多人物组合在一起；另一幅宝墨园砖雕是"光明正大"（图 2-5-10），同样是断案，但是从不同角度去诠释，启示后人为官清廉公正。

图 2-5-4　番禺余荫山房人物砖雕（一）

图 2-5-5　番禺余荫山房人物砖雕（二）

图 2-5-6 番禺宝墨园人物砖雕

图 2-5-7 资政大夫祠人物砖雕

图 2-5-8 人物砖雕
（何世良工作室）

图 2-5-9 番禺宝墨园开封府人物砖雕

图 2-5-10 番禺宝墨园"光明正大"人物砖雕

（2）植物题材

花卉植物的图案中，以"四君子"的梅、兰、菊、竹最为常见，其他以折枝、缠枝、散花、丛花、荷花（图 2-5-11），及锦地叠花的形象等出现。岭南常见的水果蔬菜也是砖雕题材的偏爱，表现了浓郁的地方色彩，表达了人们对五谷丰登、生活富足的美好向往。水果蔬菜有荔枝、菠萝、苦瓜和香蕉等（图 2-5-12~ 图 2-5-16）。图 2-5-17 中枝蔓上结着满满的南瓜，象征子孙昌盛。

图 2-5-11　荷花砖雕（何世良工作室）

图 2-5-12　荔枝砖雕（何世良工作室）

图 2-5-13　菠萝砖雕（何世良工作室）

图 2-5-14　荔枝砖雕（何世良工作室）

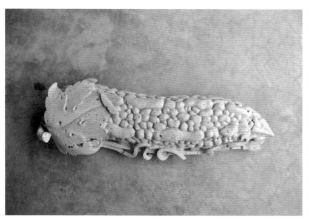

图 2-5-15　苦瓜砖雕（何世良工作室）

图 2-5-16　香蕉砖雕（何世良工作室）

图 2-5-17　瓜瓞绵绵（广州陈家祠）

（3）动物题材

动物题材，以瑞兽为主，以谐音"福禄寿喜"、"连年有余"等民间吉祥俗语有关的动物居多，常用的动物有狮子、鱼、雁、鹅、犬、兔、蝙蝠、麒麟、松鼠等题材（图 2-5-18~ 图 2-5-20）。

鸟类题材常与花卉植物组合成具有吉祥寓意的词汇（图 2-5-21、图 2-5-22）。例如寓意"子孙繁茂"的石榴、丹桂、葡萄组合；表示"多福多寿"的佛手与仙桃组合；意喻"喜上眉梢"的喜鹊与梅花组合；意喻为"升官发财，飞黄腾达"的大小狮子雕刻图案。

图 2-5-18　花都资政大夫祠牌坊顶蝙蝠砖雕

图 2-5-19　佛山祖庙麒麟砖雕

图 2-5-20 瑞兽　　　　　　　　图 2-5-21 砖雕玫瑰黄雀纹　图 2-5-22 砖雕喜鹊报春纹
（东莞可园）　　　　　　　（番禺余荫山房）　　　（番禺余荫山房）

（4）博古题材

博古题材是一类在砖雕中经常出现的题材，寓意子孙后代能通晓古今，学习勤奋，学有所成
（图 2-5-23~ 图 2-5-27）。

图 2-5-23　八宝博古砖雕（三水胥江祖庙）（左上）
图 2-5-24　蝙蝠博古砖雕（番禺余荫山房）（右上）
图 2-5-25　雕花博古构件（番禺余荫山房）（左中）
图 2-5-26　砖雕神兽花篮博古纹构件（番禺余荫山房）（右中）
图 2-5-27　砖雕博古纹构件（东莞可园）（右下）

2.2 挂线砖雕特色

广府砖雕是建筑的一部分，在广东珠江流域的民居上，到处可以见到精美细腻的砖雕作品。为了与北方和江南砖雕区别，把广府特色的砖雕称为"挂线砖雕"，在山墙上壁、大门两侧壁面、门楼、门檐等处，有的独立存在，有的与彩绘、灰塑、陶塑等作为装饰元素同时使用，如佛山梁园建筑的局部（图 2-5-28），画面中间以彩色的灰塑为装饰，两边为对称的精美砖雕，从图中可以看到大面积的上层砖雕被铲平，是在"文化大革命"的"破四旧"中人为被毁坏的。

挂线砖雕的材质使用建筑小青砖，这是岭南砖雕的一大特色。江南和北方砖雕材料用材是为了制作砖雕而专门特制，尺寸不统一，且砖比较大，如图 2-5-29 中北京万寿寺砖雕用砖，是专门为了一个图案而烧制定做的；图 2-5-30 是山东传统建筑博物馆的一件北方砖雕构件，可以明显看到所用的砖为方形，属专门定制。相比之下岭南砖雕的材料使用传统建筑砌墙的青砖，与建筑完全融为一体，砖块小，所以更需要精心打磨和拼装。

广府砖雕工艺精致细腻，雕刻手法多以阴刻、浅浮雕、高浮雕、透雕穿插进行。挂线砖雕对雕刻技艺要求高，纤细如丝的线条错综交叉，一旦刻断便难以补救，雕成的花卉枝叶繁茂，形如锦绣，戏曲人物衣甲清晰，雕镂得精细如丝。江南地区的砖块头比较大，人物形象比较粗犷、浑厚，表现张扬，一般一块砖上雕刻一个故事。广府挂线砖雕显出纤巧、玲珑的特点，一组砖雕多则上百人，犹如一场戏剧表演。

广府砖雕空间层次感极强。随着砖雕技艺的不断发展，到清代广府砖雕已可以雕出非常复杂的层次，景象从远到近可达 9 层之多，还采用多层镂空，在有限的厚度里拓展更丰富的内容。砖雕在

图 2-5-28　佛山梁园砖雕

岭南传统建筑技艺

232

图 2-5-29　北京万寿寺砖雕

图 2-5-30　山东古建筑构件博物馆北方砖雕

空间层次上一般分为近景、中景和远景，近景多采用高浮雕、圆雕或镂空雕刻，中景多为浅浮雕或高浮雕，远景多为线刻或浅浮雕。图 2-5-31 所示广州陈家祠山墙墀头砖雕中间人物分三层，分别有三组人物，他们的空间层次从上到下依次变深，拉开了视觉上的层次感。为了更明确地看到砖雕的层次，图 2-5-32 所示是在砖雕制作过程中简单的拼装，用了 5 层砖来表现不同维度的人物和场景。

光线照射效果也是雕刻砖雕必须考虑的因素之一，光线照射下砖雕画面形成受光部分、侧光部分、背光部分，三个部分的节奏变化，形成了丰富的虚实变化，光影的作用使画面富有强烈的节奏感，增强了画面层次，所以在构图时就要充分考虑光线照射下的效果。

砖雕寓意深刻，蕴含了五行之道，把天地万物以联想、谐音、比喻、通感、借代等艺术手法浓缩在小小的青砖上，砖雕技法写实、严谨，体现了岭南装饰艺术实用性、重视感觉的直观性思维特征，极大地丰富了传统建筑的文化内涵。

图 2-5-31　广州陈家祠山墙墀头砖雕

图 2-5-32　砖雕层次（何世良工作室）

3. 砖雕制作工艺

3.1 砖雕制作工具及用料

（1）工具

砖雕的主要工具有凿、刨、锯、铲、钻、锤、锯等（图2-5-33）。因砖的材质硬度介于木料与石料之间，但比木料脆，易碎易裂，故刃口一定要坚硬，所以砖雕工具的刃口是乌钢。

砖雕的工具主要有：

1）铅笔、毛笔、墨汁、砚台，皆用于草图的起稿绘制。

2）纸：一般为普通白纸，用于设计雕刻稿。

3）凿子（刻刀）：用于雕刻砖料的刀具（图2-5-34）。因刀锋角度不同，有锐、钝之分；而根据制作的不同需要，由大到小有多种规格。

4）刨、锯、铲、钻及砖雕安装工具（图2-5-35）。

5）木锤或铁锤：用于雕刻时敲打凿子。

6）砂纸或砂轮：用于打磨砖料（图2-5-36、图2-5-37）。

7）毛刷：用于清理操作中产生的砖末（图2-5-38）。

8）尺子：用于度量各种尺寸（图2-5-39）。

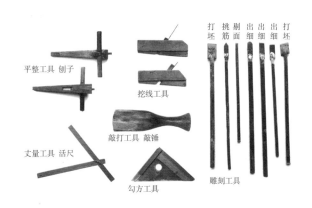

图2-5-33 古代砖雕平整、丈量、磨钻、雕刻、敲打常用工具

图2-5-34 凿子（何世良工作室）

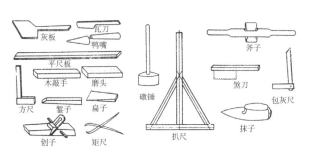

图2-5-35 古代砖雕安装施工常用工具（摘自《中国古建筑瓦石营造》）

图2-5-36 砂纸

图 2-5-37 砂轮机

图 2-5-38 毛刷

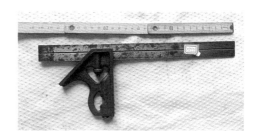

图 2-5-39 活尺

（2）选料

砖雕成品之所以能经受数百年的日晒雨淋，是因为青砖的制作工艺流程复杂且极其考究。青砖从原料的选取到全部工序完成要经过选土、制泥、制模、脱坯、凉坯、入窑、看火、上水和出窑 9 道工序，30 多个环节。

制青砖的原料来自塘泥、海泥、田泥、池泥或山泥。挖掘来的泥土泡在池子里，一天一夜后放水，让牛踩踏，直至将泥土踩踏均匀，之后加入适量的水和泥，倒入木质的模块中晾干，等彻底风干后，成型的泥块放入砖窑烧制。砖窑设有排气烟囱，窑上有许多可开合的洞口，可通过洞口向窑内注水。火候、烧制的时间长短、用水量的多少和用水时间的掌握、铁元素还原时间等因素都决定了出窑后砖的质地。砖质地太硬，不易行刀，太软，砖体易断裂。烧砖时一般不用大火，初点窑用的是小火，行话称其为热窑。热窑一天后转为中火，一般烧一窑砖的时间是三天三夜。在冷却过程中，砖坯中的铁元素被氧化成三氧化二铁，由于三氧化二铁是红色的，砖就显露出红色。如果在砖坯被烧透之后，往窑子的小洞口里加水，由于窑内的水蒸气阻止空气的流通，砖中的三氧化二铁便被还原成氧化亚铁，由于氧化亚铁是青灰色，因而砖就会呈青灰色。青砖的硬度小于红砖，不易风化，而且质地细腻，制作程序复杂，因此青砖的价格比红砖贵。

砖雕一般首选青砖，因为它硬度适中便于雕刻。成砖上水后，打开窑门和窑顶散热冷却两天两夜后出窑。沙湾的省级砖雕传承人何世良先生把青砖分为三种尺寸，长度大于 28 厘米的为大青砖，25~28 厘米的为中型青砖，23~24 厘米的为小型青砖（图 2-5-40）。

雕砖用的砖材需要采用质地细密、含沙量少的砖材。这种砖材质细致、硬度高、色泽一致、砂眼少，敲击时没有劈裂声，软硬适度，适合刀刻。如果太脆，就容易刻过、刻"崩"，太酥又入刀便碎。图案越复杂、镂空层次越多对砖的选料要求就越高。雕砖的适宜材料就是特制水磨细青砖，如东莞的青砖中上乘的绿豆青（拣青），就为绝佳的雕刻砖料（图 2-5-41）。现代砖雕大师何世良先生喜欢用旧屋拆下来的青砖，他认为现在烧制的青砖不论从转料到制作技艺都不及从前，所以四处收集广东各地旧屋拆下来的青砖，存放用来创作砖雕作品。

图 2-5-40 青砖（一）

图 2-5-41 青砖（二）

第二部分 岭南传统建筑技艺

235

3.2 砖雕制作工艺流程

广府砖雕按其规模可以分为：在单块砖上进行的独件砖雕；由若干块联合完成的组合砖雕。组合砖雕一般用于墙壁、照壁等较大幅度的装饰，需数十块甚至数百块砖，雕刻组合镶嵌而成。而独件砖雕，常镶嵌于神龛边框、楣饰等处，一般单独成幅。组合砖雕制作的工序比较复杂，可分为以下几个步骤：

（1）构思

确定尺寸，画好样图。有的画稿是请当地名画家、名书法家提前画好样稿，工匠们负责打样，有的是由砖雕匠人与主人沟通后，进行图案设计，然后画稿，所以砖雕匠人不只会雕凿，还需要懂绘画和构图方式，甚至需要很强的画面空间感（图 2-5-42）。落稿是将画稿拓印在砖面上，即在画纸上用缝衣针顺着线条穿孔后（约 1 毫米一个针孔）平铺于砖面，用装着黑色画粉的粉包顺着针孔轻轻拍压画稿；另一种做法为用笔在砖块上，画出所要雕刻的图案，但有些地方由于层次丰富，在雕刻的过程中有可能会被雕去，不能一次性全部画出，往往会采取随画随雕、边雕边画的方法。

（2）修砖

青砖表面有一定的凹凸，需要进行打磨、找平，尤其是从建筑上拆下来的青砖，更需要先进行修整，再来雕刻，达到表面平四周直（图 2-5-43）。

（3）上样

创作所需图案勾画到砖坯上，砖雕作品主要靠雕凿工艺来表现透视感，每雕凿一个层次放样一次，随着工序的推进再逐步完成。这样多次放样，能有效避免众多线条在雕凿中被无意凿掉而导致的重复描绘。在砖面上刷一层白浆，再将图案稿平贴在上面（图 2-5-44、图 2-5-45）。

（4）凿线刻样

将已挑选好的青砖，打磨成坯，用最小的凿子沿画笔的笔迹细浅地在砖坯上刻一遍，将图案的基本轮廓、层次表现出来，使图案形象定位，并标号每一部位的青砖（图 2-5-46），由多块青砖拼起来，若不提前标号或者标注错误，那雕刻出来的图案就很难拼接得上。凿线，古代也称这为"耕"，即用工具沿着画出的笔迹浅细地凿出沟来，这就叫做"耕"（图 2-5-47）。每画一次就耕一次，直到最后阶段雕刻完毕，当然在不影响操作的前提下也可以不耕。

（5）开坯

根据图案纹样用小凿在砖上描刻轮廓然后揭去样稿。根据耕出或凿出的阴线，凿去画面以外的部分就叫做"钉窟窿"。这一工艺最大的意义是可以决定雕砖作品的最底层深度，清楚地分出图案中的各个层次和每个层次中具体图像的外部轮廓（图 2-5-48）。

（6）打坯

打坯就是用刀、凿在砖上刻画出画面构图，景物轮廓、层次，确定景物具体部位，区分前、中、远三层景致。先凿出四周线脚，然后进行主纹的雕凿，再凿底纹，这一步完成大体轮廓及高低层次（图 2-5-49）。这道工序需要有经验的师傅来完成，非常讲究刀路、刀法的技巧。

（7）出细

出细或称刊光，即进一步精细雕琢，细部镂空。用锯、刻、凿、磨等多种工艺方法，进行精细的刻画图案，如在图 2-5-50 中，匠人对房子、宝瓶和蝙蝠进行精细雕刻，力求尽善尽美。

（8）修补

对因微小雕刻失误或砖内砂子、孔眼所引起的雕面残损，可用猪血调砖灰进行修补。用糙石磨细雕凿极粗的地方，如发现砖质有砂眼，干后再磨光（图 2-5-51）。

（9）整体收拾

用砂纸将图案内外粗糙之处磨细，以及将残缺或砂眼之处找平，再用水将残留在作品里面的砖灰清洗干净。

（10）接拼、安装

最后将雕刻完成的各砖雕部件用粘接、嵌砌、勾挂等方式，安装到预设的建筑装饰部位，完成组合砖雕的制作，此步需要在建筑工地现场完成。安装完成之后在砖的外表面刷一层桐油，起到保护砖体防止风化的作用。

图 2-5-42　画稿

图 2-5-43　修砖（何世良工作室）

图 2-5-44　上样（一）
（何世良工作室）

图 2-5-45　上样（二）
（何世良工作室）

图 2-5-46　编号对接
（何世良工作室）

图 2-5-47　凿线（何世良工作室）

图 2-5-48　开坯（何世良工作室）

图 2-5-49　打坯（何世良工作室）

图 2-5-50 细雕（何世良工作室）

图 2-5-51 修补

3.3 砖雕技法

广府砖雕雕刻手法多样，主要包括：阴刻、浅浮雕、高浮雕、透雕、圆雕。

（1）阴刻

在雕刻行业中，将"凹线条"称为"阴"线，而"凸线条"称为"阳"线。阴刻就是以"凹线条"表现图案的雕刻手法。其一般将图案的线条刻成"V"形的阴文，而保留图案以外部分，绘图手法及效果都与绘画中的白描手法相似，有洗练、清晰、古雅之感。广府砖雕的阴刻手法主要用在大型砖雕作品的花边图案，以及照壁、字匾的题字篆刻等（图 2-5-52~ 图 2-5-53），佛山祖庙的灵应牌坊，门楼下部都用了阴刻砖雕来重复装饰，倒数第二层用了一整条砖雕阴刻装饰条（图 2-5-54）。

（2）浮雕

浮雕是雕刻中较为常见的一种手法，其雕刻的图案有凸出的线条及体块，立体或半立体的形象。浮雕可分为浅浮雕和深浮雕（图 2-5-55、图 2-5-56），浅浮雕的雕刻较浅，层次的交叉也少，常常以线面结合的方法，来增强画面的立体感；深浮雕的雕刻较深，且起刀的位置较高、较厚，其立体效果及空间性都比浅浮雕强。广府砖雕对浮雕的手法应用十分广泛，可见于建筑各种部位。

（3）透雕

透雕是将砖块的某些部位凿透、镂空，从而使图案的形象更加逼真。根据雕刻方向的不同，有横透和竖透两种。广府砖雕较多运用透雕的手法，如常见的砖雕漏窗及建筑的门面墀头的部位。图 2-5-57 所示番禺留耕堂的漏窗，采用透雕的手法来对 26 个窗边图案进行雕刻，为漏窗增添了极佳的观赏性与趣味性。

（4）圆雕

圆雕，又称立体雕，是将图案形象的全部或绝大部分都雕刻出来的一种表现手法，使雕刻对象能够得到多方位、多角度的表现。广府砖雕中，常在大型砖雕作品的主体部分，以及屋脊上的脊兽雕刻等，用到圆雕的手法。如图 2-5-58 所示是在著名砖雕大师何世良工作室拍摄到的砖雕人物局部，能够很直观的将以平视的角度圆雕人物呈现给大家，立体感极强。图 2-5-59 是一组戏剧人物砖雕的局部，前面的人物几乎都是以圆雕的形式雕刻，层次丰富，人物造型饱满，表情生动，体现了砖雕技艺的精湛，也唯有"细心、耐心、沉心"才能在青砖上创作出如此有生命力的人物形象（图 2-5-59）。

图 2-5-52　阴刻砖雕（一）（何世良工作室）

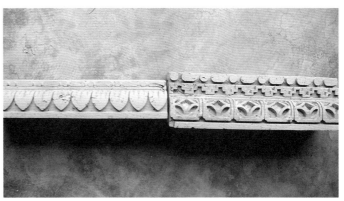

图 2-5-53　阴刻砖雕（二）（何世良工作室）

图 2-5-54　佛山祖庙灵应牌坊下沿的砖雕阴刻装饰

图 2-5-55　浅浮雕（一）

图 2-5-56　深浮雕（二）

图 2-5-57　番禺留耕堂砖雕漏窗　　　　图 2-5-58　何世良工　　　　图 2-5-59　何世良工作室圆雕作品（二）
作室圆雕作品（一）

3.4　砖雕技法的要点

完成一幅砖雕作品，常常会用到不同的雕刻技法。广州番禺沙湾砖雕名匠何世良谈到："砖雕有很多不同的手法，不同的部位要选择不同的角度和力度去雕，手法上要掌握要领。比如一个小小的荔枝（图 2-5-60），打胚型的时候用的是'打'的手法，修光的时候用的是'铲'的手法，在表面上起纹的时候用的是'挑'的手法，几种手法要混合运用。"

砖雕需要注意对透视角度的把握。砖雕作品的表现手法因放置位置不同而有所区别，如墙壁、墀头等砖雕，其所处的位置都比较高，观赏者需以仰视的角度观赏，因而工匠在雕刻时对人物形象、衣物等的处理时需要将人物比例放大，尤其是头部，整个身体呈前倾的姿势，这样符合人们在低处仰望的视觉规律，如图 2-5-61 所示的番禺余荫山房墀头砖雕。

广府砖雕在技法上，最具特色的是有"挂线"之称的深雕手法，要把细节刻画到如丝的境界，需要极为深厚的雕刻功底，同时需要雕刻者具有极高的审美水准。砖雕可把物像雕刻成纤细程度如丝线一般的图案，且线条流畅自如、层次分明、富有立体感，如广州陈家祠入口墙楣上的 6 幅大型砖雕，里面人物众多，互相呼应，故事丰富，场景连贯。另一挂线砖雕的例子是东莞西溪古村的祠堂墀头，本来是对称的，但是由于历史原因其中一侧被毁坏了，我们只能依稀看出砖雕的层次（图 2-5-62），而从另一边（图 2-5-63）可以看出，在建筑上已经存留上百年的砖雕形象依然清晰可见，线条纵横交错而又清晰流畅，人物生动而精致。

图 2-5-60　荔枝砖雕（何世良工作室）

图 2-5-61　番禺余荫山房墀头砖雕　　图 2-5-62　东莞西溪古村祠堂挂线砖雕左侧　　图 2-5-63　东莞西溪古村祠堂挂线砖雕右侧

4. 砖雕的载体及应用

4.1　广府砖雕主要载体

砖雕主要位于牌坊、屋脊、门楼、照壁、墀头、漏窗墙、墙檐、门窗楣、神龛等部位。

（1）牌坊

牌坊，汉族特色建筑文化之一，是封建社会为表彰功勋、科第、德政以及忠孝节义所立的建筑物；也有一些宫观寺庙以牌坊作为山门，还有用作标明地名。牌坊也是祠堂的附属建筑物，昭示家族先人的高尚美德和丰功伟绩，兼有祭祖的功能。佛山祖庙的"褒宠牌坊"建于明正德十六年（1521 年），是广东省内罕见的明代砖雕牌坊。牌坊的砖雕包括砖斗栱、砖额枋等构件，明间和次间的额枋雕刻精细，多块砖雕组成罗汉人物图案、"双龙戏珠"图案，单块透雕，刀法粗犷、简练而纯熟。雕刻云、龙、麒麟、牡丹花草、鱼、鼎、剑、鸭、莲花等图案。佛山祖庙褒宠牌坊用了四层砖雕仿木小斗栱，来建立牌坊的门楼，而每一个凹下去的部分都刻有不同纹样和寓意的砖雕图案，整个牌坊门楼都在突出砖雕工艺，细节丰富，叹为观止（图 2-5-64~ 图 2-5-66）。

（2）屋脊砖雕

屋脊是砖雕装饰比较集中的地方，一般选用吉祥花卉、博古等传统纹样做成满脊通饰，然后再安装不同寓意的砖雕脊兽。脊兽，根据所处的位置又有正吻、垂脊吻、蹲脊吻、合角吻、角戗兽、套兽等多种形式。在高级别建筑的屋顶，正脊两端安放有正吻，垂脊下部端头安放有垂兽。屋脊上的砖雕脊兽种类繁多、千姿百态、生动活泼，格外引人注目。在人们美好的愿望中赋予了脊兽以不同的职责，脊兽除了自身独特的本领外，都还具备一个相同的能力，即指挥和运用水。因此，脊兽

图 2-5-64　佛山
祖庙褒宠牌坊

图 2-5-65　佛山
祖庙褒宠牌坊细部

图 2-5-66　佛山
祖庙褒宠牌坊细部
砖雕图案

的装饰其实就是现实中的民众愿望得到保佑和祝福而创造的祈福迎祥、驱邪避灾的象征手段。脊兽的设置，不仅反映了民间的信仰习俗，更增添了建筑物的壮观和神秘感。

（3）门楼砖雕

门楼是整个建筑脸面，自古就有"宅以门户为冠带"之说，这足以说明大门具有形象展示的作用。因此对于门面的装饰，稍有讲究者，都会对门楼极力装点、突出个性，尽显华美与尊贵。在砖雕流行地区许多建筑的门楼上，都装饰了仿木结构的砖雕斗栱。

门楼斗栱砖雕。斗栱本是承重部件，处于柱顶、额枋、屋顶之间，是立柱与梁架的结合点，但砖雕斗栱已经没有了承重功能，其装饰功能已经远远超出了实用功能，并且此处构件常雕刻有龙头、凤首、象鼻等形象，使门楼更显富有气势（图 2-5-67）。

（4）照壁砖雕

照壁一般为独立的单体短墙，或处在院落之外，与大门相对；或隐于院内，作为入口的屏障，也有借山墙或院墙构筑的随墙照壁，其地位与大门一样重要。照壁既起到了使院内的风景处于天然入口的隐蔽效果，也是来往行人的视线最为集中的地方，所以对照壁的装饰也尤为重视。照壁可以增强整个建筑院落的空间层次，具有很强的装饰作用，同时也极富形式美感。照壁砖雕纹饰题材广泛，有吉祥花卉、祥禽瑞兽、门神等图案，也有福、禄、寿、喜等吉祥文字。砖雕照壁纹饰烘托了宅内的气氛，提升了建筑的整体气势（图 2-5-68）。

广府地区的照壁砖雕规模最大的为佛山金楼的慕堂苏公祠（1900 年）的照壁。此照壁上的砖雕共五组，是南海砖雕名匠梁氏兄弟的代表作。梁氏兄弟为广州陈家祠的砖雕作者之一，雕饰的主题有"孙儿耍乐"、"春魁及第"、"五子登科"、"麟雄栱日"、"九狮全图"、"三阳启泰"、"雄麟夺锦"、"龙马精神"、"福禄全寿"、"二品高冠"等。

图 2-5-67 佛山祖庙砖雕斗栱牌坊

图 2-5-68　慕堂苏公祠照壁砖雕
（佛山金楼）

（5）墙面砖雕

为了避免墙壁的单调，人们用各种方法对墙壁进行装饰，砖雕是常见的手法之一。根据墙所处位置的不同，可以把墙壁细分为山墙、廊心墙、檐墙、槛墙、扇面墙、院墙等，特别是在院内墙体的漏窗上，砖雕装饰不厌繁复，内容丰富多彩，为整个院落增添了别样的情趣。

墙面砖雕位于建筑的外墙上方，主要起到教化和装饰作用，墙面雕刻技法以浮雕为主。广州陈家祠外墙上有六幅大型砖雕最有代表性，砖雕的题材均取材于历史典故和吉祥花鸟兽图案。

漏花窗俗称为花窗、花墙洞、花墙头，花窗砖雕图案一般是由若干块青砖粘合而成的一组几何形图案。珠三角祠堂建筑的花窗大多为透雕，在更便于祠堂通风采光的同时又增加墙面的装饰作用。漏窗结合边框在墙面犹如一幅立体图画，小中见大，引人入胜。边框是清水磨砖的砖圈，形状有方、圆、六角、八角、扇形等多种。窗心砖雕图案丰富，包括几何形态、自然形态及具有文化意义的题材等（图 2-5-69）。

漏窗有透空和不透空两种，透空的漏窗外观为不封闭的空窗，窗洞中装饰各种镂空花纹，漏窗造型精巧、优美、通透，是园林建筑中最富诗意的构件。中国传统建筑在廊墙上开设漏窗，不仅打破了墙面的单调乏味，而且增加了墙面的明快、通透和灵巧的效果，这更使民居建筑得到了装饰。透空的漏窗一般不可用于外围墙上；不透空的漏窗则是在墙的一面做成漏窗的样子，实际不是通透的（图 2-5-70~ 图 2-5-72），漏窗的背面依然是普通墙面。不透空的漏窗一般使用在外围墙上。

墙面墙楣砖雕。使用砖雕的墙楣主要是前堂梢间、衬祠头门正立面山墙靠檐口部分的墙体。墙楣砖雕位置较为次要，在祠堂建筑中是用于衬托轴线上的主祠的，在装饰上不可喧宾夺主。祠堂兴建是倾家族之力以彰显家族实力，如广州陈家祠堂正立面墙楣镶嵌的 6 幅书卷式大型砖雕群是工艺体现手法之一（请参考后面陈家祠砖雕案例），作品层次分明、手法细腻多样。

（6）墀头砖雕

墀头砖雕一般分为上中下三个部分，墀头顶砖雕常用仿木结构的砖斗栱；墀头身的砖雕用砖线条框限，砖雕题材常用历史典故，多表现人物、吉祥植物、动物题材；墀头身与墀头顶、墀头座砖雕之间均用浅浮雕构成过渡层，为了突出砖雕的立体感，便于远观，墀头砖雕人物的五官都比一般岭南人的五官深刻，表现为高鼻梁和深邃的眼窝。墀头砖雕除了用于祠堂建筑，也用于民居建筑，但在民居入口的墀头砖雕比祠堂墀头砖雕简单得多（图 2-5-73）。

图 2-5-69　番禺沙湾留耕堂墙面砖雕

图 2-5-70　番禺余荫山房漏窗砖雕

图 2-5-71　番禺余荫山房漏窗砖雕局部

图 2-5-72　番禺余荫山房漏窗砖雕局部纹样细节

（7）檐口砖雕

檐口砖雕承托屋檐，具有承重及装饰的作用，体现结构与艺术的和谐统一。叠涩出跳的砖块被雕饰成花边，图案有方齿饰、花瓣、圆柱体、铜币，比较宽的饰带则用瓜果装饰。为了减少砖块的生硬感，出挑砖体的断面被磨成圆弧形。弧形断面的线性砖雕及方齿饰是近代才出现的新形式，很可能受到西方装饰图案的影响。

（8）神龛砖雕

神龛一般位于第一进入口大厅的墙上，附属于承重墙体，装饰的主题多为"福禄寿"的吉祥图案，由若干块青砖雕刻拼贴而成。神龛的图案为浅浮雕，常以花卉、卷草、瓜果为题材，图 2-5-74 所示为番禺余荫山房的砖雕神龛，顶部分 5 层进行雕刻，第一层内容为西番莲纹，第二层为荔枝和岭南水果，第三层为博古纹和龙的，第四层为铜钱纹和花篮，第五层为万字纹和花卉。神龛下部边上是铜钱纹、暗八仙和花卉的边框装饰，寓意子孙被神灵庇佑、枝繁叶茂、富贵吉祥、知书达理的美好愿望。

图 2-5-73　广州陈家祠山墙墀头
人物砖雕

图 2-5-74　番禺余荫山房的砖雕神龛　　　　　图 2-5-75　顺德清晖园某建筑门楼砖雕

（9）门楣砖雕

门楣砖雕附属于悬挑的砖块上，砖块承载上方的屋檐。如图 2-5-75 所示顺德清晖园中的砖雕门楼，做了仿祠堂大门的建筑墀头，上面雕刻了象征富贵的繁花。

（10）巷门匾额

祠堂巷门指的是主体建筑与衬祠之间常有的青云巷巷首之门，在巷门的匾额周边或匾额上方墙体也经常会有砖雕工艺的出现。匾额一般用石材，上面雕刻"履仁、踏义"等，砖雕艺术与建筑的结合源于用砖雕模仿木构建筑的构件。

4.2　砖雕在岭南传统建筑中的运用

4.2.1　陈家祠砖雕

陈家祠（又称陈氏书院）位于广州中山七路,筹建于清光绪十六年（1890 年）,光绪二十年（1894年）建成，是当时广东省 72 县陈姓人氏合资兴建的合族祠堂，其建立主要为参与捐资的陈氏宗族子弟赴省城备考科举、候任、交纳赋税、诉讼等事务提供临时居所。陈氏书院被誉为"岭南建筑艺术的一颗明珠"。

陈家书院的砖雕数量多、规模大、做工细，代表了广东清代砖雕的最高水平。陈氏书院的砖雕，主要以浮雕为主，局部采用了透雕、圆雕、镂空雕等技法。在陈氏书院建筑中，砖雕是建筑主要装饰工艺之一。外墙、墀头、檐下等均采用砖雕作装饰。艺人按需布设图案纹饰，丰富了单调的墙面，突显了广府砖雕的风格，为陈氏书院这座建筑添色不少，并成为清代岭南建筑砖雕艺术的代表。过去的匠人往往不留名，但在陈家祠的砖雕上，在作品的角落基本上都刻有工匠或作坊的名字，如小天使下面注明的"瑞昌造"。当时瑞昌是整个陈家祠的总承包商，在广府其他地区的砖雕作品上也常看到他的名字。在同一个建筑中，一般以中轴线为中心，左右两侧的砖雕也是不同工匠所为，这样在制作过程中才会有对比，手艺胜出的队伍可以得到另外的奖赏，这在民间被称为"斗艺"或"斗工";所以有些砖雕上面则写明是南海人做的,有些写明是番禺人做的,不同的工坊,风格会有差别。陈家祠砖雕出自南海、番禺的黄南山、杨鉴庭、黎壁竹、陈兆南、梁澄、梁进等著名民间艺人之手。

陈氏书院题材内容有吉祥图案、民间传说、历史故事等,如"喜鹊登梅"、"老鼠啃葡萄"、"金玉满堂"、"龙凤呈祥"、"太师少师"、"竹鹤图"、"杏林春燕"、"瓜瓞绵绵"、"东方朔偷桃"、"麻姑献寿"、"和合二仙"、"天姬送子"、"群英会"、"曹操大宴铜雀台"、"玉皇登殿"、"甘露寺"、"舌战群儒"等。中路东厅北面的墀头,最下方雕刻的是一只蝙蝠,因为"蝠"与"福"音同,所以,在传统题材中,这就是一个"福"的图案。而这位砖雕工匠,更是将他所能想到的所有寓意福气的事物,都集中到这一个图案上。两边的耳朵,雕得像花瓣一样,因为广东人认为耳大多福;另外,双下巴,口也很大,表示的是口大吃四方;额头也很突出,则说明这只蝙蝠很有智慧。一个小小的建筑装饰,就融入了这么多的好意头。

陈家祠保存完好的墀头砖雕最能体现出广府"挂线砖雕"的风格特点。陈家祠墀头砖雕极为精致,在纵向丰富了墙面的轮廓,体现了先人对细节的追求,画面中集浮雕、圆雕等多种手法于一体,容动物、花鸟、人物、各种纹样为一处,在广府地区首屈一指(图2-5-76)。

陈家祠墙面砖雕最为精彩。广州中山七路陈家祠祠堂正立面墙楣镶嵌的6幅书卷式大型砖雕群是工艺体现手法之一。每幅书卷长4.8米、高2米,墙面全由一块块坚实的水磨青砖对缝砌成,缝口细如丝线,整齐划一。6幅砖雕群分别是:刘义庆伏狼驹(图2-5-77)、百鸟图(图2-5-78)、五伦全图(图2-5-79)、梧桐杏柳凤凰群图(图2-5-80)、梁山聚义(图2-5-81)、松雀图(图2-5-82),以及每幅画的两边均配上书法诗文。该作品层次分明、手法细腻多样,圆雕、阴刻、阳刻、深浮雕、浅浮雕与镂空透雕穿插灵活使用,按主题表现所需雕成各种图案,刻成各种形象,然后在墙上镶嵌成整幅画面,从而构成多层次的雕刻艺术。其人物形象生动传神,处处显示出雕刻技法的

图2-5-76 广州陈家祠
墀头砖雕

图2-5-77 陈家祠"刘义庆伏狼驹"砖雕雕塑图案

图 2-5-78　陈家祠
"百鸟图"砖雕

图 2-5-79　陈家祠
"五伦全图"砖雕

图 2-5-80　陈家祠
"梧桐杏柳凤凰群图"砖雕

图 2-5-81 陈家祠
"梁山聚义"砖雕

图 2-5-82 陈家祠
"松雀图"砖雕

娴熟老到，线条的生动流畅和精细入微。如"五伦全图"就是一个典型代表，是清朝著名砖雕艺人黄南山的代表作，这幅作品中雕刻有凤凰、仙鹤、鸳鸯、鹡鸰、莺五种禽鸟。在这里凤代表君，寓意君臣之道；仙鹤代表父亲，寓意父子之道；鸳鸯代表夫妻之道；鹡鸰代指兄弟，寓意长有之道；莺则寓意朋友之道；此乃"五伦"即封建社会的五种伦常：即"君臣有义、父子有情、夫妇有别、长幼有序、朋友有信"。寓意社会伦常有序、吉祥瑞和。还有"梧桐柳杏凤凰群图"中梧桐象征高洁美好的品格，期望家族后人修得好品格，成就一番功业。

　　诗文砖雕。陈家祠砖雕作品中可以看到罕见的行书诗词砖雕，字迹清晰、流畅，气贯全篇。其中"梁山聚义图"、"刘义庆伏狼驹"两幅砖雕均高1.75米，宽3.6米，其余四幅砖雕雕塑题材图案分别是"百鸟图"、"五伦全图"、"梧桐杏柳凤凰图"、"松雀图"，图的两旁还雕有不同书体的诗文，这种诗书画结合的砖雕也是同期少见的（图2-5-83、图2-5-84）。

　　陈氏书院首进东路北面墀头的小天使图案，在中国古建筑的砖雕装饰中可谓绝无仅有。小天使图案受到西方文化影响，但跟西方大多数艺术作品中的天使形象又有差别。陈家祠砖雕上的小天使，头上有发髻，身上挂着小肚兜，穿着小裤衩，显然是中国童子的形象。这小小的天使图案，如同东西文化交融的密码，出现在一个宗祠性质的建筑上，更能看出广州民间对外来文化的包容性（图2-5-85）。

图 2-5-83、图 2-5-84　陈家祠"五伦全图"砖雕两边的　　　　图 2-5-85　陈家祠首进东路北面墀头雕有
　　　　　　　　　　行书诗文砖雕　　　　　　　　　　　　　　　　　　　　　小天使图案

4.2.2　佛山祖庙砖雕

　　佛山祖庙在建筑檐下和牌坊檐下都运用了大量的砖雕装饰线条，它们整齐排列成线，有两三层的，也有四五层之多的，在细节处体现了砖雕的精致和装饰性（图 2-5-86）。

　　祖庙端肃门砖雕壁龛。镶嵌在祖庙端肃门南侧围墙的"海瑞大红袍"和镶嵌在崇敬门南侧围墙的"牛皋守房州"的两组砖雕壁龛是以历史故事为题材的艺术精品（图 2-5-87、图 2-5-88）。"海瑞大红袍"高 1.4 米，宽 2.83 米，作品描述明中叶忠臣海瑞不畏权势、为民请愿，力主严惩贪官的故事；"牛皋守房州"高 1.4 米，宽 2.83 米，反映南宋抗金英雄岳飞的部将牛皋抵御金兵，战守房州的场景；两件作品都是选用上等青砖，根据设计所需逐块雕琢，然后按部位拼接，镶嵌于墙上而成完整的作品，均由郭连川、郭道生合作制作于清光绪二十五年（1899 年）。在整体构图上，这两组砖雕采用我国传统的对称手法，主图呈横长方形，两侧对称拼接两幅副图。主图中的场景和人物均按中轴线分左右对称排列，并在四周装饰雕刻有寓意吉祥的瓜果、花卉等图案，使整组作品表现出一种浑厚方正、沉稳内敛而不失轻巧优美的艺术风格。人物造型借鉴我国传统戏剧人物的造型，通过人物的不同脸谱和服饰来表现其不同身份和特征，如武官则身材魁梧、浓眉厚唇、外披铠甲，符合我国民间的传统审美习惯。在人物的细部刻画上比较简练，艺人更注重运用夸张和概括的手法来强化人物的动作来表现人物的神态，通过各个人物一举一动，如探头侧身，仰脸俯首，举手投足的夸张描述把人物神韵表现得淋漓尽致，这种手法恰恰又符合远距离观赏的要求。作者还巧妙地运用对比手法使作品主体形象更加突出鲜明，如雕塑的人物多是圆浑厚重，粗犷豪放，而楼阁廊柱则工整玲珑，细腻入微；又如前排和下层的人物造型较大而后排和上层的人物造型较小使作品主角与配角有别，既强化了主体又构成强烈的透视感，立体效果尤为凸显。两侧的奇花秀石图将国画的绘画艺术融入砖雕之中，在构图上注意疏密虚实的处理，突出主体虚化场景，写实与虚构相结合，充满浓郁的中华民族传统艺术韵味。在制作过程中，作者熟练地运用了砖雕艺术的几种基本技法如圆雕、浮雕、镂空、镶嵌，使作品工整明快，层次分明，生动传神。值得一提的是，作为制作这样场景复杂，人物众多，画幅尺寸较大的作品，作者在设计时除了考虑整体效果等各种因素外，还要从组合上考虑每一块砖块的衔接配合。这两组作品整个画面分割巧妙得当，砖块间衔接组合手艺十分精确，使作品浑然一体，如铸于一炉，表现出作者的高超技艺。与北方的一些类似题材的作品比较，这两件作品充分体现了广东砖雕精巧严谨的艺术水平和特点。

佛山祖庙的墙面砖雕也极具特色，墙壁上的神龛周围雕刻有大量的博古杂宝，映射出满满的祝福之意（图2-5-89）。

4.2.3 番禺宝墨园

当代砖雕要看宝墨园。宝墨园中的"吐艳和鸣壁"（图2-5-90），长达22.38米，高5.83米，厚1.08米，前后两面总面积260.96平方米，是何世良师傅耗时三年完成的当代砖雕巨幅佳作，壁的背面则雕有东晋书法名家王羲之的《兰亭序》，笔意、神韵跃然"砖"上（图2-5-91）。人们惊叹之余明白了，原来那上万块青砖跑到这里，变幻成一幅精湛的大型砖雕艺术作品，而且列入大世界基尼斯纪录，成为"世界之最"。

砖雕照壁背面王羲之书法《兰亭序》全面展示了广府砖雕中圆雕、透雕、浮雕以及难度极高的"挂线砖雕"等工艺技法，共雕了600多只鸟（图2-5-92~图2-5-101），奇花异卉500多种。由于青砖质地松脆，容易崩折，一般砖雕镂空较浅，但何世良为了增强照壁的立体感，千方百计让雕刻物"凸"出来。此外，"吐艳和鸣壁"所用的几万块砖，都是清代的老砖，是何世良从民间收回来的。因为现在的青砖，细腻度远远达不到砖雕的要求。

图2-5-86 佛山祖庙装饰纹样砖雕

图2-5-87 佛山祖庙"海瑞大红袍"砖雕

图2-5-88 佛山祖庙"牛皋守房州"砖雕

图2-5-89 佛山祖庙神龛砖雕

图 2-5-90 "吐艳和鸣壁"砖雕照壁（番禺宝墨图）

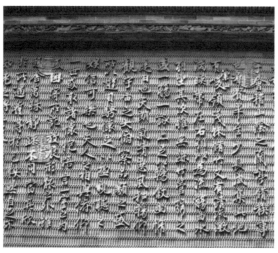

图 2-5-91 王羲之书法《兰亭序》砖雕

图 2-5-92 "吐艳和鸣壁"砖雕照壁凤凰

图 2-5-93 宝墨园朱雀砖雕

图 2-5-94 宝墨园鹭鸶砖雕

图 2-5-95 宝墨园孔雀砖雕

图 2-5-96 宝墨园丹顶鹤砖雕

图 2-5-97 宝墨园鸾鸟砖雕

图 2-5-98 宝墨园老鹰砖雕

图 2-5-99 宝墨园麻雀砖雕

图 2-5-100 宝墨园雄鸡砖雕

图 2-5-101 宝墨园凤凰砖雕

5. 传承与发扬

5.1　砖雕发展现状

广州现存砖雕作品主要分布在番禺区。民国时期，砖雕工艺仍然是传统建筑装饰的重要组成部分，但新型民间建筑，例如骑楼商住楼、小洋房，传统砖雕的表现形式已经渐渐消失，主要原因是建筑结构的变化带来的影响，人们的审美观不再停留在旧的形式；新型建筑结构和混凝土墙体材料的运用，决定了砖雕在新型民间建筑中失去了发展空间。砖雕从功能性的装饰转变为非功能性的装饰，继而退出历史舞台。

改革开放以来，随着古典建筑园林、寺院、庙宇、名宅故居等修复重建的需要，砖雕又迎来一个新的发展机遇，各地先后涌现出新一代的民间砖雕艺术家。然而，佛山砖雕艺术也面临着人才断层，后继乏人的困境。由于砖雕工艺复杂、成本高，经济效益低，加上少有建筑使用砖雕，使学习这门技艺的手艺人越来越少，这项民间工艺正濒临失传，现状堪忧。

目前佛山有个别陶艺家试图通过烧制陶瓷的方法创作仿砖雕艺术作品，方法有点类似砖雕的"印模烧塑"，在泥坯上雕塑成型后用窑炉焙烧，基本不上釉色，保持泥坯的本色，艺术效果相当不错，与砖雕也十分相似。但由于其烧制过程存在变形和流程的差异，无法体现砖雕的"现刀实刻，明快利落"的效果。仿砖雕不失为陶瓷艺术形式的一种新的尝试，但实际上是无法取代历史悠久、工艺独特的砖雕艺术的。

石湾的何世良师傅，在过硬的木雕技艺基础上，融多家砖雕技艺于一身，自学研究，将砖雕这项传统技艺保存了下来，他也成为石湾砖雕的唯一继承人。

5.2　传承人介绍

何世良，生于 1970 年 2 月，省级非物质文化遗产项目砖雕传承人，广东首届传统建筑名匠。他天生是一个痴迷于砖雕、木雕世界的奇才，出生在"中国民间艺术之乡"广州番禺沙湾镇。沙湾的砖雕在明代已盛行，是岭南水乡民间建筑一大特色，影响至东南亚各地。明代沙湾砖雕风格是造型概括简练、落刀利索，清代乾隆时，沙湾砖雕的洋雕风格（挂线砖雕）已出现，至清末更成熟，其特色还富有色彩效果，如深凹线花纹、浅凹线袖纹、深凹线须纹等能衬托出深浅之色彩。何世良自小喜欢画画，喜看古建筑中的工艺，喜欢流连于老房子、旧祠堂之间，经常为了看镶在祠堂、庙宇、民宅的墙头、犀头、照壁、檐下、门楣、窗额等处的砖雕和木雕，以至于"忘食"。有一年，沙湾镇著名祠堂"留耕堂"要修葺，当时还是初中生的何世良，一放学就去看那祠堂的修复，天天去看着那些破旧的砖雕和木雕修复后变得栩栩如生，重新大放异彩，他就想，有朝一日也要做这样的能工巧匠。1986 年初中毕业后进入木雕厂当学徒，学习广式家具雕刻和设计，通过师傅胡枝掌握了传统雕刻的基本技术。后广泛考察和搜集珠三角、江南、北方等地的砖雕作品，进行临摹和研究，融各家之长。以宝墨园镇园之宝巨型砖雕彩壁"吐艳和鸣壁"成名，东莞粤晖园砖雕"百蝠晖春"照壁高 11.109 米，长 50.845 米，宽 5.371 米，由 160 万块老青砖雕刻而成，打破了其"吐艳和鸣壁"之前保持的纪录，被上海大世界基尼斯总部评为中国最大的砖雕，列入吉尼斯大全。

何世良建立了砖雕工作室，毫无保留地把砖雕技艺传授给弟子，经他手把手带出来的弟子就有上百个，这些弟子许多都已成才，活跃在砖雕界。为了让更多人认识和喜爱砖雕，他经常外出做砖雕艺术的演讲，并计划把多年来保存的有关资料及本人的部分作品辑录成书，为砖雕事业的发展贡献力量。对于未来，何世良说自己有几个愿望，首先是巩固传统岭南砖雕技艺，把砖雕技艺继续传承下去；还有就是将传统与现代结合，创作出更多有个人风格的砖雕新作品。

当砖雕技术濒临失传之时，何世良找不到师傅指导砖雕技艺，他是在木雕的基础上，自己摸索出来的。那时候，何世良常常背着一部相机，到处找老房子，学习古建筑上的砖雕，发现有特色的砖雕就拍下来，带回家慢慢研究。在砖雕这一传统工艺复兴之路上，何世良起了举足轻重的作用。

5.3 砖雕的发展

由于现代建筑结构的变化，砖雕已经逐渐远离了我们的生活，但是传统工艺可以有更多新的载体和延伸。例如番禺儿童公园用砖雕打造的一面卡通动物墙，既体现出番禺沙湾的特色，又将传统手工艺与现代建筑结合起来，深受大家的喜爱。

将砖雕应用于现代、仿古或新中式室内外装饰中是一种比较好的尝试。现代人们开始崇尚绿色自然、低碳环保的人居环境，追求古朴、典雅、返璞归真等艺术风格。砖雕这一传统工艺，题材自然，寓意丰富，纯手工技法中透露着古风雅韵，在现代家居装饰市场上是具有非常大的竞争力的。

岭南地区的机场、火车站的候车室、地铁过道等一些大型的公共场所，以及文化性主题较强的酒店、宾馆、会所等室内装修，也可以是砖雕技艺发展的载体。砖雕可以作为现代公共建筑、室内装饰的一部分，展现其文化性和装饰性的特点。

砖雕艺术应用于现代工艺品、礼品也是一种时尚。随着喜爱中国传统民间艺术的消费者日益增多，砖雕艺术作为现代装饰品也将焕发出崭新的生命力。何世良工作室研发出一些便于携带、装饰艺术性极强的砖雕摆件，深受砖雕爱好者和工艺品收藏者的喜爱，使得砖雕艺术品不再那么"曲高和寡"，它不仅可以被观赏，也可以便于携带，作为具有吉祥寓意和具有高艺术品位的工艺礼品。

我们要把砖雕传承下去，取材要更加广泛，体现出时代的节奏感，汲取现代与外来文化元素营养的同时，要永远植根于民族传统工艺，融入现代生活，不断创作出让更多的现代人接受和喜爱的砖雕精品。

参考文献

[1] 尚洁．中国砖雕 [M]．天津：百花文艺出版社，2005 .1.26.

[2] 蓝先琳．民间砖雕 [M]．北京：中国轻工业出版社，2006.

[3] 张道一、唐家路．中国古代建筑砖雕 [M]．南京：江苏美术出版社，2006.

[4] 陈泽泓．广府文化 [M]．广州：广东人民出版社，2007 .

[5] 陈泽泓．岭南建筑志 [M]．广州：广东人民出版社，1999.

[6] 佛山市博物馆．佛山祖庙 [M]．北京：文物出版社，2005.

[7] 曹劲．先秦两汉岭南建筑研究 [M]．北京：科学出版社，2009.

[8] 李公明．广东美术史 [M]．广州：广东人民出版社，1993.

[9] 广州民间工艺博物馆 . 陈氏书院建筑装饰中的故事和传说·砖雕、铜铁铸、壁画 [M]. 广州：岭南美术出版社，2010.

[10] 刘其山 . 荥阳砖雕 [M]. 郑州：中州古籍出版社，2013.

[11] 潘嘉来 . 中国传统砖雕 . 北京：人民美术出版社，2008.

[12] 姚金龙 . 中国民间工艺——砖雕 [M]. 西安：陕西科学技术出版社，2015.

[13] 南越王宫博物馆编 . 南越国宫署遗址：岭南两千年中心地 [M]. 广州：广东人民出版社，2010.

[14] 陆元鼎、魏彦钧 . 广东民居 [M]. 北京：中国建筑工业出版社，1990 .

[15] 吴庆洲 . 建筑哲理、意匠与文化 [M]. 北京：中国建筑工业出版，2005.

[16] ［明］宋应星著 . 钟广言注释 . 天工开物 [M]. 广州：广东人民出版社，1976.

[17] 梁思成 . 清式营造则例 [M]. 北京：清华大学出版社，2001.

[18] 楼庆西 . 中国传统建筑装饰 [M]. 北京：中国建筑工业出版社，1999.

[19] 刘一鸣 . 古建筑砖细工 [M]. 北京：中国建筑工业出版社，2004 .

[20] 楼庆西 . 中国古建筑砖石艺术 [M]. 北京：中国建筑工业出版社，2005.

[21] 张慈生、邢捷 . 中国传统吉祥寓意图解 [M]. 天津：天津杨柳青画社，1990 .

[22] 刘秋霖、刘健 . 中华吉祥物图典 [M]. 天津：百花文艺出版社，2004.

[23] 居晴磊 . 苏州砖雕 [M]. 北京：中国建筑工业出版社，2008 .

[24] 刘晓路 . 民间雕刻 [M]. 北京：中国文联出版社，2008.

[25] 薛颖 . 广府地域性的砖雕艺术 [J]. 南方建筑 .2013.3.

[26] 廖宸 . 岭南砖雕艺术纹样研究——以陈家祠砖雕作品为例 [J]. 民俗民艺 [J].2016.7.

六、嵌瓷

1. 潮汕嵌瓷的历史发展

1.1 潮汕建筑发展

建筑集中地反映了一个地区的文化特色和审美取向。潮汕地区物产丰饶，人口众多，文化多元，开放性强，潮汕建筑在兼收并蓄的基础上逐渐形成了独特的风格特征，特别是建筑装饰中石雕、木雕、彩画等技艺的成熟，为嵌瓷的发展提供了必要的条件。

明末清初，潮汕地区经济稳定，丰衣足食，文化逐渐昌盛，许多侨民在外创业后都会回乡建屋，一方面受中原传统文化的影响，保留中原古建筑的建筑风格，另一方面侨民将东南亚建筑风格也融入到了潮汕建筑之中，形成了潮汕建筑的特色，后又发展形成了"百鸟朝凤"、"下山虎"、"四点金"、"四马拖车"等建筑形制。1944 年的《广东年鉴》中对此有这样的描述："粤有华侨，喜建大屋大厦，以夸耀乡里。潮汕此风也甚，房屋之规模，较之他地尤为宏伟"。潮汕建筑被誉为岭南四大建筑形式之一，是广东地区最具特色的传统建筑[1]。

定期在祠堂中举行祭祀是潮汕地区民间的一项民俗活动，以此来纪念祖先。祭奠仪式隆重而庄严，凡族内子孙都必须参加，这也大大加强了宗族中人彼此之间的联系。在众多的神明当中，最受潮汕人民崇拜的是妈祖。嵌瓷给这些祠堂和庙宇增添了富丽壮观的效果，图 2-6-1 所示开元寺地藏阁屋顶的嵌瓷，将整个寺庙屋顶装点得华丽而端庄。不论是处于庙宇、祠堂的屋脊正面的龙凤呈祥、双龙戏珠（图 2-6-2）等图案，镶于檐下墙壁上花鸟虫鱼，照壁上的瑞兽图案，都使庙宇和祠堂显得富丽堂皇。

潮汕祠堂庙宇上的嵌瓷造型华丽、取材丰富。潮汕农村居民多聚居在沿海平原地带，氏族观念在城乡居民的意识里非常浓厚，依旧保留唐宋世家聚族而居的传统，也就是将宗祠作为整个建筑的核心，其他建筑物依据一定的层次进行排列。乾隆二十七年（1762 年），潮州知府周硕勋修撰的《潮州府志》中对潮州民居有这样的描述："望族营造屋庐，必立家庙，尤加壮丽。"很多名门望族都不惜花费大量钱财来建造本族祠堂，并且进行大规模的装修，这种风俗逐渐成为了潮汕人的一种精神传承。潮汕祠堂建筑比起民居建筑更加注重"富丽壮观、类于皇宫"的效果，在风格上追求庄严、华丽、大气。

潮汕民居也普遍采用嵌瓷来装饰（图 2-6-3）。人们一般在房屋正门、过厅大堂、屋脊山墙、门窗格扇、梁架柱枋等位置用嵌瓷进行精美细致的装饰。其中由各种瓷片构成的古装人物、花鸟虫鱼、龙麟瑞兽等造型的嵌瓷，绚丽的色彩熠熠生辉，使民居建筑在外观上看起来异常华丽精美。

图 2-6-1　潮州开元寺地藏阁

图 2-6-2　"双龙戏珠"
（潮州开元寺）

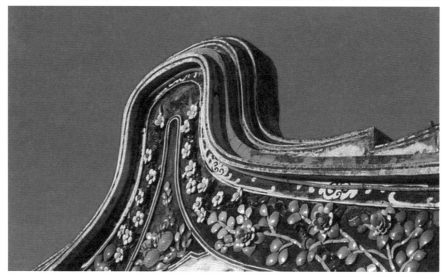

图 2-6-3　汕头民居厝顶嵌瓷
（汕头）

1.2 嵌瓷的形成

嵌瓷工艺历史悠久，据《广东工艺美术史料》记载，嵌瓷的出现可追溯至明代万历年间，盛于清代，迄今已有300多年历史。初期的嵌瓷，只是利用碎陶片在屋脊上嵌贴成简单的花卉、龙凤图案作为装饰。当时的嵌瓷工艺粗糙，瓷片的颜色不统一，繁杂而没有规律，也没有经过剪切、打磨等工序。

潮汕地理环境与嵌瓷的历史发展情况息息相关。潮汕地区地处东南沿海，属于多雨湿润的气候，一定程度上制约了建筑材料的生产发展。嵌瓷本身的特点是不怕风吹日晒，长久保持光鲜亮丽，而且还兼具富丽堂皇的气质，这是砖雕、灰塑、木雕所不能替代的，因此嵌瓷工艺逐渐风靡起来。

1.3 潮汕嵌瓷的发展

古代潮州的陶瓷产品"白如玉，薄如纸，明如镜，声如磬"，远销海外，令世人瞩目。明代万历年间（1573-1620年），一些民间艺人，将陶瓷生产过程中废弃的碎瓷片，特别是那些有釉彩与花卉图案的彩瓷片变废为宝，创造性地利用它们在屋脊上嵌贴成简单的花卉、龙凤之类图案来装饰美化建筑。

清代中后期，瓷器作坊专门为嵌瓷艺人烧制各色低温瓷碗，这些瓷碗有各种色釉，色彩浓艳，经风历雨而不褪色。隶属于潮州市的枫溪区，在清朝时期成为新的陶瓷生产中心，康熙年间已经有陶瓷商号三十余家，到乾隆时期发展为著名的"百窑村"，到了光绪时期，很有名的"枫溪彩瓷"发展日臻完善，质地洁白、外形雅观、釉面光滑，风格很具有地方特色，让枫溪获得了"南国瓷乡"的称号，枫溪彩瓷也成为岭南著名的工艺品之一。嵌瓷艺人将瓷碗进行剪裁之后，把陶瓷片镶嵌、粘接、堆砌成人物、花鸟、虫鱼、博古等各种造型，皆寓吉祥如意、长寿富贵之意，主要用来装饰祠堂庙宇、亭台楼阁和富贵人家的屋脊、垂带、屋檐、门额、照壁等。这时的嵌瓷技艺已经日臻成熟，形成了平贴、浮雕和立体圆雕（俗称"圆身"）等多种不同的艺术手法。其中，平面或浮雕工艺操作起来比较简单，趁灰泥未干时直接组拼粘贴即可；但如果是立体嵌瓷，就要用铁线扎好骨架，然后先用筋灰塑成雏形，再在其表面嵌贴瓷片，人物的面部则仍保留灰塑粉彩的工艺。如装饰庙宇或祠堂屋脊的正面，一般采用双龙戏珠、双凤朝牡丹等题材；装饰脊头、屋角头，多以人物为主，如《封神演义》人物或郑成功等民族英雄；装饰于檐下墙壁的，多是花卉、鸟兽、鱼虾、昆虫等；照壁上常见的有麒麟、狮、象、仙鹤、鹿、梅花等。在构图造型上，比较看重布局的对称，色彩运用则以对比色达到鲜艳明快的艺术效果。

嵌瓷用于房顶作为装饰，有坚固耐用、造型美观的特点，在地理位置上潮汕地区属于亚热带季风气候，比起用木材雕刻等艺术形式进行外部装饰，嵌瓷更能够抵抗烈日的暴晒、风雨的侵蚀而不褪色，这是嵌瓷在潮汕地区日益发展的外在条件。"嵌瓷"中的"嵌"字是嵌入、镶嵌的意思，嵌瓷也是因这种制作工艺手法而得名。对于"嵌瓷"当地人还称为"扣饶"或"贴饶"。嵌瓷的材料主要是各种颜色的瓷片，经过修剪、打磨成为所需的形状，这些修剪打磨后的瓷片被艺人称为"饶片"。由于景德镇曾经隶属于饶州府浮梁县，因此也被称为"饶窑"，潮汕人把景德镇的瓷器叫作"饶瓷"。明朝时期的潮汕地区虽然盛产瓷器，但品类多以素色为主，不能满足嵌瓷追求五彩斑斓艺术效果的需求，而景德镇出产的青花和彩瓷，因其绚丽的颜色而被艺人们所采用，因此"饶"在当时指的是嵌瓷所用的材料为来自景德镇的彩瓷，"饶"也是景德镇瓷器的代称，所以潮汕地区会出现

"扣饶"或者"贴饶"的称呼。"饶"同时也有富裕、富足意思，符合了当时潮汕人修建祠堂、宅院，用价值不菲的薄坯瓷器作为装饰来炫富显摆的风气。

2. 潮汕嵌瓷的题材及特点

2.1 潮汕嵌瓷的题材

潮汕先民在漫长的历史进程中，将中原、闽南和海外等地文化融合在一起，形成了别具特色的民俗风情，这些民俗风情同样也被嵌瓷艺人用嵌瓷技艺展现和传承下来。嵌瓷作为一种地方特色浓

图2-6-4 嵌瓷"百鸟朝凤"

郁的建筑装饰工艺，每件嵌瓷作品都是当地不同民俗风情的写照，许多嵌瓷作品都是来自于民间深受喜爱并广为流传的传统题材。嵌瓷所表现的题材，通常表现喜庆吉祥类的，比如有人物、水族鳞贝、历史典故、花卉果蔬、吉祥纹样、飞禽走兽等等（图2-6-4）。

（1）潮剧题材

潮剧又称潮州戏、潮调、白字戏、潮音戏，主要流行于潮州方言区域，它是一个用潮州方言演唱的古老的地方戏曲剧种。在潮汕，潮汕人的信仰活动往往都与戏剧演出联系在一起，不仅仅是奉神活动，其他的各种红白喜事都有戏剧演出，如生日戏、开张戏、丧事戏等。据不完全统计，传统的潮剧剧目多达两千多个。潮汕人喜欢看戏，演出活动一年四季都有，在潮汕几乎村村都有戏班，各种祭祀活动都要邀请戏剧演出。直到现在，许多农村也依旧保留着这种习俗，每逢重要的节日，大家便聚集到祠堂前的广场欣赏潮剧。丰富的剧目为嵌瓷艺人提供了大量的创作素材，他们将将故事情节植入到嵌瓷创作中，如帝王将相、才子佳人、刀马人物、打斗场面等在嵌瓷作品中表现出来。

比较经典且深受欢迎的曲目包括《桃花过渡》、《告亲夫》、《妙常追舟》、《秦香莲》、《打金枝》、《狄青出塞》、《狸猫换太子》、《玉凤朝堂》、《花木兰》、《薛仁贵征东》（图2-6-5）、《薛仁贵救主》（图2-6-6）、《一门三进士》、《柴房会》、《李旦登基》、《四郎探母》、《十五贯》、《包公会李后》、《荆钗记》、《彩楼记》、《昭君和番》、《拜月记》、《二度梅》、《三请樊梨花》、《薛刚反唐》（图2-6-7）、《孟姜女》、《苏英》、《梁祝》、《蓝关雪》……这些都是潮人耳熟能详的剧目，也是嵌瓷艺人经常选择的题材，也是深受民众喜爱的题材。

（2）海洋水族题材

潮汕文化自古离不开海洋，潮汕不仅临海，境内的河流也很多，水产品特别丰富。那些水族类的生物如鱼、虾、蟹、蚌、螺、海马、墨鱼、珊瑚、水草等等（图2-6-8），都被用作了嵌瓷的题材，应用在民居、祠堂庙宇的装饰上，而且这些水族成了潮汕传统建筑中常见的吉祥主题。运用水族题材最多的是天后宫，潮汕人除了农耕外，晒盐、捕鱼也是主要的生产和生活，妈祖是潮汕人水上生活的保护神，所以天后宫水族题材的嵌瓷比较多，制作非常精美。潮汕嵌瓷艺人还喜欢把水族跟其他的题材搭配在一起组合成极富趣味的作品，比如将鱼、虾、蟹等作为八仙的骑乘，而不是常见的"八兽""八宝"，不仅题材具有趣味性，造型上也非常具有观赏性。

（3）英雄典故题材

明清时期在民间市坊盛行着各种不同题材的小说，如《隋史遗文》《杨家府演义》《西游记》《封神演义》等。随着经济稳定与繁荣，市民阶层不断发展壮大，出现了用白话文书写的小说，特别受百姓的喜爱和欢迎。这些文学创作中的人物形象，故事情节也被嵌瓷艺人吸取过来创作嵌瓷作品。嵌瓷艺人从这些故事中提取人物素材，在嵌瓷作品中将两三个人物组合在一起，装饰在垂脊的端头，俗称厝头角（图2-6-9），人物组群造型动感十足，惟妙惟肖，特别是抬头仰望的时候，在蓝天的映衬下活灵活现。

在宗祠、神庙等公共场所的嵌瓷作品中，有大量的嵌瓷题材取自于小说、民间故事、戏剧，而这些人物、情节多数都是以英雄人物、传奇故事为主，匠人们将这些英雄形象镶嵌在村寨广场的宗祠、庙宇的厝头角上（图2-6-10），其意义在于宣扬加强宗族团结、抵御外敌的忠义精神，而这些

图2-6-5 潮剧嵌瓷（一）（卢芝高嵌瓷博物馆）

图2-6-6 潮剧嵌瓷（二）（卢芝高嵌瓷博物馆）

图2-6-7 潮剧嵌瓷（三）（卢芝高嵌瓷博物馆）

图2-6-8 水草与金鱼嵌瓷

英雄人物也对小孩具有深刻的教育意义。例如"孝"是华夏人民延续几千年的传统美德,"孝"在中国传统文化中一直都起着重要的道德传承导向作用。元朝郭居敬将24个孝子的故事编成《二十四孝》,这个题材在潮汕民间艺术中被广泛使用,也是嵌瓷作品的创作中常见的题材(图2-6-11~图2-6-13),当代嵌瓷大师卢芝高先生也将《二十四孝》中的孝道故事,创作了24个以嵌瓷为载体的半立体嵌瓷壁挂。嵌瓷将艺术和生活进行完美的结合,教育后辈们要懂得继承和发扬传统美德,做正直的人,在潜移默化中将传统思想教育深入人心。

图 2-6-9　厝角英雄人物(卢芝高嵌瓷博物馆)

图 2-6-10　厝角英雄人物(潮州青龙古庙)

图 2-6-11 "二十四孝"嵌瓷壁画（一）   图 2-6-12 "二十四孝"嵌瓷壁画（二）   图 2-6-13 "二十四孝"嵌瓷壁画（三）
（卢芝高嵌瓷博物馆）   （卢芝高嵌瓷博物馆）   （卢芝高嵌瓷博物馆）

（4）祥瑞动物题材

吉祥图案是民间装饰艺术中惯用的题材，在嵌瓷艺术中同样不可或缺。吉祥图案深受中国人的欢迎和喜爱，慢慢发展为图必有意，意必吉祥的意识形态。吉祥图案本身所富含的文化意蕴总结起来有四种："富、贵、寿、喜"。在嵌瓷作品装饰中也不例外，经常出现的吉祥图案有：五谷丰登、五福捧寿、连生贵子、福寿双全、竹报平安等。另外，在屋脊的装饰中经常也会出现"双龙抢宝"、"双凤戏球"、"双凤朝牡丹"、"八仙八骑"（图 2-6-14）、"福禄寿"等传统吉祥题材。在照壁上的装饰中经常出现的有麒麟（图 2-6-15）、虎、狮、象、鹿、仙鹤等吉祥动物形象的题材（图 2-6-16）。吉祥动物和图案都说明了中国民间百姓对美好生活的向往，人们将一些事物赋予一定的象征含义，并对它们进行艺术加工，通过谐音或者含义将某个事物视为吉祥，并应用到日常生活的装饰中。比如燕与"宴"谐音，表示家中要有贵客登门，宴请嘉宾的含义；鹦鹉这种动物本身颜色非常鲜艳，取其谐音也符合"英武"这一优秀品质，因此这个动物本身就被赋予了英明神武、活泼生动的吉祥意蕴；鱼在中国传统文化中意蕴深厚，特别是吉祥的寓意，在潮汕地区尤其如此，鱼代表着丰收有余，年年富足的意思，也代表着家族兴旺（图 2-6-17），子孙绵延，多子多福等，其中鲤鱼这个造型尤其受到人们的喜欢，人们往往将鲤鱼比作能够中举子或者是出人头地，非常具有吉祥的含义和美好的愿望。

潮汕地区是非常重视祭祀信仰的地区，更是把龙奉为了吉祥神兽之王。在嵌瓷作品中，经常会出现以龙为题材的作品，而最受人们推崇的便是"双龙戏珠"了（图 2-6-18），常常被镶嵌于祠堂庙宇正中间的屋脊上。在潮汕文化中只有寺庙和宗祠才能够承载龙的造型，在民居中是不可以出现的，并且对工艺的要求也非常严格；无论是在龙的肢体动态，还是在线条造型的表现上都颇为讲究，着重体现龙的威严与尊贵，寄托了先辈们对美好生活的期盼，对美的追求以及自身精神面貌的写照，属于比较独特的神化纹样。嵌瓷作品里面也经常出现"凤"的造型，凤代表了高贵典雅，属于"百鸟之首"，中国人习惯将龙凤配成一对，喜欢将龙凤结合在一起表达神权的至高无上或者是对未来的美好期盼，认为龙凤呈祥就是最好的象征。所以，"双凤朝牡丹"和"百鸟朝凤"这样的题材经常出现在嵌瓷艺术作品里面。

鸡的形象，特别是雄鸡，在我国传统文化中也是不可替代的。古代人民对昼夜的区分都是来自于报晓的雄鸡。所以人们将鸡与太阳联系在一起，对鸡有强烈的崇拜和依赖感。在潮汕嵌瓷装饰中，鸡通常指雄鸡，代指男阳，男性，表现了男性力量的含义。雄鸡造型的嵌瓷通常会与其他飞禽一起组合出现，营造热闹欢腾的场面（图2-6-19）。

（5）植物题材

植物花卉是嵌瓷中最常见的装饰元素，常以盛开的花朵或连绵的卷草来表现富贵吉祥、子嗣延绵的寓意。卷草纹属于我国传统而又极具代表性的图案，包括忍冬、荷花、兰花、牡丹等一系列的花草，统称为卷草纹；卷草纹在唐朝达到顶峰，也被称为唐草纹。在嵌瓷艺术作品中卷草纹多用来象征富贵长久的含义，经常被点缀在山花处（图2-6-20）。运用了卷草纹的花卉大多层次丰富，颜色对比鲜明，具有画一般的色彩效果。

（6）博古题材

自古潮汕人对做官的人非常敬重，对儿孙考取功名有着非常强烈的愿望。博古题材一般是一些文房用具，象征着儿孙能够热爱学习，积极上进，考取功名，光耀门楣。花篮、香炉、花瓶等静物，也是常常出现在边角处，用以丰富整体视觉效果（图2-6-21）。

图2-6-14　"八仙八骑"祥瑞动物屋脊嵌瓷（潮州青龙古庙）

图2-6-15　"麒麟"嵌瓷（潮州开元寺）

图 2-6-16 "鹦鹉团花" 嵌瓷（潮州青龙古庙）

图 2-6-17 鱼龙嵌瓷（揭阳城隍庙）

图 2-6-18 "双龙戏珠"嵌瓷（潮州开元寺）

图 2-6-19 雄鸡嵌瓷

图 2-6-20 花卉嵌瓷（揭阳黄公祠）

图 2-6-21 博古嵌瓷屋脊（潮州青龙古庙）

2.2　潮汕嵌瓷的特点

嵌瓷色彩艳丽夺目。嵌瓷工艺美术作品久经风雨、烈日暴晒而不褪色，在年降雨量大、夏季气温高且常有台风影响的湿润地区是其他工艺品无法替代的。潮汕嵌瓷应用金木水火土五行色彩搭配的原理，衍生出无数的过渡色，色彩极其丰富。

气势恢宏。嵌瓷艺术风格独特，布局构图气势雄伟、匀称合理，线条粗犷有力，设色对比强烈、鲜艳明快，和谐统一。嵌瓷往往作于建筑最上端，体量庞大，绚丽夺目，给人一种敬畏之感。

斗艺提升技艺。在过去的建筑工程中，特别是宗祠、寺庙、富人的大宅院，通常都会请两班或两班以上的工匠队伍参与建造。在一座建筑中，为防止互相模仿和干扰，中间一般会用竹席或幕布来阻隔或遮挡，两班工匠各自施工，完工之后，拆开遮挡物，由大家来评议艺人的技术，胜出的队伍可以得到额外的奖赏。这种习俗使建筑水平、工程质量和手艺技术都达到了比赛的标准，在民间被称为"斗艺"或"斗工"，并且一直流传下来。

潮汕地区许多有名的建筑和传世的嵌瓷杰作，很多都是斗艺出来的精品佳作。斗艺的习俗提高了潮汕地区嵌瓷工匠们的技艺水平，在这种竞争激励机制的推动下，也使得潮汕嵌瓷艺术人才济济，名师辈出。嵌瓷工匠在施工时不仅要根据雇主要求，竭尽全力、按质按量完成作品，同时也在悉心指导、尽心培养学徒，为的就是嵌瓷工艺能够代代传承，生生不息。在工地上经常会出现父子、祖孙，也有"头手师父"、"师父工"、"师仔"等不同称呼的工匠组成的工艺制作团队。

2.3　嵌瓷与灰塑

在嵌瓷出现之前，灰塑是潮汕民居重要的建筑装饰种类之一。灰塑最早出现在唐代，是继石雕、砖雕、木雕之后的一种别具特色的装饰艺术。嵌瓷就像是灰塑的孪生兄弟，因为每件嵌瓷作品的诞生，都先是灰塑作坯、垫底，然后嵌上瓷片。而灰塑成型后，不嵌瓷片而是彩绘成图。灰塑的技法分为微浮雕、浮雕与立体雕三种，具有使造型立体丰满的特点。而瓷片光滑且不褪色，颜色鲜艳且晶莹剔透，嵌上瓷片这种做法可以使塑造出来的作品不会像石灰一样的暗沉无色，比起彩绘来效果更加丰富。嵌瓷与灰塑这两项传统工艺相结合，会产生特点突出，层次丰富，立体感更强的建筑装饰效果。嵌瓷的不断发展，使得这种工艺被应用的位置更多，很快进入新型潮流。

3. 嵌瓷的材料与制作工艺

3.1　材料

（1）瓷片原料

瓷片是嵌瓷工艺的主要原料。在清代即嵌瓷产生初期，瓷片原料主要是陶瓷作坊的废弃瓷及四处散落的碎瓷片，可以从一些年代相对久远的嵌瓷作品中发现，其中的无规则粘嵌状态及废弃的青花碗碟料材居多。嵌瓷发展到清末民初进入兴盛时期，便有专门在瓷厂定制的有色彩及形状要求的瓷片原料了，瓷片原料的色彩（釉彩）、样式也丰富了起来。如图 2-6-22、图 2-6-23 所示，多为碗碟状、瓶筒状。

（2）灰泥

灰泥（图 2-6-24）是制作嵌瓷的重要媒介，主要由糖水灰、石灰、贝壳灰（图 2-6-25）及草根、草纸等调制而成，作为瓷片粘连物或塑造粗坯及人物嵌瓷单体人物头部（调制成的灰泥有草根灰浆、大白灰浆等几种）。潮汕地区气候湿润，用水泥、砂子、红糖、纸混合搅成的糖水灰泥（图 2-6-26~图 2-6-28），对于坚固建筑物墙体以抵挡洪涝潮水和自然侵蚀有极好的效果。同样，这种糖水灰作为嵌瓷黏附于建筑物的媒介，粘附性强，极其牢固。

（3）颜料原料

颜料主要选用矿物质颜料，要求耐酸耐碱。为预防风雨侵蚀褪色，颜料均以胶调制而成，一般为母色颜料（红色系，绿色系，黄色系），利用母色调配多种复色。另外灰浆也可以直接当颜料使用，例如脸部的颜料或者眉眼等。

图 2-6-22、图 2-6-23　嵌瓷原材料碗碟、茶杯（卢芝高嵌瓷工作室）

图 2-6-24　灰泥（卢芝高嵌瓷工作室）　　　　　　图 2-6-25　贝壳灰（卢芝高嵌瓷工作室）

图 2-6-26　灰水（卢芝高嵌瓷工作室）　　　　图 2-6-27、图 2-6-28　灰水调色（卢芝高嵌瓷工作室）

3.2 制作嵌瓷的主要工具

嵌瓷所需工具分为三种，分别为打坯工具、裁剪工具、彩绘工具。根据不同类型的嵌瓷，所用工具也不一样；如平嵌最为简单，一般只需铁尺、灰勺、饶钳这三个基本工具就可以进行创作，而最为复杂的立体嵌则需要用到很多辅助工具。

（1）打坯工具

打坯工具有灰勺、调灰板以及铁铲或者铁尺，主要作用是打造嵌瓷的底坯。灰勺，平底扁薄，因形似汤勺而得名，泥工必备工具。嵌瓷艺人所用的灰勺有大小之分，一般是配合调灰板一起使用，主要用于抹灰打造浮嵌底坯或者立体嵌坯型。铁尺或铁铲用来敲打瓦片，打造立体嵌作品的主体躯干，为抹灰塑形环节做准备（图2-6-29、图2-6-30）。

（2）裁剪工具

饶钳是嵌瓷特有的工具，用以剪裁、镶嵌瓷片。饶钳有多种规格，以扁口为主，饶钳的夹口为合金制成，锋利且硬度高，适合精细的瓷片剪裁，如果需要大量裁剪时艺人也会带上铁指环以防划伤。饶钳还是镶嵌瓷片的工具，瓷片如细尖状碎瓷切口有时非常锋利，用饶钳进行镶嵌可避免手指划伤（图2-6-31、图2-6-32）。

（3）彩绘工具

毛笔和刷子是主要的彩绘工具，主要用于人物头部的绘制和嵌瓷制作后期整体修补、调整和上色。毛笔分大中小，刷子以短小刷子为主，主要用于嵌瓷制作后期的上色和去除多余的废泥（图2-6-33、图2-6-34）。

图2-6-29、图2-6-30　灰铲（卢芝高嵌瓷工作室）

图2-6-31、图2-6-32　嵌瓷饶钳（卢芝高嵌瓷工作室）

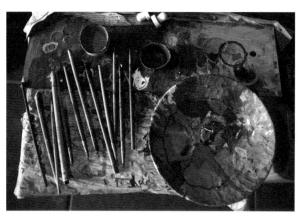

图 2-6-33、图 2-6-34　彩绘笔、颜料（卢芝高嵌瓷工作室）

3.3　嵌瓷的制作流程

嵌瓷的题材一经确定，就要进入制作阶段。嵌瓷的制作过程主要是分为图稿设计、灰浆调制、塑坯胎、敲剪瓷片、镶嵌瓷片，最后综合调整。嵌瓷艺术以瓷片为主材，采用糖水灰泥作为粘合剂，现代的嵌瓷制作是采用水泥加灰砂的粘合剂，辅以铜丝、瓦片、矿物颜料（现多用丙烯替代）等材料，实际制作中也会根据需要适当采用一些玻璃材质、金属材质或者石材质作为点缀。

（1）图稿设计

图稿设计是嵌瓷艺人对题材内容的样稿设计。设计图尺寸是根据建筑物的整体规格、制式和位置来确定，然后根据业主要求、建筑物功能、地理环境、五行匹配等相关条件来确定设计图的内容。设计图稿有一些是老一辈艺人传下来的，也有一些是艺人自己专门设计的，手艺精湛的艺人有时会省略设计图稿这一步，直接在墙上画出简单的图形或直接塑形。

（2）灰浆调制

制作嵌瓷坯体的材料主要是各式灰浆、瓦片、砖块、瓦筒和不同规格的金属丝、钉子。嵌瓷工艺对各式灰浆的制作要求非常严格，制作过程中不是把一种灰浆一用到底，而是不同的部分要使用不同的灰浆来制坯。主要的灰浆类型包括灰泥、草筋灰浆、大白灰浆、二白灰浆、头面灰浆、糖浆、灰膏泥。头面灰浆的材料质量要求是最高的，因为头面灰浆是用来塑造头部的用料，必须颗粒细、白度高、碱性低。它的制作是要选取厚壳大海螺经过煅烧，熟透后的纯白贝灰粉用水沉淀，去除杂质后晒干、碾粉，用 200 目网筛过后掺入宣纸末，与制作灰浆一样进行捶打至黏稠，之后还要将灰浆用水澄清四五次，通过澄清的过程，使灰浆降低碱度。

糖浆是嵌瓷过程中的常用粘合剂，通过加热使红糖溶解，再加入二白灰浆搅拌，调和至均匀。而糖水灰泥（图 2-6-35、图 2-6-36）是一种具有浓郁地方特色的粘合剂，在水泥传入潮汕地区之前，它被广泛地应用于潮汕乡土建筑中。传统的糖水灰泥是采用红糖水、糯米粉、贝灰、石灰、草纸等材料混合调制而成。糖水灰泥是灰塑的主要原料，在嵌瓷创作中，它被用来打底或粘合嵌瓷的部件，如定制的人物头部与躯干；龙鳞片和人物盔甲模块的粘贴等。糖水灰泥所用材料均为日常生活易得材料，长久以来作为乡土建筑辅料，具有环保耐用、抗腐蚀性强、粘合性强等特点，适应潮汕地区潮湿多雨多台风的气候特征。由于制作的繁琐和费用较高的缘故，糖水灰泥已较为少见，逐渐被水泥或潮汕人称红毛灰和石灰混合而成的灰泥取代。

（3）塑坯胎

塑坯胎，俗称"缚瓦骨"（图2-6-37）。做法是用铜丝或铁丝扎制所需造型的骨架，再用砖条、瓦片剪切成所要镶嵌对象的形状，并用铜丝或铁丝将其固定，扎制时要考虑相应骨架的结构和承受力，以确保坯胎的牢固性。扎好骨架后用草筋灰、混合砂浆在骨架上塑形（俗称"起底"）。因为草筋灰凝结速度慢，一次起底不能塑造面积太大，所以要用草筋灰进行多次塑形，层层包裹，直到塑造成型（图2-6-38）。

作品的形体大小、精细要求，底坯的制作有所区别。小的或者简单的作品艺人会直接用瓦片敲碎组合成骨架，做成底坯大体造型，再敷上糖水灰泥形成底坯。而大的精细的作品则比较复杂。首先，需要先用粗铜丝或铁丝制作内心，弯曲成大体的姿态和动势；其次，在主骨架的基础上再用细铜丝或铁丝缠绕，这样一方面使主骨架稳固，另一方面又增加灰泥与骨架之间的粘合力；最后，在骨架表面敷上糖水灰泥，局部嵌入瓦片加固，完成底坯造型。一般立体嵌作品多为预先定制，因而底坯的制作需要拿到建筑物屋顶进行装配，所以立体嵌底坯均需预埋好金属条方便组装固定（图2-6-39）。

（4）瓷片颜色搭配

瓷片是最为关键的材料，瓷片的好坏一定程度上决定了嵌瓷作品的好坏，所以瓷片的选择尤为重要。嵌瓷色彩搭配绚丽灿烂，常用的颜色主要是绿、红、黄、蓝、白、黑等，再往细致划分的话就是浅黄、深蓝、白色、浅蓝、茄灰、黑色、大红、橘红、桃红、大绿、二绿、浅绿、深黄等，颜色层次过渡十分丰富，如图2-6-40所示揭阳城隍庙屋顶的花卉嵌瓷，一朵花的过渡层次就有5种颜色。嵌瓷艺术里面，色彩搭配会偏绿和红两个色彩，然后配以其他的颜色，用黑白两种颜色做辅色居多。关于嵌瓷使用色彩，嵌瓷制作者会考虑到传统文化和民俗中的一些习惯进行搭配，力求为大众所喜爱。

图2-6-35、图2-6-36　糖水灰泥（卢芝高嵌瓷工作室）

图2-6-37　缚瓦骨（卢芝高嵌瓷工作室）　图2-6-38　草筋灰（卢芝高嵌瓷工作室）　图2-6-39　塑形（卢芝高嵌瓷工作室）

图 2-6-40　揭阳城隍庙屋顶花卉嵌瓷

（5）敲剪瓷片

敲剪瓷片，俗称"剪饶"。熟练的工匠通常会用钳子敲击或往硬地一甩，依据裂开瓷片的形状用钳子加工剪"饶"，这些大小不同、颜色各异的瓷片还必须经过修整、磨边，才能成为合适的饶片。现代的瓷料一般是选取精薄的素色瓷器，如盘、碗、碟（有一定形状的瓷器因其本身带有弧度，所以瓷片的剪取正好利用了这个弧度，使瓷片造型显得线条丰富）等。嵌瓷艺人会根据建筑物的嵌瓷内容，题材形式，造型需要来选取不同颜色的瓷器进行敲剪。嵌瓷用的瓷片有些形状是通用的，要求大致相同，艺人们通常会在工厂里提前先敲剪好，少部分特殊的形状如花瓣、羽毛、人物的刀枪剑戟等，可以根据需要在粘贴时再修整或制作（图 2-6-41）。

艺人会先用铁尺将瓷碗或瓷盘击碎成瓷片，然后用各种不同饶钳就作品需要进行局部剪裁，数量较多的统一形体单体瓷片，艺人一般会事先订制或者加工好，并按颜色和形体分门别类。在粗坯的基础上，艺人会根据个人习惯，用手或者饶钳按造型需要进行镶嵌。镶嵌时，一般遵循"由下而上、由尾而首、由低而高"的规则来提高效率。具体视题材还有具体规则，如平嵌花朵要"由外而里"，这样有利于把握好花的整体造型；浮嵌花朵则需要"由里而外"等等（图 2-6-42）。

（6）镶嵌瓷片

镶嵌瓷片是嵌瓷最为关键的一道工序，俗称"贴饶"。嵌瓷艺人必须具备一定的色彩基础和造型能力，作品的精致与否、水准和档次都取决于这道工序。嵌瓷的坯体所用的材料、塑造的技法与灰塑相同，坯体塑造技法也与灰塑相近，嵌瓷的技法分为平嵌、浮嵌与立体嵌（也称圆嵌），这最后表面贴瓷的工序才是真正考验艺人的嵌瓷技艺（图 2-6-43）。

平嵌：平嵌就是直接在建筑物上要嵌瓷的部位进行粘贴，这种技法适合小型的图案或纹样。粘贴的方法是用草筋灰打底后，勾画出简单的草图，依据设计的要求，选择相应的瓷片颜色，再用调好的糖灰粘贴（图 2-6-44）。

图 2-6-41　剪瓷片（卢芝高嵌瓷工作室）

图 2-6-42　按造型剪切瓷片（卢芝高嵌瓷工作室）

图 2-6-43　镶嵌瓷片（卢芝高嵌瓷工作室）

图 2-6-44　平嵌（卢芝高嵌瓷工作室）

浮嵌：也称半浮嵌。在建筑物装饰中使用最普遍，可以省略制作坯胎环节，工艺比圆嵌简单。浮嵌通常以绘画图样为基础，采用草筋灰打底，然后用糖灰塑造各式花鸟、人物、动物等的底坯，再用大白灰批平底地，之后上背景色时一般都会趁灰泥未干时完成，这样墨彩比较容易被吸入灰泥中，不容易褪色。浮嵌在空间感和视觉感上比平嵌更加丰富，在技艺上的要求也较高，因此浮嵌主要被用于装饰祠堂和寺庙等华丽建筑的脊背、山花，以及民居的门厅、照壁、屋脊，景观嵌瓷和工艺挂屏也常用浮嵌技法（图 2-6-45）。

立体嵌：又称圆嵌。圆嵌作品可四面观察和欣赏，工艺复杂，是嵌瓷技艺中最能代表艺人镶嵌水平和艺术成就的一种技法，也是艺人施展才华的最好表现形式。立体嵌大多要制作坯体（体积小的可以直接做），坯体有事先做好再安装上去的，也有直接在屋顶或墙面上搭骨架塑造的。如果是要提前做好底坯，因制作完成后还需要拿到建筑物屋顶进行装配，所以立体嵌的底坯在制作时都需要预先埋好金属条方便组装固定。坯体材料通常有瓦片、碎砖、糖灰和麻丝（麻丝的作用是增加拉力用的，其原理与钢筋混凝土一样），大型作品的坯体重，用圆形瓦筒和金属线做骨架，再用糖灰、草筋灰进行批塑，批塑要分多次进行直至符合要求的体积和形状。批塑后要进行细部的调整、修饰和定型，然后用糖灰将各种形状的瓷片粘贴上，最后将人物的五官、衣服褶皱、植物叶脉等部位进行勾线，这样，一件圆嵌作品就完成了，圆嵌作品经常出现的位置是建筑物的屋脊、厝头、垂带等。

立体嵌工艺十分复杂，还要分上中下不同方法。位置高的一种嵌法，如屋顶嵌瓷做得太精细，站在地面上欣赏就不好看。位置在中间的也要一种嵌法，还有贴近观赏的一种嵌法。嵌瓷时艺人把剪好的瓷片，粘贴于灰塑坯胎表面，制作步骤的关键是要从局部开始，瓷片与瓷片之间要紧紧相扣，一片扣一片，一条对一条，一组接一组，所以镶嵌的瓷片有的穿插重叠。最后再根据整体情况进行调整，将颜色、层次、疏密等关系做各方面、各角度的斟酌，使嵌瓷作品最终能够达到惟妙惟肖的视觉效果（图2-6-46、图2-6-47）。

（7）局部上色

明清时期的颜料多采用矿物原料。矿物颜料有颜色持久耐用的优势，但处理需要花费较长的时间，价格也更为昂贵。现代出于经济实用的角度考虑，大部分艺人改用内烯等材料作为颜料，或直接彩绘，或与灰泥一起搅拌（图2-6-48）。

（8）组合造型

大的立体嵌作品一般都由几个部件组合而成，艺人会分开制作，再做组合，最后把立体嵌作品安装到建筑相应的位置上去。常见的立体嵌作品以人物题材、龙凤题材居多。人物题材立体嵌嵌瓷多由头部、身躯和配件三部分组合而成，头部和配件一般向专门做"安仔"即泥塑公仔的作坊定制，艺人完成身躯部分后再进行组合。一般情况下，人物题材立体嵌作品多事先完成后再到现场装配到建筑上去，而龙凤题材作品大多位于建筑屋脊处，艺人要根据建筑的尺寸比例准备好素材在现场制作完成，局部的配件如宝珠、龙须、龙眼球等则均为事先订制（图2-6-49）。

（9）综合调整

嵌瓷的工序完成后艺人要从整体构图、设色、层次、疏密、动态、造型等各个角度去斟酌作品，该增该减反复调整，使作品达到栩栩如生、惟妙惟肖的视觉效果。如果是作为观赏的摆件、壁挂和室内装饰的嵌瓷，还要在工艺上做到更加细致，有些工艺品还要加以贴金、描银、钩线，有的还用玻璃珠、胶片点缀，使作品看起来更加晶莹剔透。有些作品根据造型的需要如脸部、手和背景等局部图样仍保留灰塑形式，用粉彩工艺进行勾画、加彩（图2-6-50）。

图2-6-45　浮嵌（潮州青龙古庙）

图2-6-46　屋顶立嵌人像（潮州青龙古庙）

图 2-6-47　立嵌戏曲人物（卢芝高工作室）

图 2-6-48　局部上色（卢芝高嵌瓷工作室）

图 2-6-49　组合造型（卢芝高嵌瓷工作室）

图 2-6-50　综合调整（卢芝高嵌瓷工作室）

4. 嵌瓷的载体及应用

　　宗祠、寺庙、民居等是嵌瓷最重要的依附体，潮汕人好佛，喜善事，又极看重宗亲血缘关系，这些都是当地人愿意花大价钱在庙宇、宗祠上装饰嵌瓷的重要原因。一方面潮汕的地方家族爱用瑰丽的宗祠来显示族人的荣耀，这也是嵌瓷得以兴盛的重要因素。而越是大的有声望的祠堂、庙宇、民宅，它的嵌瓷也会越精细和华丽，比如潮州开元寺、青龙古庙、普宁洪阳的城隍庙、汕头沟南许氏宗地的老建筑群、金平区天后宫与关帝庙等。

4.1　潮汕嵌瓷的载体

潮汕嵌瓷的载体主要是屋脊、山墙和垂脊与戗脊。

4.1.1　潮汕嵌瓷屋脊

　　在潮汕传统建筑中屋顶装饰的中心是屋脊，它有繁多的名目，如龙凤脊、鸟尾脊、卷草脊、博古脊、通花脊等。民居的中脊可分为高、中、低脊，一般大厅为高脊，前厅为中脊，次房或花巷为次脊。这些屋脊的装饰基本采用嵌瓷艺术，常见的装饰方式有通花嵌瓷、浮肚嵌瓷，祠堂、寺院、庙宇大脊上的双龙百花百鸟的嵌瓷作品，是潮式建筑中的一道亮丽的风景线。

龙凤脊：在过去很少见。因为在封建时代，是不允许普通老百姓在建筑物上随意用龙凤来做装饰的。如有使用也不是官式龙凤（清代建筑物上的龙凤都有一套固定的模样）。到了晚清之后，管制不再严格，才有老百姓敢这样做，主要还是用在庙宇、祠堂。龙凤脊一般有双龙戏珠、双龙朝三星、双凤朝阳、百鸟朝（凰）凤等式样。为祈求平安，防止发生火灾，屋脊的龙总是以戏水式出现。

鸟尾脊：也称燕尾脊、燕尾脊翘。燕尾脊位于屋脊的左右两端，由屋脊线脚的两端向外向上延伸翘起，尾部有分叉，就像燕子的尾巴一样，所以得名"燕尾脊"，"燕仔尾"（图2-6-51）。燕尾脊不是一般人家可以有的，清朝明文规定，只有王室宫廷或是帝后级的庙宇才可以作燕尾脊。但是潮汕所在的位置偏远，管得不够严，在过去的庙宇、祠堂及大户中也有使用燕尾脊。

潮汕人将鸟尾脊归为火型，怕引来火灾，一般名居不选用。庙宇选用是希望香火盛，祠堂选用则期望族中人丁兴旺。民间还有另一种说法，只有举人以上的官宅才可以使用燕尾脊，但是现在已经没有这样的禁忌与规矩了。

卷草脊：同样是屋脊两端有上翘，但无分叉，上面用各种连绵不断的S形草纹作装饰，称作卷草，卷草纹作为一种中国传统的装饰纹样，其图案纹变化多样、自由，十分灵活，装饰味浓，一般是在庙宇寺院建筑中使用（图2-6-52）。

博古脊：屋脊装饰夔纹，俗称博古（图2-6-53），是从商州的夔龙纹抽象变化过来的，也是五行之中南方尚水的内涵，具有深远的文化渊源。

博古脊饰不属于礼制等级很高的装饰，广泛应用于园林府第和居民聚落内的大小祠庙。比较起来，园林府第的博古脊饰更追求精巧，造型变化纷杂，博古纹案常被弱化。而平民聚落中的祠庙建筑，博古纹案风格相对统一，造型较多地体现出其独特的艺术特色和审美情趣，数量上较多。

图2-6-51　鸟尾脊（潮州青龙古庙）

图 2-6-52　卷草纹屋脊嵌瓷

图 2-6-53　博古脊（潮州青龙古庙）

屋脊嵌瓷图案以花草、松竹、麒麟、龙凤、狮马、禽鸟等内容组成各种祥瑞主题，如"七鹤归巢"、"松鹤延年"、"三雄图"。屋脊采用博古装饰，垂带一般也是用博古式的装饰，使之与正脊匹配，但造型略为简单。

纵观潮汕传统建筑整体的嵌瓷布局，位于屋顶正脊上的嵌瓷作品一般最为大型，也是做得最为精美的地方。因此，潮汕建筑正脊上的嵌瓷往往最为引人注目。

4.1.2　厝角头

山墙，在潮汕本地俗称"厝角头"。气势恢宏、高耸挺拔的"厝角头"是潮式传统建筑的标志之一。山墙的装饰重点集中在上半部。一般山墙顶采用灰色条砖砌成若干凸线，山墙面（即墙壁面）用灰塑做出几条凹凸线条叠加，使其富有层次感。山墙面的基本做法分为三线、三肚，下带"浮楚"。线指的是模线，窄的为线条，宽的为板线。流畅的板线模线沿前后两边倾泻而下，线与线之间被划分出来一个个被称为"肚"的装饰空间，也叫做"板肚"，里面缀以精致的嵌瓷或半浮雕灰塑。而墙头正中下方成为"肚腰"，肚腰一般装饰是团花图案，被称为"浮楚"，也称"楚花"。有人认为是受楚文化的影响，楚花的图形结构与楚地漆器中循环飞动的纹样极为相似，才有此称法；也可能是"草花"，草字在潮音中是多音字，一音与楚字同音。

山墙肚的装饰根据所选题材的不同，又可以划分为"花鸟肚"、"山水肚"、"人物肚"，在同一建筑物中这三种题材间插采用，因装饰技艺要求不同，各种题材选择也有所侧重。采用彩绘或灰塑装饰的多以人物为主，用嵌瓷装饰的多以花鸟蔬果为多，人物题材中尤喜用刀马题材。

在山墙的装饰中还有"鲤鱼吐潮"、"龙头吐潮"，古代潮汕地区的民众为祈求居家平安，防止发生火灾，希望屋脊上飞腾的鲤鱼、龙所吐出的潮水可以将火灭掉，去除房屋火灾。而在有些祠堂上还会发现狮、象等吉祥瑞兽的嵌瓷作品，这当中符合潮汕的一句民谚"狮象把水口"，即寓意不希望自家的钱财外流，而这些吉祥瑞兽正可以帮助他们把守钱财，使家族能够富贵发财。

4.1.3　垂脊与戗脊

潮汕人称垂脊为"垂带"。垂带本是台阶踏跺两侧随着阶梯坡度倾斜而下的镶边，因为垂脊与它相似，潮汕工匠称它为垂带。垂带是中国传统建筑屋顶的一种屋脊，在歇山顶、悬山顶、硬山顶的建筑物正脊两端（即山墙）处沿着前后坡向下延伸部位，而攒尖顶中的垂脊是从宝顶至屋檐转角处。庑殿顶的正脊两端至屋檐四角的屋脊，一说也叫垂脊，但另一说为"戗脊"，在潮汕也有将其称为"翘角"（图2-6-54~图2-6-56）。潮式传统建筑的戗脊常常被设计为凌空翘起，比屋顶瓦面高出许多，有如大鹏展翅般，在潮汕也有将其称为"翘角"。翘起的戗脊增加了正面外观起伏变化的艺术形象，上面的装饰是采用"楚花"图案的通花式嵌瓷，也称"楚尾凌空"。

图2-6-54　潮汕厝顶嵌瓷（一）（网络）　图2-6-55　潮汕厝顶嵌瓷（二）（网络）　图2-6-56　潮汕厝顶嵌瓷细部（网络）

4.2　潮汕嵌瓷在传统建筑中的应用

4.2.1　青龙古庙

青龙古庙在潮州市韩江大桥西端南堤上，庙门东向，面临韩江，又称安济王庙，潮州人称"大老爷宫"。庙中有正厅、仙师殿和官厅。庙中正厅主祀安济圣王、大夫人、二夫人，正厅两旁祀舍人爷、福德老爷、花公花妈，仙师殿祀三仙师公、挽娘娘，官厅前有潮州人谢少沧牌位。每年正月，安济圣王出游，城中万人空巷，争迎神驾，出远洋和经商者尤将其视为事业腾达的保护神。

青龙古庙屋脊嵌瓷

青龙古庙是龙的天下。屋脊下板线装饰有黄色的方胜纹样，纹样等级高贵，颜色温和。屋脊两端装饰背头的是龙头，龙头张开嘴向上往内喷吐弯曲的花朵枝条（图2-6-57），这在粤东潮汕地区称为"龙头背吐楚尾花"，龙为"夔龙"。为在有限空间展示龙的无限威力，匠人利用夸张手法，让前殿屋脊的龙造像尽可能"大"，将龙的图腾嵌成腾云驾雾状，龙身高度弯曲，但又不致看成"曲龙"，故利用高度差，使其有腾跃之势，两条龙伸张起来的长度足足超过20米，龙身的最大周长达一米余。这样一组大型双龙戏珠的嵌瓷就稳重地矗立在主体拜亭的屋脊上，使整座古庙大有岿然不动之感。

屋脊下板线装饰的双凤朝牡丹，也是采用对称的手法，以牡丹为中心（图2-6-58），牡丹嵌瓷用乳白、藤黄、朱红等颜色瓷片来搭配出温润的"夜光白"牡丹和娇艳的"火炼金丹"牡丹，共有五朵绚丽的牡丹竞相开放，还有几个花蕾含苞待放。左右两只凤凰，色彩斑斓，展翅翱翔。嵌瓷艺人用极细的瓷片一片片地剪出凤凰的羽毛和尾巴来造成"双飞凤"的动态。细看这组嵌瓷才发觉几乎每一块瓷片都是那么贴切，恰到好处。从这些极细的小装饰可以从中看出嵌瓷艺人的丰富经验和高超技艺。

潮汕建筑屋脊下来的两侧屋角，当地人称为"厝角头"的装饰便是最能体现嵌瓷工艺特色的"加冠"嵌瓷人物，俗语有"厝角头，有戏出"。"加冠"便和"加冠进禄"习俗说法有关，加冠人物一般取自戏剧中的一组人物，是用雕塑的手法。它注重大形又在意布局及细节的完美刻画，加上适当的概括表现，超出其他民间艺术"简练概括"的手法，力求精益求精（图2-6-59、图2-6-60）。

装饰造型从潮州戏剧中人物选取。在今天的作品中还可以看到嵌瓷中潮剧的脸谱、行头以及捋须甩袖等潮剧动作，究其原因，在古代人们接受信息有限，潮剧成为潮汕地区传播道德伦理、经典故事的主要载体，受到潮汕先民的喜爱。嵌瓷扎根于潮汕大地，一个个传统题材的嵌瓷故事也让潮汕少年儿童从中接受了最初的美育和启蒙教育。

人物嵌瓷

大雄宝殿"厝角头"。因为是佛教建筑，所以选取了四大天王元素来做嵌瓷（图2-6-61），正面选择佛教四大天王中的魔礼红和魔礼寿两天王，魔礼红手持碧玉琵琶，端坐于厝头之上，表情严肃，魔礼寿（图2-6-62）手拿紫金龙蛇（有说手执花狐貂），站于檐头，两个人物一静一动，对比鲜明。魔礼红天王主管调，魔礼寿天王主管顺，香客们来开元寺，主要大部分就是求顺，求调，所以厝角头人物嵌瓷就由此而来。

图2-6-57 "双龙戏珠"嵌瓷（潮州青龙古庙）

图 2-6-58 "凤凰朝牡丹" 嵌瓷（潮州青龙古庙）

图 2-6-59 卷草嵌瓷（潮州青龙古庙）

图 2-6-60 厝角层次（潮州青龙古庙）

图 2-6-61 "四大天王" 嵌瓷（潮州青龙古庙）

图 2-6-62 "魔礼寿天王" 嵌瓷（潮州青龙古庙）

繁而不乱，疏密有致。庙主体整个屋脊垂带嵌瓷人物总数近 700 人，民间故事、戏曲故事多屏，还有凤的造像、祥云、瓜果、花草……见缝插针，工艺复杂，但由于处理上错落有方，并不会产生视觉上的杂乱感，反而有一种艺术美的享受。

瑞兽嵌瓷

不仅仅是人物嵌瓷，潮汕寺庙，多配以瑞兽嵌瓷，这些瑞兽造型威严，做工精致，且独具地方特色。大雄宝殿上配以白狮子嵌瓷，随着佛教的传入和盛行，狮子便在人们心目中成了高贵尊严的灵兽，狮子一般为菩萨坐骑，在民间，狮子一般象征力量和智慧，属于瑞兽。另外，鸟兽与花卉元素构成的和谐画面较为常见（图 2-6-63、图 2-6-64）。

图 2-6-63　瑞兽嵌瓷细节（潮州青龙古庙）

图 2-6-64　鸟兽与花卉嵌瓷（潮州青龙古庙）

5. 嵌瓷的传承和发展

5.1 潮汕嵌瓷的现状

随着现代科技的发展，1968年以后，嵌瓷艺人对嵌瓷技艺进行了改革，主要有：用电炉代替原来的木炭炉烧制瓷片；用喷色代替原来的人工刷色；用电动研磨色料代替原来的手工研磨；嵌瓷人物头面，用专门烧制的瓷制品代替原来的灰塑工艺。普宁工艺厂的艺人们还吸取了瓷塑技巧和浮雕特点，把原来由石膏铸成的人头像，精心改成瓷塑头像，使画面更加协调；在调色技艺上，他们大胆革新，调制出了火焰红、大铜绿、玉青、丁香紫、正黄、天蓝、结晶等多种色釉，显得清雅艳丽，晶莹透明，生动多姿，玲珑可爱。1977年，王春潮等艺人还创造了瓷雕分块镶嵌的新工艺，创作了青花浮雕《三星》插屏等新品种。通过这一系列的改革，嵌瓷的制作效率和艺术效果得到了全方位的提高和加强，更使潮汕嵌瓷声誉鹊起，身价倍增。1972年嵌瓷《八仙》，新加坡商人订货达到400屏；许梅洲创作的立体嵌瓷《郑成功》和陈介然创作的挂屏《三打白骨精》，送全国工艺美术展览；1974年，吴家祥创作的大型嵌瓷挂屏《大闹天宫》（150厘米×100厘米），创嵌瓷挂屏之最；1985年，普宁嵌瓷艺人还为清远飞霞洞旅游区制作了22米长的《梁山泊108好汉》浮雕嵌瓷，受到人们的高度评价，吸引了众多的游客。

当前，现代楼房的兴起代替了旧式建筑，使得嵌瓷在民居装饰方面逐渐退出历史的舞台，但在祠堂庙宇、亭台楼阁的建设以及一些旧文物的修复中，仍然广受青睐，被普遍采用。汕头市的天后宫和关帝庙、饶平的隆福寺、潮阳的双忠庙和灵山寺、揭阳的"莲花精舍"、南澳后宅的前江关帝庙、潮州的开元寺和凤凰洲公园天后宫等等文物景观，在著名的民间艺人许志坚（潮阳人）、苏宝楼（潮州人）、卢芝高（潮安人）等的妙手修复下，重现了嵌瓷特有的艺术魅力。

5.2 潮汕嵌瓷技艺的主要分布与传承人

潮汕地区是嵌瓷艺术比较集中的区域，其发展相对来说比较成熟。在社会经济持续发展，生活质量有了很大提升的今天，嵌瓷艺术发展前景日益缩小，但是存在于潮汕地区的嵌瓷，因当地特有的文化和信仰而存在着很强的生命力。揭阳市普宁镇、潮州市湖美村、汕头市潮南区的大寮村，这些地方的嵌瓷艺术都非常完善，嵌瓷名人辈出，人们对于嵌瓷艺术的接受度也非常高。

嵌瓷艺术已经被批准成为了国家级非物质文化遗产，而潮汕地区良好的传统和丰富的嵌瓷艺术遗迹，这些都是当地艺人进行嵌瓷创作、传承嵌瓷工艺不可或缺的动力源泉。

（1）潮州的嵌瓷传人

苏宝楼

潮州地区的嵌瓷发展历史最早可以追溯到明末清初，特别是在民国时期达到了一个顶峰。潮州嵌瓷老艺人苏宝楼可以说是这个行业的泰斗级人物。20世纪末期，苏宝楼老师傅在修复潮州开元寺的工程里面发挥了非常重要的作用，他为开元寺的大雄宝殿、观音阁、地藏阁都进行了不同程度的艺术设计，设计的艺术品艺术价值非常高。苏老先生的弟子众多，其中就包括潮州嵌瓷代表人物卢芝高的父亲卢孙仔。

卢芝高

卢芝高，笔名山石，男，1946 年 10 月生于潮州古建筑嵌瓷壁画艺术世家，1964 年初中毕业后师从父辈从事古建筑嵌瓷壁画民间工艺，现为国家级非物质文化遗产（嵌瓷）代表性传承人，广东省工艺美术大师，潮州嵌瓷博物馆馆长，芝高嵌瓷艺术研究所所长，潮州市工艺美术家协会副会长，高级工艺美术师，潮州画院画家。

卢芝高属于潮州湖美嵌瓷的第四代传人，岭南传统建筑名匠。因家族文化和建筑息息相关，在父辈的培养下接触和学习嵌瓷技艺，由于他有绘画方面的学习经历，在造型方面比父辈还要精细准确，在色彩的拿捏上更有独到之处。卢芝高的嵌瓷技艺非常全面，无论是花鸟鱼虫还是飞禽走兽，或是立雕人物、博古等方面都有极高水平。为了让自己的嵌瓷水平能够更上一层楼，他还在北京国画函授大学专门学习了两年国画。经过系统的学习和研究，他将国画技巧融入到嵌瓷技艺中，最终形成了自己独特的嵌瓷风格，潮州凤凰洲公园的天后宫的嵌瓷是他的力创之一，其中的"三阳开泰"、"八仙八骑八童"、"双凤朝牡丹"、"三雄图"及"红梅鹦鹉"等五组造型，形象灵动，该组作品也成为嵌瓷作品的典范之一。

1990 年，卢芝高师傅应邀到泰国，耗时两年完成了泰国七剑王公慈善堂的嵌瓷，此幅作品共由 20 幅 5 米 ×3.5 米浮塑嵌瓷组成，每一幅嵌瓷均嵌有人物近百个，形态千变万化，栩栩如生，受到了当地人的称赞。他还将潮州嵌瓷和国画融合起来创作了嵌瓷画系列作品《二十四孝》，并赢得了人们的关注。

潮州嵌瓷已经被列入国家级非物质文化遗产，卢芝高老先生是代表性传承人，他认为自己更应该担负起传承嵌瓷的责任。现在他收了多名徒弟，希望把毕生所学的嵌瓷技艺都传授给他们，让他们把这个传统文化继续传承和发扬下去。

（2）普宁的嵌瓷技艺

何翔云

普宁地区的嵌瓷技艺据考证由潮汕嵌瓷大师何翔云（1880–1953 年）始创，何师傅生于广东普宁县，当地人都称何翔云师傅为何金龙，嵌瓷作品落款为何翔云。何翔云少年时期跟随家乡的嵌瓷名家陈武学彩画、嵌瓷，并随师傅在潮汕各地制作嵌瓷，潮阳、普宁、揭阳等地都留下了脍炙人口的作品，比如汕头"李氏宗祠"，普宁流沙的"引祖祠"，果陇的"东祖祠"，胡寨的"郑氏界公祠"等嵌瓷作品，至今仍被嵌瓷界的工匠们奉为经典。何翔云 19 岁时跟随师傅一起与另一大师吴丹成和他的弟子在汕头存心善堂"斗艺"，嵌出了当时让他声名大噪的成名作"双凤朝牡丹"，该作品在工艺表现上巧夺天工，一时间被当地百姓传颂。何翔云先生于潮汕地区有很多的弟子，这当中要属广东普宁赤水的陈氏陈如逊一派最为突出。后来陈如逊师傅又将他的技艺传授给他的儿子，也就是陈氏第二代传人陈宏贤。陈宏贤很小的时候，就能制作嵌瓷挂屏等工艺品。20 世纪 80 年代以后，乡村建筑房屋的装饰要求越来越高，陈宏贤就从此专门从事房屋的嵌瓷装饰工作，在普宁地区渐渐小有名气。陈宏贤嵌瓷作品的特点是色彩对比强烈，设计和制作嵌瓷时非常注意与周边环境、房屋主体以及陈设相呼应。构图上非常讲究对称、方位、阴阳等变化，人物、动物、花鸟等造型准确，生动逼真。整体设计的布局给人富丽堂皇，色彩鲜明的感觉。1996 年，陈宏贤应邀到泰国曼谷为三宝殿和郑王宫制作嵌瓷装饰，由于工艺精细、独特，使普宁的嵌瓷工艺一度在东南亚国家走红。2005 年陈宏贤应邀专门为大型园林景观世博园的"江芳园"制作嵌瓷装饰，这次的作品又一次引起了众人瞩目。目前，陈宏贤师傅有多件作品参加由广东省文化厅主办、广东美术馆承办的"第十届广东省艺术节"特展，并被有关单位收藏。

（3）大寮的嵌瓷技艺

许石泉

大寮嵌瓷至今已有一百多年，是潮汕风格与闽南风格相融合的建筑装饰工艺。其中技艺精湛、具代表性的是大寮民间艺人许石泉，许石泉家族也是汕头嵌瓷世家代表之一。许石泉在 1906 年跟随嵌瓷名师吴丹成学艺，经过不懈的努力掌握了嵌瓷技艺，通过自身的坚持和创新将嵌瓷技艺发扬光大，并且将技艺传给了子孙和族人。许石泉的 3 个儿子许梅村、许梅洲、许梅三继承父辈的衣钵，将大寮嵌瓷艺术传遍潮汕大地，他们的作品遍布中国香港，以及新加坡、泰国等地，并且深受许多国内外人士的喜爱。其中二子许梅洲的嵌瓷作品技艺精湛、备受欢迎，他的作品色彩鲜艳、对比强烈、气势宏伟、布局讲究，1970 年，由他创作的嵌瓷艺术作品《郑成功》至今仍被北京博物馆收藏。三子许梅三不仅擅长嵌瓷，而且国画、油画、美术设计、书法等样样精通，是个艺术多面手。1979 年，许梅三和儿子许志华将汕头妈屿岛妈祖庙嵌瓷重新设计，设计出今天看来仍旧突出的标志性嵌瓷作品《鸡群》。许氏的第三代传承人是许志坚、许志华。他们在潮汕地区的嵌瓷艺术中颇有名气，嵌瓷作品曾多次获奖。

许志坚的嵌瓷作品《松鹤图》在 1972 年被送到北京参加"全国民间艺术展"。许志坚主持和参与了汕头存心善堂、关帝庙、天后宫文化古迹的修复任务，还原了一大批历史遗迹。1998 年 5 月，他又应美国休斯市潮籍同胞之邀，精心制作了《蛟龙戏水》《老虎带子》两大幅嵌瓷浮雕，从汕头运往美国嵌于关帝庙龙井、虎井壁上，这是潮汕工艺嵌瓷作品首次进入美国，被华侨视为潮人艺宝，赞不绝口。现在的汕头敬老院、金沙陵园、饶平隆福寺、妈屿祖庙、南澳县后宅镇前江关帝庙，潮阳双忠圣王庙、灵山寺、揭阳莲华舍等处都有他的作品。

第四代传人为许少雄、许少鹏。许少鹏于继承祖业的同时，在嵌瓷题材、艺术构图、技艺运用、艺术语言的表现上有了新的探索，并取得可喜的成绩。其人物造型更优美，形象更传神，神态更生动，工艺更细腻，并以其意蕴无尽的审美情趣，给人留下深刻的印象。他研究开发的立体摆件、插屏等新形式的嵌瓷作品得到了广泛的好评。并在大寮乡里开设了嵌瓷培训班，教授乡里的年轻人学习嵌瓷，立志把嵌瓷这门技艺传承下去。

5.3 嵌瓷的发展

除了传统祠堂庙宇，现在已经很少有人把嵌瓷运用到民居中，嵌瓷的市场逐渐冷清，也意味着嵌瓷需要顺应现代的居住方式进行变革。一些嵌瓷艺人吸取了其他手工艺的长处，将国画技法与嵌瓷艺术紧密结合，并尝试用新的材料与嵌瓷结合，尽可能从不同的角度来提升嵌瓷本身的价值。经过多年的摸索，艺人们改进了嵌瓷的制作技艺，研究出了嵌瓷画、嵌瓷挂屏、立体件、圆盘装饰等嵌瓷形式，让嵌瓷工艺逐渐满足了现代装饰陈设需求。

（1）嵌瓷画

早在 20 世纪 60 年代，普宁工艺美术厂的技术人员就开始对嵌瓷的形式进行了开拓创新，他们把嵌瓷技艺变成了装饰品，也就是嵌瓷画。嵌瓷画的创作形式是依托中国工笔画，将彩色瓷片运用平嵌、浮嵌技艺，经剪、贴、拼而成。艺人依据设计好的纸稿，用贝灰、草纸、红糖等调匀成灰浆，按物像形态用灰浆塑好坯型；然后针对画稿中物体的每一个部位的不同要求，选择不同颜色的瓷盘、瓷碗敲成瓷片，再用铁钳子进行剪取、磨滑。

（2）嵌瓷挂屏、屏风

嵌瓷挂屏与嵌瓷画在制作技艺上基本相同，即在设计稿画好后，用铁丝等材料在底板上制作骨架，用灰筋与红糖调好的灰泥制作雏形，再用钳子将各种颜色的瓷片剪好，利用平嵌、浮嵌的技艺进行镶贴。制作人物的头部时可先用铁丝、麻皮、灰泥制成坯体，再用面灰捏塑成形，之后人物面部要用颜色及墨彩绘，使头部看起来更丰富和立体。人物的衣纹皱褶部分与装饰纹样，利用染彩、勾线或描金，使线条看起来更流畅，图案更优美；帽、冠及头饰部分需要点缀上红、蓝、绿等颜色的胶片，能够产生熠熠生辉的视觉效果，使整个作品更独具一格。剩余的部分如天地、花草、亭台、树木等，采用直接在底板上彩绘的方式，既衬托了人物形象，又形成虚实对比关系，从而构成一个完美的整体。嵌瓷屏风是在嵌瓷画的基础之上，将中国传统的木质屏风与嵌瓷工艺结合起来，其制作工艺也是利用平嵌和浮嵌的技艺对瓷片进行镶贴。在屏风上使用嵌瓷技艺使屏风的装饰效果更加大气、华丽。嵌瓷挂屏、屏风也因此受到众多海内外有关人士的关注和喜爱。

（3）嵌瓷摆件

嵌瓷摆件的制作因其表现形式和搭配材料的不同，而采用了不同的制作技艺。如嵌瓷立体摆件中，嵌瓷人物的衣服配饰等采用的是圆嵌技艺（这里使用的制作工艺与其他嵌瓷作品的制作工艺基本一致），而头面、手等都是运用灰塑技巧再加以彩绘。如果是圆盘摆件，则在制作技艺上采用平嵌和浮嵌的技艺，将瓷片粘贴在特制的圆盘上，之后细节的部分再使用彩绘或勾线、描金等技巧。嵌瓷大师卢芝高老先生近些年一直在潜心研究嵌瓷摆件的制作技艺，将灰塑与嵌瓷完美结合，再加以国画技巧，创作出了多件嵌瓷灰塑名作，在2013中国（深圳）国际文化博览交易会上获得"中国工艺美术文化创意奖"金奖，作品人物造型逼真生动，栩栩如生，赢得了许多人的关注（图2-6-65）。

图2-6-65　嵌瓷盘（卢芝高工作室）

参考文献

[1] 潮州府志 . 见中国地方志汇刊 [M]. 北京 ：中国书店 .1992.

[2] 广东年鉴·2015. 英文版，2016（4）.

[3] 谢奕锋 . 妙手华章——潮汕建筑与嵌瓷 [M]. 广州 ：广东教育出版社，2013 ：84-94.

[4] 杨坚平 . 潮汕工艺美术［M］. 汕头 ：汕头大学出版社，2004.

[5] 广东工艺美术学会编 . 广东工艺美术史料 [M]. 广州 ：广东省工艺美术公司，1988.704-706.

[6] 林凯龙 . 潮汕老屋 [M]. 汕头 ：汕头大学出版社，2004.37-38.

[7] 陈汉初 . 话说潮人 [M]. 北京 ：中国文史出版社，2007.19-38.

[8] 黄挺 . 潮汕文化源流 [M]. 广 州 ：广东高等教育出版社，1997.

[9] 陈晓东 . 适庐 . 潮汕文化精神 [M]. 广州 ：暨南大学出版社，2011.

[10] 杨坚平 . 中国工艺美术大师全集·陈培臣卷 [M]. 成都 ：四川美术出版社，2009（6）.

[11] 吴勤生、林伦伦 . 潮汕文化大观 [M]. 广州 ：花城出版社，1997.

[12] 沈福煦 . 建筑艺术风格鉴赏 [M]. 上海 ：同济大学出版社，2003.

[13] 黄挺 . 陈占山 . 潮汕史 [M]. 广州 ：广州人民出版社，2001.

[14] 卢芝高 . 卢芝高嵌瓷艺术 [M] 南宁 ：广西美术出版社，2013.

[15] 李煜铨 . 论潮汕嵌瓷的艺术特色与人文价值［D］. 汕头大学，2011.62.

[16] 许南燕 . "非遗" 文化潮汕嵌瓷艺术的传承脉络及文化寓意 [D]. 广东工业大学，2014.

[17] 刘坤 . 非物质文化遗产保护治理结构研究 .［D］. 山东大学，2010（5）.

[18] 姜省 . 潮汕传统建筑的装饰工艺与装饰规律 [D]. 华南理工大学，2006.

[19] 舒也 . 少数民族地区非物质文化遗产的教育传承策略［D］. 湖南师范大学，2013.

[20] 梁溪 . 仪式传播观视阈下的非物质文化遗产的保护［D］. 河北大学，2014.

[21] 于思文 . 区域性非物质文化遗产的传承与保护策略研究——以老舞为中心的解读［D］. 哈尔滨师范大学，2014.

[22] 温平 . 潮汕嵌瓷艺人手工作坊考察报告 [J]. 装饰 .2008（2）.94-96.

[23] 卢渤鑫 . 对潮州嵌瓷艺术传承与发展的思考 [J]. 文教资料 .2014（16）.69-70.

[24] 黄缨、冯涛 . 中国传统建筑装饰中的吉祥文化 [J]. 西安建筑科技大学学报（社会科学版）.2007.26（4）.30-34.

[25] 郑立新 . 秦波 . 潮汕建筑剪贴瓷装饰的艺术特色探析 [J]. 中国陶瓷 .2008（6）.68-70.

[26] 李煜铨 . 浅析嵌瓷在现代室内设计中的应用 [J]. 艺术时尚旬刊 .2014（3）.115.

[27] 郑育能 . 潮汕文化与潮汕传统建筑特点 [J]. 城建档案 .2014（7）.21-23.

[28] 何敏波 . 简述侨批业发展过程中的潮商精神 [J]. 八桂侨刊 .2009（1）.36-40.

[29] 林凯龙 ."京都帝王府，潮州百姓家"——潮汕民居装饰及其启示 [J]. 艺术与设计（理论）.2007（10）.103-104.

[30] 李启色. 潮汕传统民居装饰风格要论 [J]. 装饰 .2004（8）.84-84.

[31] 吴泽锋. 潮汕传统民居装饰艺术品鉴 [J]. 艺术教育 .2011（7）.148-149.

[32] 黄挺. 潮汕文化索源 [J]. 寻根 .1998（4）.3-8.

[33] 黄挺. 清初迁海与地方宗族. 以潮州为例 [J]. 社会科学 .2007（3）.36.

[34] 黄挺. 潮州笔架山窑研究综述. 汕头大学学报 [J].2003（S1）.17.

[35] 姜省. 潮汕传统建筑嵌瓷工艺研究 [J]. 古建园林技术 .2008（1）.3-8.

[36] 卢小根. 传统嵌瓷技艺在现代设计中的应用 [J]. 装饰 .2012（2）.127-128.

七、彩画

1. 彩画的历史发展

1.1 彩画的发展过程

彩画在中国有悠久的历史，是古代传统建筑装饰中最具特色的装饰技术之一。它以独特的技术风格、富丽堂皇的艺术效果，给世人留下了深刻的印象，"雕梁画栋"这句成语足以证明中国古代传统建筑装饰彩画的辉煌。早在东周春秋时期，《论语》中已经有"山节藻棁"的记载，意思是说在大斗上涂饰山状纹样，在短柱上绘制藻类的图案，说明在当时古代建筑上已经出现彩绘装饰。《礼记》中还有"楹，天子丹，诸侯黝，大夫苍，士黈"的记载，说明不同阶层人士居住建筑的柱子，涂饰了不同颜色，表示了一种建筑上的等级制度。考古上能确切证明古代建筑上有彩画的是陕西咸阳三号秦宫，曾发掘出画在墙上的车马壁画。《周礼·冬官考工记》载画缋之事，"青与白想次也，赤与黑想次也"，这可能是有关绘画的最早理论。从这些绘画的色彩关系到取材内容，都可以看出中国彩画的古老，甚至连秦始皇陵发掘出土的灰陶兵马俑，当初也是五彩缤纷的。

彩画原是用来为木结构防潮、防腐、防蛀的，后来才突出其装饰性，宋代以后彩画已成为宫殿不可缺少的装饰艺术，彩画可分为三个等级。

（1）和玺彩画

和玺彩画是清代官式建筑主要的彩画类型，清工部《工程做法》中称为"合细彩画"。仅用于皇家宫殿、坛庙的主殿及堂、门等重要建筑上，是彩画中等级最高的形式。和玺彩画是在明代晚期官式旋子彩画日趋完善的基础上，为适应皇权需要而产生的新的彩画类型。其主要特点是：中间画面由各种不同的龙或凤的图案组成，间补以花卉图案；画面两边用《 》框住，并且沥粉贴金，金碧辉煌，十分壮丽。

和玺彩画在保持官式旋子彩画三段式基本格局的同时，逐渐剔除旧花纹，加入新花纹：藻头部分删去了"旋花"；枋心绘行龙或龙凤图案，枋心头由剑尖形式改为莲瓣形，以求与藻头轮廓线相适应；箍头盒子内绘坐龙，等等。清代中叶以后，和玺彩画的线路和细部花纹又有较大的变化，画面中主要线条均由弧形曲线变为几何直线：藻头部位弯曲的莲瓣轮廓变为直线条玉圭形，亦称"圭线光子"；皮条线、岔口线、枋心头等线路都相应地改为"Σ"形线。和玺彩画用金量极大，主要线条及龙、凤、宝珠等图案均沥粉贴金，金线一侧衬白粉线（也叫大粉）或加晕，以青、绿、红作为底色衬托金色图案。其花纹设置、色彩排列和工艺做法等方面都形成了规范性的法则，如"升青降绿"、"青地灵芝绿地草"等，逐渐完善成为规则最为严明的彩画形式。根据不同内容，和玺彩画分为"金龙和玺"、

"龙凤和玺"、"龙草和玺"等不同种类。

和玺彩画主要用于紫禁城外朝的重要建筑以及内廷中帝后居住的等级较高的宫殿。北京故宫太和殿、乾清宫、养心殿等宫殿多采用"金龙和玺彩画"；交泰殿、慈宁宫等处则采用"龙凤和玺"彩画；而太和殿前的弘义阁、体仁阁等较次要的殿宇使用的则是龙草和玺彩画。使用和玺彩画的各处宫殿，由额垫板均为红色，平板枋若用蓝色，则绘行龙，若用绿色，则绘工王云（工王云：古建筑彩画做法之一。清代和玺彩画、旋子彩画的压斗枋、平板枋上的一种类似汉字"工"、"王"的云形图案画法，多用沥粉贴金）。

（2）旋子彩画

旋子彩画俗称"学子"、"蜈蚣圈"，等级仅次于和玺彩画，其最大的特点是在藻头内使用了带卷涡纹的花瓣，即所谓旋子，画面用简化形式的涡卷瓣旋花，有时也可画龙凤，两边用《》框起，可以贴或不贴金粉，一般用在次要宫殿或寺庙中。旋子彩画最早出现于元代，明初基本定型，清代进一步程式化，是明清官式建筑中运用最为广泛的彩画类型。

旋子彩画在各个构件上的画面均划分为枋心、藻头和箍头三段。这种构图方式早在五代时苏州虎丘云岩寺塔的阑额彩画中就已存在，宋《营造法式》彩画作制度中"角叶"的做法更进一步促成了明清彩画三段式构图的产生。

明代旋子彩画受宋代影响较为直接，构图和旋花纹样来源于宋代角叶如意头做法。明代旋花具有对称的整体造型，花心由莲瓣、如意、石榴等吉祥图案构成，构图自由，变化丰富。明代旋子彩画用金量小，贴金只限于花心（旋眼），其余部分多用碾玉装的叠晕方法做成，色调明快大方。枋心中只用青绿颜色叠晕，不绘任何图案；藻头内的图案根据梁枋高度和藻头宽窄而调整；箍头一般较窄，盒子内花纹丰富。

清代旋子花纹和色彩的使用逐渐趋于统一，图案更为抽象化、规格化，形成以弧形切线为基本线条组成的有规律的几何图形。枋心通常占整个构件长度的三分之一，枋心头多作圆弧状，枋心多绘有各种图案：绘龙锦的称龙锦枋心；绘锦纹花卉的称花锦枋心；青绿底色上仅绘一道墨线的称一字枋心；只刷青绿底色的称空枋心。藻头中心绘出花心（旋眼），旋眼环以旋状花瓣二至三层，由外向内依次称为头路瓣、二路瓣、三路瓣。旋花基本单位为"一整二破"（即一个整团旋花，两个半团旋花），视梁枋构件的长短宽窄组合，又有勾丝咬、一整二破加一路、加两路、加勾丝咬、加喜相逢等多种形式。岔口线和皮条线由明代的连贯曲线改为斜直线条。旋子彩画按用金多寡及颜色的不同可分为金琢墨石碾玉、烟琢墨石碾玉、金线大点金、墨线大点金、金线小点金、墨线小点金、雅五墨、雄黄玉等几种。

（3）苏式彩画

苏式彩画等级低于前两种。画面为山水、人物故事、花鸟鱼虫等，两边用《》或（）框起。"（）"被建筑家们称作"包袱"，苏式彩画，便是从江南的包袱彩画演变而来的，起源于江南苏杭地区民间传统做法，故此得名，俗称"苏州片"。一般用于园林中的小型建筑，如亭、台、廊、榭以及四合院住宅、垂花门的额枋上。

苏式彩画底色多采用土朱（铁红）、香色、土黄色或白色为基调，色调偏暖，画法灵活生动，题材广泛。明代江南丝绸织锦业发达，苏式彩画多取材于各式锦纹。清代，官修工程中的苏式彩画内容日渐丰富，博古器物、山水花鸟、人物故事无所不有，甚至西洋楼阁也杂出其间，其中以北京颐和园长廊的苏式彩画最具代表性。

明永乐年间营修北京宫殿，大量征用江南工匠，苏式彩画因之传入北方。历经几百年变化，苏式彩画的图案、布局、题材以及设色均已与原江南彩画不同，尤以乾隆时期的苏式彩画色彩艳丽，装饰华贵，又称"官式苏画"。

官式彩画在等级制度上的划分是很严格的，不同类别的彩画在建筑装饰上是不能滥用的。而官式苏画的等级划分是比较困难的，它不像"和玺"、"旋子"彩画那样，在细部纹饰上都有严格的规定，甚至排列顺序都不能颠倒，用金部位多少都有详尽的要求。官式苏画在纹饰和工艺上都是比较自由的，官式苏画总体上大致可分为三个等级：高等级的官式苏画（金线苏画），主体线路为金线，卡子、锦纹、夔龙、夔凤、花团等细部纹饰为片金或金琢墨拆退做法，局部枋心、盒子为窝金地做法；中等级的官式苏画，主体线路为墨线，卡子、蝠磬、卷草等细部纹饰基本上为烟琢墨拆退做法，个别地方点金做法；低等级的官式苏画（墨线苏画），主体线路及纹饰均为墨线，不见金色。

1.2 岭南彩画

彩画的历史发展中，人们一直关注于皇宫殿宇的官式风格，而忽略了政治、经济制度都相对自由的岭南彩画。广州曾经是南越、南汉、南明三朝古都，南明永历帝曾驻节肇庆，但不具有朝代更迭的连续性，作为古都的时间、规模和影响力远比不上今北京、西安。岭南地区自唐以来便是外化之地，山高皇帝远，南越、南汉两朝距今久远，在辛亥革命以前受官式文化影响较少。相对古代官式建筑彩画题材贫阙的情况，岭南彩画百花齐放，题材和样式活泼丰富、不拘一格，广府、潮汕、客家等地民居、祠堂上都饰有不少极富民间特色的彩画。广府地区的彩画与灰塑、木雕等装饰元素相结合，如广州陈家祠的灰塑（图2-7-1）、德庆龙母祖庙的木雕（图2-7-2）。另外，潮汕地区民间有"潮汕厝，皇宫起"的俗语，就是形容本地传统建筑的独特性，尤其是对传统建筑外观装饰（图2-7-3、图2-7-4）。岭南彩画主要分为桐油彩画、漆画和壁画三种。

林徽因先生曾就彩画的产生和发展作以下论述："彩画图案在开始时是比较单纯的。最初是为了实用，为了适应木结构上防腐防蠹的实际需要，普遍地用矿物原料的丹或朱，以及黑漆桐油等涂料敷饰在木结构上；后来逐渐和美术的要求统一起来，变得复杂丰富，成为中国建筑装饰艺术中特有的一种方法。"彩画不仅符合人们的视觉需求，更满足其心理需求，这就是彩画的象征作用。岭南彩画的作用可归纳为以下几点：

图 2-7-1　彩画与灰塑（广州陈家祠）

图 2-7-2 彩画与木雕（德庆龙母祖庙）

图 2-7-3 彩画（揭阳陈氏公祠）

图 2-7-4 彩画（揭阳陈氏公祠）

宣扬礼教。彩画以画作的形式运用于寺庙、祠堂等祭祀建筑中，内容既有仙灵鬼怪，亦有生活故事，更有宗教符号，起着抑恶扬善的教化作用，如潮州青龙古庙梁枋上的宗教故事图和达摩面壁图（图2-7-5）。岭南地区的建筑以宗族聚居为主要形式，有着浓郁的祠堂文化，祠堂建筑内外的样式、形态、文字、图案和色彩都具有一定的礼教作用，具有一定的象征意义。

心理防灾。岭南传统建筑是木框架结构，所以建筑的防火一直是传统建筑中最重要的一项任务。明清彩画采用青、绿为主的冷色调，并常见莲、荷、菱、藕等水生植物纹样，是人们针对木构建筑产生以水克火的心理折射，如潮州的黄氏公祠用了莲藕、番茄、石榴、大白菜等蔬菜水果（图2-7-6），也有的在梁架上绘制海水纹来表达驱灾避害的心理。

图腾崇拜。彩画上常见传统文化中的吉祥图案，以表达美好愿景。如额枋常见牡丹、玉兰、海棠花共用，寓意"玉堂富贵"，椽头的万字纹和雀替上的蝙蝠寓意"万福金安"。

岭南彩画作为民间彩画，比起官式彩画创作史自由，形式更活泼，更能表达人民的意愿。岭南彩画也因为独特的历史、地理原因，呈现出其近海的文化特点，传递出海洋文化和海外贸易对彩画影响的特点。总的来说，岭南彩画具有以下特点：

选材精良，处理精细。岭南建筑楹梁并非凡木必彩，而是有选择性的，岭南建筑在选择彩画木料的时候非常讲究，好的木材一般会保持木材本来的纹理，但是会做防腐的处理工作。在绘制彩画

图2-7-5　宗教故事图和达摩面壁图（潮州青龙古庙）

图2-7-6　水生植物纹样（潮州龙湖古寨的黄氏公祠）

之前，所选用的颜料均通过研磨矿物质而来，单单研磨工序就能够达到8步之多，从原始的矿物质，经过挑选研磨，再进行筛选，对于基本满足使用的颜料，再进行研磨，使其更加细腻。

立足功能，适度装饰。岭南彩画的绘制过程中，多立足于建筑的结构，尊重建筑内部的结构构成，从建筑内部的整体结构出发，进行彩画的创意与设计，体现华丽但并不繁冗张扬，极具民俗趣味，装饰适度。所实现的效果也同样是基于构件之上的美化，通过间色的合理运用，加上后期退晕技法的广泛运用，通过多层叠加的色彩，起到增强室内空间感之效。

题材新颖，突出岭南文化。岭南彩画的题材颇具地方特色，从彩画的绘制题材之中，常常能够发现其中蕴藏的文化韵味。岭南近海，从对植物写生的题材，到祥云纹（图2-7-7）、拐子纹的运用，龙凤图案的运用，还经常使用海水纹等象征水文化的纹样，无一不具有鲜明的文化特色。

色彩为建筑增添风采，增加生气。岭南传统建筑以青砖灰瓦的灰色调为主，彩画通过色彩的有效运用，使得建筑木构件相映成趣。室内的彩画在色彩选用上，以暖色为主，补充了建筑本身材质所带来的冰冷感。建筑彩画充分体现间色效果，通过退晕技法，使得整个图案乃至木构件典雅亲和。在碾玉装中所述为冷色的青绿间装，外棱"如绿缘，内于淡绿地上描华，用深青剔地"，说明青绿色需对比使用。如在揭阳城隍庙用青绿色描绘简朴的样式在廊坊上，并与下面的镂空雕形成对比（图2-7-8）。

图2-7-7　祥云纹（揭阳城隍庙）

图2-7-8　梁枋（揭阳陈氏公祠）

有主有次，重点突出。包括中国"满堂彩"彩画的形式在内，彩画的绘制并非杂乱无章，而是有主有次主次分明，对于重点的空间区域重点渲染，突显效果。如彩画的精细位置集中在枋的端部及内部的立柱，而枋心却进行简单的整体涂饰（图2-7-9）。

图 2-7-9　梁枋（揭阳城隍庙）

2. 桐油彩画

中国传统建筑木构架自古均有采用桐油饰面保护，地域不同，工匠所采取方法也不同。广府地区建筑木构架一般以原木色为主，表面做桐油防腐处理。岭南地区的桐油彩画以潮汕地区最为出彩，尤其祠堂、庙宇中的桐油彩画，多集中在梁枋部位，彩绘将人们的注意力集中在建筑顶部，为木雕进行彩绘，使得木雕形象更加生动，寄托了对于后人的美好愿望，使人心存敬畏。

潮汕地区一直保留传统的桐油彩画是由其特殊的地理因素决定的。潮汕毗邻南海，低纬度，热辐射强烈，高温时间长，年降水日数比北方多一倍以上，湿热气候容易产生霉菌，腐蚀木结构，而桐油、生漆有杀菌消毒作用。潮汕地区的公共建筑木构架表面大多数都有桐油彩画，但并非像北方要达到"凡木必彩"，例如在潮州的民居建筑，桷板、檩条通常不会施以彩画，而是显示木材本质，据当地人说，是出于传统观念，以求保持木材"生气"。在许多简朴的潮州传统民居建筑，通常只会在脊檩绘画八卦为镇宅符号；在寺庙、祠堂除了八卦符号（图2-7-10、图2-7-11），还会对梁枋及其上的木雕进行彩绘。桐油彩画作为一种建筑装饰，制作工艺精致，图案设计细密繁缛，特色鲜明。

图 2-7-10　潮州龙湖古寨许氏公祠的八卦符号

图 2-7-11　八卦元素（揭阳城隍庙）

2.1　桐油彩画的制作工艺

2.1.1　桐油彩画工具

靠尺。画工都有一把靠尺，一般是自制的，上面刻度通常是以寸为单位，但主要的用途不是量度，而是让手可以离开画面操作，不仅不会弄脏画面而且手不会抖。

毛刷。制刷材料有牛毛、猪毛、头发，用漆胶起来，按大小需要制作。考虑到桐油的快干性，需要制作比较硬、短、扁的刷子，用来打底、起光（盖光）、画画的刷子均不同。

毛笔。画心的画体多是国画，但由于是在木头上作画，一般选用比较硬的狼毫（图 2-7-12）。

刮刀。熟桐油做底色漆，需用牛角批或竹片刮平，现在也有的用不锈钢刀（图 2-7-13）。

图 2-7-12　毛笔（黄瑞林工作室）

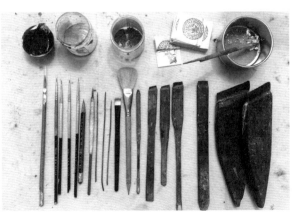

图 2-7-13　毛笔、金箔、刮刀、猪血料

2.1.2　制作材料

生桐油。桐油作为涂料应用在木材上的历史悠久，几千年以前就开始用朱丹等一类矿物原料和桐油黑漆等植物油涂刷在木件上了。生桐油是由桐油树种子压榨出来的油，优质生桐油清澈透明，被称为"白油"，是制成熟桐油的基础材料，熟桐油（图2-7-14）使用广泛，所以生桐油质量尤为重要。原生生桐油必须过滤，才能制成纯生桐油。

猪血料。传统木缝填补材料主要是猪血料，由猪血加贝灰粉、生桐油搅拌而成，猪血的作用是将其他物料凝结在一起。猪血料的调制，是先将猪血过滤之后，加入少许石灰，凝结备用。进行填补木材裂缝的工作时，先用小碗装起预备好的猪血，加入石灰、生桐油继续搅拌，直至干固到仅仅还能搅动的程度，方可使用。新鲜猪血料带有细菌，国家相关规定不宜使用，许多营造工程多改用预制料灰（图2-7-15）。

图 2-7-14　熟桐油（潮州龙湖古寨）

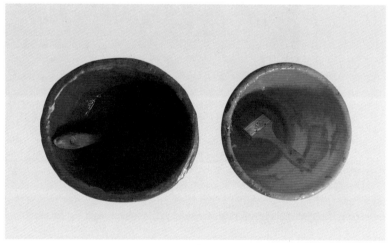

图 2-7-15　猪血料（潮州龙湖古寨）

熟桐油。熟桐油是在生桐油中加入中药，以铁锅煮炼制成的黏稠透明油（图2-7-16）。液态的熟桐油中加入色粉，经空气干燥后形成固态、不透明、连续的密封硬膜，与底层粘贴牢固，对木材起保护作用，既能作基本刷饰之用，也能使彩画变得更精细。经验丰富的大师傅一般自己炼制熟桐油，步骤是先用火煮，然后放入松香、土籽和樟丹，当地师傅称这个程序为"下药"；要判断是否煮好，可通过黏度来检验，也称"拉丝"，即是用食指和拇指拉开一滴测试油，拉至10厘米长的丝而不断就代表合格；还要看其颜色，因为"下药"时曾加入松香，所以师傅认为接近松香的那种浅茶色才代表好的质量。熟桐油搁置过久会变色，现时传统工程已经很少用到高质量的熟桐油了。

胶。制造颜料的方法是将矿物颜料粉末及立德粉，加入熟桐油和土胶搅拌，原因是熟桐油包裹着的色粉呈游离状态，会出现颜色不均匀的情况，为了避免色粉在桐油中被稀释剂冲得焕散，加强色粉与底层的粘结，通常会加入适量的胶。桐油入胶会根据需要选择适合的胶料，例如梁架彩画用桐油入胶会选用动物胶，如牛皮胶、驴皮胶、猪脚筋胶、狗等动物骨胶（图2-7-17）；壁画桐油入胶则通常多用植物胶，如松树胶或桃胶。

稀释剂。熟桐油本身通常会呈现黏稠状态，不容易加入色粉，因此要加入松节油或煤油等稀释剂。松节油除了作为稀释剂外，对桐油还有催干的作用。以前调颜料用熟桐油，需要1～2天时间才会干，现在多加入松香或化学材料催干，提高工作效率。

图 2-7-16　熟桐油（潮州
龙湖古寨）（左）

图 2-7-17　动物骨胶（右）

夏布。油饰可以直接施于木料上，在木基上包布料作底层也很普遍，以前选用的多是苎麻布（图2-7-18），要用的时候将布料泡水，使它变软，工匠俗称这个工序为"包麻布"。现代这道工序用的多是纱布，因纱布薄不用泡水也柔软，所用的粘合剂也相应减少，比较方便，但纱布比较单薄，容易开裂。

颜料。桐油彩画的颜料与中国文化中所指之"正五色"青黄赤白黑一致，再加上金色，岭南建筑桐油彩画以鲜艳原色为主。据了解，昔日的颜料是工匠以就地取材的矿物与植物自制而成（图2-7-19、图2-7-20）。尽管现代颜料的色彩选择很多，但是大多数师傅都坚持传统风格，只用五彩加金，保持传统桐油彩画的色彩韵味。

墨。在彩画中，墨的作用是勾图纹、勾金箔和绘画心。工匠一般使用自己磨的墨，可以选用优质墨条。优质的墨条所含油烟和松烟质量较佳，其本身胶质含量可以令墨迹留存多年，里面加少许醋，就会耐久而不掉色。现在为求方便，多数工匠使用瓶装墨汁绘画。

金箔。金箔是用黄金锤成的薄片。传统工艺制作金箔，是以含金量为99.99%的金条为主要原料，经化涤、锤打、切箔等十多道工序的特殊加工，使其色泽金黄，光亮柔软，轻如鸿毛，薄如蝉翼，厚度不足0.12微米。现在用的金箔含金量一般只有90%左右。

图 2-7-18　麻布

图 2-7-19　天然矿物颜料粉

图 2-7-20　调配好的颜色

图 2-7-21 批灰（一）

图 2-7-22 批灰（二）

图 2-7-23 打白底

2.1.3 桐油彩画绘制过程

根据传统建筑的特点，工匠对建筑进行桐油彩画创作通常是从后厅楹母八卦开始，沿中轴线往前门方向续步迈进。一般先将一个厅堂建筑空间的脊檩和屋架同时进行彩画，完成一进的彩画，逐步向前推。

绘制过程具体操作如下：

打底。批灰打底是彩绘的基础步骤，只有在制作精细的灰底上，彩画才能保存长久。处理方法是先将基层表面打磨平滑，清理干净，刷一道用 3 倍松香水稀释的生桐油，使其渗入一定深度，起到加固基层的作用，干燥后打磨扫净，然后用较细的油灰腻子批一遍（图 2-7-21、图 2-7-22），不需太厚，但要密实，平面用薄钢片刮，曲面用橡胶板刮。干后打磨，随后用更细的油灰加入少量光油和适量水调成的材料再批一道，厚度约 2 毫米。干后磨至表面平整不显接头，扫净浮灰，接着刷原生桐油，渗进油灰层中，达到加固油灰层的目的，等干透细磨，便可作画。以潮汕地区建筑彩画为例，底色主要有白色、红色、绿色和黄色。如果以白色做底，原料就是隆粉（立德粉）；以红色做底，原料就是银朱；以绿色做底，原料就是佛青；以黄色做底，原料就是土黄；以蓝色做底，原料就是钛青蓝。现代见到的多数底色一般是白色，师傅称以前是用浅色的米黄色做底色，因为米黄色的底色比较暖和、明快，颜色比较传统（图 2-7-23）。

起稿。绘图放样，基层处理完成后，即可测量尺寸绘制图样。师傅多数会根据不同的建筑类型，结合本地区画派构思预备画稿。先准确量出彩画绘制部位的长宽尺寸，然后配纸，以优质牛皮纸为佳，长宽不够可以拼接。彩画图案一般上下左右对称，可将纸上下对折，先用炭条在纸上绘出所需纹样，再用墨笔勾勒，经过扎谱后展开，即成完整图案（图 2-7-24）。大样绘完后用大针扎谱，针孔间距 2、3 毫米左右。扎孔时可在纸下垫毡或泡沫等，如遇枋心、藻头、盒子等有不对称纹样时，应将谱纸展开画；接着定出构件的横竖中线，将纸定位摊平，用粉袋逐孔拍打，使色粉透过针孔印在基层上，则彩画纹样便被准确地放印出来。

调色入胶、勾线。彩画不褪色的最大原因是熟桐油油膜对它起的保护作用，但是色粉本身是不溶于桐油的，所以在调色时通常会加入胶，令颜色和底层粘牢，不怕风干后开裂。不同部位的彩画具体入胶量要变通，也与选用的颜料有关。颜色入胶后，可以在拓印的基础上把图案的边勾出来（图2-7-25），在作画时细的线条要加胶，加胶后比较容易画，贴金的部分是用熟桐油，不能用胶。

填色、描绘。在彩画活里，一旦师傅起稿完毕，就可以交由徒弟"填色块"。在大体积的木构件绘上彩画，通常是用分工填色的方法。几个工人可以同时工作，比如说，楹母上彩的时候，通常是几个工人一起填完同一个颜色，等干了以后，所有人就去填上第二种颜色，可

图 2-7-24　起稿

图 2-7-25　勾线

以避免同时调几种颜色导致浪费和颜色不统一。彩画填色习惯是先填比较大面积的颜色和浅的颜色。在彩画细节的地方，需要工匠换成小笔细致地去勾勒和渲染，来突出彩画的艺术效果（图2-7-26、图2-7-27）。

　　贴金。木材在需要贴金的地方，扫上调好黄色或红色的熟桐油，在快干未干的时候，才好贴金。用于贴金的金油是熟桐油加色粉，通常要使用和金箔相近的色粉，即使金箔贴得稍有瑕疵，视觉效果尚也不至于太显眼。如在楹母底下的表面贴上金箔，先将金箔盖纸打开半边，将又薄又轻的金箔，连同前后保护的衬纸一同执起，轻放到需要贴金的部位，然后拿软毛的刷子刷一下衬纸的背后，将金箔贴上，最后拿掉衬纸，就完成一次贴金箔的工序。

　　木雕上色。桐油彩画结合木雕，在潮汕一带的祠堂彩画中极为流行，就如为木雕"添新装"一样，木雕形象更为生动突出，也象征着祠堂所属宗族的财力和兴旺。现在对祠堂彩画进行修复时，工匠们仍会尽量保持原有的套色，但也喜欢在原色位置的旁边填上一些对比的色调，以区别于原先旧作，使得形象更为活泼生动（图2-7-28），最后再刷一遍光油作为保护。

图 2-7-26　填色（一）（左上）
图 2-7-27　填色（二）（左下）
图 2-7-28　木雕上色（右）

质量检查。当桐油画表面干后，可用手掌压在上面，利用掌心的热度令油漆面层变软，看是否会呈现出手印，或者把一个热的盘子放上去，没干透的桐油表面会把盘子粘起来。做得好的桐油，即使整个放在热水里面煮，也不会产生任何图案和色彩的变化。

罩光完成。彩画完毕，最后扫上薄薄的由明油和松油两种合起来的透明保护层，避免以后扫除时刮花，也可以使完成的彩画看上去更加明亮，图 2-7-29~ 图 2-7-32 是经过修缮的祠堂桐油彩画。

图 2-7-29　潮州青龙古庙彩画（一）

图 2-7-30　潮州青龙古庙彩画（二）

图 2-7-31　揭阳城隍庙彩画（一）

图 2-7-32　揭阳城隍庙彩画（二）

2.2　桐油彩画的载体

绘制桐油彩画的木构件，多数在室内或有遮掩的屋檐下，不会曝晒在阳光下。桐油彩画的载体主要有脊檩、子孙梁、前福楣、后福楣、五果楣、方木载、小梁木载、屐木载和门。

（1）脊檩。脊檩被誉为所有木材之母，故有"梁母""檩母"之称，如祠堂绘画八卦系统（图 2-7-33）、庙宇绘画龙凤图纹等。

（2）子孙梁。因对应脊檩而得名，是脊檩底下的牵梁，彩画布置与脊檩配对或为统一风格，子孙梁中字为梁母图案注释，如脊檩先天八卦对应子孙梁字"元亨利贞"（图 2-7-34）。

（3）前福楣。前福楣位于开间晋阶柱上牵梁，绘画定义建筑空间对进入者的意愿，如祠堂前福楣是"五福画"，寓意吉祥（图2-7-35）。

（4）后福楣。开间后金柱神龛上牵梁，代表神祇或祖先的地位，如祠堂前堂后福楣画七员进京，寓意祖先希望所有子孙都能成为骁勇、威武、受人尊敬的国家栋梁（图2-7-36）。

（5）五果楣。后堂后库金柱上第一根牵梁，绘画五种以上单数，包括五色的水果，通常在次间，如图2-7-37所示揭阳黄氏公祠，配合开间后福楣的"姜子牙点将"。

（6）方木载。后堂与拜亭勾连搭位置之下的水平方向横梁，即两坡屋面水槽之下，为防漏水对木材的损坏，通常选用最结实的木料，为整组建筑最贵的木材，近代有改用水泥的。拜亭是观赏仪

图2-7-33 脊檩（揭阳黄氏公祠）

图2-7-34 子孙梁（潮州龙湖古寨）

图2-7-35 前福楣（潮州龙湖古寨）

图2-7-36 后福楣（潮州龙湖古寨）

式的舞台，方木载自然就是舞台上视线集中的地方，故一般会绘上整组建筑物最具价值的彩画，如描绘文房四宝的图案，寓意子孙后代人才辈出、才学八斗（图2-7-38）。

（7）小梁木载。进深方向支撑方木载，称为小梁木载，此处彩画通常表示两个空间的过渡，由于面积小而且与人视线最短，通常通景绘画相关的人物（图2-7-39）、神佛故事。

（8）屐木载。檐廊滴水柱上的横梁，往外伸出天井的前部分形状是向上翘起样子，被称为"屐"，通常被雕刻成龙头的样子，口吐祥瑞；横梁的后部分被形象称为"屐脚"，也称"屐木载"。后厅前檐廊的屐木载彩画，明间通常画人物画，两侧次间的"屐木载"上彩画会逐渐简单，通常

图2-7-37　五果楣
（揭阳黄氏公祠）

图2-7-38　方木载
（潮州龙湖古寨）

图2-7-39　小梁木载
（潮州龙湖古寨）

会转成风景、动物或静物画。两廊的"屐木载"会视不同建筑类型而定，如佛寺是信众空间，会绘画佛教故事，祠堂两廊"屐木载"有的不绘画，也有绘简单装饰画，如鸟雀鲜花、古董瓜果等（图2-7-40）。

（9）门。门上的彩画最常见的是门神处，门神人物是秦琼和尉迟恭。走进祠堂，正面对着门口，左门神是秦琼（图2-7-41），右门神则是尉迟恭（图2-7-42）。门神一般是首进最出彩的地方，两扇大门的门神运用五行之色进行华丽的渲染，刻画精美细致，为祠堂增添了许多气势，也体现了门神镇宅的威严，图2-7-43所示为门神衣服的细部刻画。

图2-7-40 屐木载
（潮州龙湖古寨）

图2-7-41 "秦琼"
（揭阳黄氏公祠）（左）
图2-7-42 "尉迟恭"
（揭阳黄氏公祠）（右）

图 2-7-43　门神衣服细部

2.3　桐油彩画的传承与发展

桐油彩画在岭南建筑，尤其潮汕建筑中仍在大量使用。潮汕地区的宗族文化使得潮汕地区存在大量的祠堂，这些祠堂需要不断修缮，所以桐油彩画工艺能够较好地保存。目前，能够进行古建筑修缮中桐油彩画的匠人大多已年近半百，很少有年轻人能够投身到桐油彩画的学习中，去沉淀和研究。现代教育提供给了青少年太多选择的机会，年轻人都走入校园学习专业知识，很少有人选择古建筑中的彩画作为发展方向。当这些年龄较高的工匠退休后，桐油彩画从业人员就会出现断层。

目前，这些桐油彩画匠人主要靠祠堂的修缮为生。因为桐油彩画依附于建筑，并没有被人们作为一种艺术画作而广受认可。受祠堂修缮的造价所限，使用的颜料和油料都不及从前，彩画质量也大不如前；同时现代工匠对传统文化接触较少，绘制彩画、书写文字的艺术性偏低，所以桐油彩画作为岭南传统建筑技艺中极为精彩的部分，面临着许多困境。

希望现代绘画艺术或现代设计，能在越来越多的空间内对桐油彩画进行展示和再应用，拓展桐油彩画的使用空间范围，让这种极具岭南民俗特色的绘画形式得到更为广泛的传播。

3. 漆画

"漆"是中国古代流传下来的一种工艺，漆的主要成分是漆酚、含氮物和树胶质，另外，可以将"漆"视为古代的"胶料"。"漆"一般称作生漆或大漆。天然生漆是漆树身上分泌出来的一种液体，呈乳灰色，接触到空气后会氧化，逐渐变黑并坚硬起来，具有防腐、耐酸、耐碱、抗沸水、绝缘等特点，对人体无害，如再加入可入漆的颜料，它就变成了各种可以涂刷的色漆，经过打磨和推光后，会发出一种令人赏心悦目的光泽。

岭南地区的古建筑木构架上仍然遗存有多处漆画，从木构架年代推断，多是清中期至民国初期的真迹。漆是古老的工艺，只有中国有关于大漆木构架做法。其实对于一个技术好的师傅，要做好一个祠堂，各个工种都要有所明白，木活的油活和大漆活要结合起来，就比专门的油活更生动。但是漆画相对桐油彩画更加耗时，技法更加讲究，需要有非常丰富的经验积累。

广府地区用于建筑的漆艺主要集中在木雕、家具、屏门和匾额上（图 2-7-44），实施在建筑木构架上的漆艺不多见，家具类的选材多用硬质地木材，如樟木或桃木，不需要依赖优质漆面的保护。而潮汕地区建筑中神龛和屏门，大多用杉木，木构架则必然使用杉木，由于近代杉木的质地较差，所以需要优质的大漆处理来完善木材的不足。始建于1887年的潮州市己略黄公祠的漆艺依然保存完整，原因是己略黄公祠规模较小，建筑构件多置在阴影里，梁架之漆饰没有暴露于阳光之下（图 2-7-45、图 2-7-46）。

图 2-7-44　匾额（佛山碧江金楼）

图 2-7-45　梁枋上的漆画（潮州己略黄公祠）

图 2-7-46　廊枋上的漆画（潮州己略黄公祠）

3.1 漆画的前期准备

3.1.1 漆画的工艺条件

大漆的自然干燥需要在一个潮湿并相对闷热的环境中进行，需要具备相对湿度约为 70%~80%，温度约为 20~30 摄氏度的环境，在这样的潮湿阴暗条件下，漆层才容易聚合成膜，干透后又不易出现裂纹、起皮、起皱等现象，而且漆膜坚硬，具备更好的物理化学特性。闽潮沿海地区春季的气候环境刚好符合这一点，这也就是该区域本身不产优质漆树，却成为全国漆艺胜地最主要的原因之一。

大漆制作的最佳时期是三、四月份，或者在雨天、阴天、雾天，这样完成结膜的时间不会超过两个月；冬天起风的时候不宜做大漆，若一定要在冬天操作，就必须上水，或者在"荫房"里操作。在潮州建筑工程中，如有大漆的工序，例如神龛、屏门和牌匾等大漆组件，通常会另设操作大漆的场地，用塑料布围起来，地面要有 10 厘米厚的积水，保持温度和湿度，即所谓的"荫房"。

3.1.2 大漆工具

发刷。发刷是传统髹漆的特用工具，选用青年女子的长发做成，将头发用发胶梳齐，浆固，然后两边用薄木板夹紧，用胶漆封闭扎紧，干固后再刮漆灰，打磨涂黑后制作完成，用时将木片削斜磨成刀口状就可以使用。发刷的保管也很重要，每次涂漆完毕后要用稀释剂把漆洗干净，再粘上生油保护；重新使用前要用稀释剂将生油清洗干净。现代漆艺制作已经开始使用羊毛刷和猪鬃刷，容易购买，也容易打理。

漆画笔。漆画笔可根据绘制过程，色线、涂色、绘染、贴金、撒银粉等不同需要进行选用。一般会制作更适合漆用的狼毫笔，也可以用画笔替代；在现代漆艺制作中，还会用到水粉笔或油画笔（图 2-7-47~ 图 2-7-49）。

图 2-7-47 水粉、水彩笔　　　　图 2-7-48 狼毫毛笔　　　　图 2-7-49 勾线笔

调漆板。调漆板犹如油画的调色板，可以调色、研磨色粉等。玻璃、石块、抛光砖、夹板等，表面光滑不渗漆就可以用。在使用透明玻璃板的时候，应在下面衬白纸，方便调漆的颜色。在调漆板上调漆，最好用牛角进行研磨，这样做出来的漆画颜料更细腻，颜色更鲜艳。

刮刀。刮刀在漆画创作中的用处很多，可以调漆，还可以刮色塑性。刮刀可以用木材、金属（图 2-7-50）、塑料、牛角等材料制成。牛角刮刀是把水牛角锯成不同的规格，用砂轮或磨刀石如磨刀一样磨薄均匀，水牛角富有弹性，可以用于取漆、调漆及烫刮漆面使之厚薄均匀，又不起刷痕。

角刀。角刀是在漆画创作过程中最为常用的一种刀具。它可以在铺好铝粉底子的漆板上刻线、刮出画面的明暗关系，贴蛋壳和螺钿时还可以用角刀进行切割（图 2-7-51）。

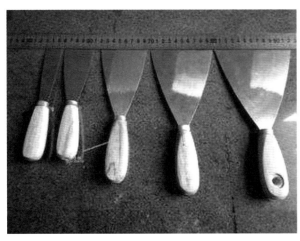

图 2-7-50　刮刀

图 2-7-51　牛角刮刀

雕刻刀、锥子。漆艺用雕刻刀种类很多，多使用木刻刀（图 2-7-52、图 2-7-53）代替。三角刀刻线，圆口刀刻点，斜口刀划刻，平口刀铲地。锥子、钢针等多为自制，可以划线，形成极精细的效果，也可用铁笔（图 2-7-54）。

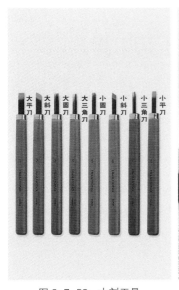

图 2-7-52　木刻工具

图 2-7-53　大三角雕刻刀

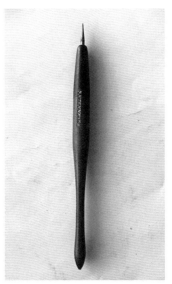

图 2-7-54　铁笔

水磨砂纸。砂纸是漆画创作中主要研磨工具，根据画面需要所选用的砂纸粗细不同，常用的砂纸号数为：160#、400#、600#、800#、1200#、2000#。

稀释剂和洗涤剂、其他材料。松节油是用富含松脂的松木为原料提炼而成的液体，一般 1~2 分钟就可以完全挥发，在漆画创作中一般作稀释剂，也可用作洗涤剂；樟脑油是从樟树中提取的，它挥发慢，加入漆中可以减慢漆的干燥速度，增强漆的流平性，是一种非常理想的稀释剂；复写纸，最好是红色复写纸，拷贝画稿用。其他材料还包括铁笔、镊子、竹笔、粉勺、脱脂棉、硫酸纸、肥皂等。

3.1.3　漆画材料

大漆工艺的基本材料有生漆、熟漆、水漆（坯、底层时候的漆）、桐油漆等很多样，视施工时的天气情况而决定加入水或其他原料的分量。以工序分析，漆艺由木基层、生漆层、推光漆层及面饰层组成。由木基层到生漆层，再到推光漆层，统称为漆艺的"基层"，彩绘和镶嵌等工艺均施于其面上被称为"面饰层"。"基层"的材料主要有木胎、生漆、瓦灰、麻布、熟漆；"面饰层"的材料主要有熟漆、熟桐油、颜料、金箔、罩面漆等。

生漆。在漆树上割下来的生漆，通常买回来的生漆是用木桶盛放，外面有塑料袋包装。买回来之后打开盖子，揭走干固的面层，就应该露出白色的生漆，师傅的经验是，正常的白色生漆一接触到空气，一分钟左右之后就会变成咖啡色（图 2-7-55），再过一会儿就变成黑色。生漆价格昂贵，通常一百斤起码过滤掉三十斤左右的渣料，才可使用。过滤一般采用质地较细的卫生院用棉花，在底加 3 层布，将漆倒在中央，再包起来拉长，拿起两边来拧转，过滤后的漆液就流下来（图 2-7-56）。漆液里面的木屑、木皮等杂质就会被筛掉，这样过滤后的漆液比较细嫩，才算是好漆。

图 2-7-55　生漆

图 2-7-56　过滤生漆

牙粉。牙粉是填补和"包麻布"的基本材料。牙粉的原料是瓦片磨成的粉，过筛后，加进生漆，用油漆刀来刮和搅至均匀，形成糊状，就可以用作填补木缝之物料或用作将麻布粘贴到木基层的灰浆。底漆加入牙粉，会干得比漆快，所以不能加入太多牙粉，湿度不同加入牙粉的多少也会有出入。瓦灰加进生漆施于基层上，初时呈现黑色，但其后会变灰。上完灰的大漆板会呈现不同的颜色，有些呈偏红色，有些比较黑（图 2-7-57）。

图 2-7-57　牙粉

夏布。大漆可以直接施于木上，但通常会包上布料作底层。夏布是指细麻布或纱布，与混有牙粉的生漆灰浆粘合，并压紧扎实在木上，使木不会开裂。每包一层麻布都要用灰浆粘合，每层都要用磨刀刮平才能继续。传统做法是在小面积构件上选用较软的布，如纱布，应用在大面积构件时则选用麻布，而且尺寸要整张，取其较大的纤维强度，有效防止冬天开裂。

金箔。金箔可以用来作彩画，选色要配合画面。金箔有红金、赤金、黄金、白金和青金之分（图 2-7-58~ 图 2-7-60），可以在一幅金画上交替使用上述几种颜色的金箔来构图。白金最昂贵，一般贴在贵重的地方，红金多用于户外，在阳光下非常美观；其次昂贵的是赤金，也叫古板金，现时常用的是南京或泰国出产的。南京金箔含金量只有 90%，比较硬，适合泥金画；泰国金箔含金量较高，成色充足，适合木雕金漆，褪色比较慢。出于降低成本考虑，有人用银箔或锡代替金箔，但是时间长了会发黑。

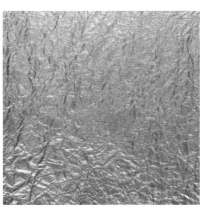

图 2-7-58　带红色金箔图　　　　　　图 2-7-59　带白色金箔　　　　　　图 2-7-60　黄金箔

颜料。入漆的颜料都是颜料粉末，传统用的是矿物颜料，而非现代的化学颜料，因而限于红、黄、青等原色。师傅称，要做一项彩画工程，必要的基本颜料有：石黄、佛青、银朱和赭朱，而绿就用石黄加佛青合成的。古时是没有白色的，匠师就以石黄作白色。

粘合剂。贴金箔需要粘合剂。传统的粘合剂是用"透明漆"加入少量熟桐油（不可超过 30%）混合而成，称为"金胶"。现时市面上有售的"黄油"，价钱比较便宜，但是黄油不是桐油，成分是化学光油，黏度不够，即使掺入少量桐油，也不是很好用。使用黄油的手艺要求较简单，而用桐油的难度比较大。

稀释剂。调和色粉的传统方法是用熟漆加熟桐油，或者单独用熟桐油，可以显示颜料鲜艳的同时增加油光。只用熟漆，熟漆所带的黑气会掩盖色粉的鲜艳，所以通常只会用色漆。如果桐油浓度过高需要调稀一点，可以采用松节油。

3.2　漆画制作工艺

漆画工艺繁琐，本章节作者拍摄了岭南传统建筑名匠——彩画名匠黄瑞林先生制作金漆彩画的过程，主要有以下步骤。

（1）漆画基层处理

将木料裂纹以清漆加灰填充（图 2-7-61），整体刷过一遍之后，用麻布包裹以防开裂，逐层上有色漆（图 2-7-62）并层层打磨，最多可达几十层，到"推光漆"面，作为漆艺基层。有了这个基层才可交与画师绘画或做镶嵌等各种面漆装饰。木缝不太深，大漆补灰可以用生漆加牙粉；木缝太深的话，要用桃胶填缝。

褙布和待干。木基底补好洞隙，干透需要两天时间，然后整体涂上牙粉配生漆的漆浆之后刮平，刮完一次后，就可以开始"包麻布"。大漆工艺都有一道工序是"褙布"，即以生漆调和瓦粉成糊状，

图 2-7-61　补漆灰（黄瑞林老师作）　　　　　　　　　图 2-7-62　上漆

将布料粘贴在上面，用宽刮刀平刮至糊状透出布面，如果不够就再加漆浆，将布底下的漆刮上来，直至刮到布料和漆全部结合好，即布料完全紧贴在木材表面。漆浆要接触空气才会结膜，所以褙布层是从表层干到底层的。每次包上褙布和涂上牙粉漆浆之后，都要阴干，再用砂纸打磨，方才可以重复，上足七道，最后一道便要改用薄薄的牛角刀鬃光。

退光。上述的七道或五道底漆完成后，最后才能上两道到三道"退光漆"，退光漆即是精制过有颜色的熟漆，待最后一道退光漆干透后，再用水砂纸打磨（图 2-7-63），现在有一些便捷好用的工具，如图 2-7-64、图 2-7-65 所示是一种适合漆画表面打磨的小型水磨机，通过打磨漆面就会光滑明亮，然后师傅再用牙粉和手心去擦（图 2-7-66、图 2-7-67），反复擦至光泽退去，这道工序被称为"退光"。推光可以用竹笋壳打磨使之起光，多次打磨后会越来越亮，也用手心沾上唾沫擦，磨出亮度，越磨越光滑，操作温度要维持在 25~40 摄氏度，使用这个传统方法，光滑度会很高，手摸上去像镜子一样，但耗时较长,过去一块牌匾往往要 3 个月去推光。做推光漆时,可加入不同颜色，形成不同的底色，最常见的是黑色和红色。

图 2-7-63　砂纸打磨　　　　　　　　　图 2-7-64、图 2-7-65　水磨机打磨

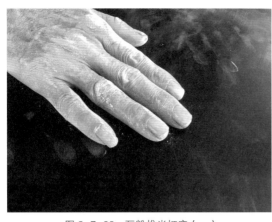
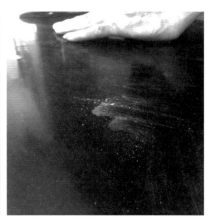

图 2-7-66　瓦粉推光打磨（一）　　　　　　图 2-7-67　瓦粉推光打磨（二）

养护。在做好大漆基层，完成退光和推光的工序后，上了大漆的神龛或屏门就会被抬进祠堂，在祠堂里面进行绘画或贴金等工序。施工的时候，必须设置一个房间专门做大漆，房间的墙都要贴布，喷上水，地面要有 10 厘米积水，在地面搭 20 厘米高的平台木板方便行走，木板上再铺放一层喷过水的布，室内要经常喷水，进去都是湿的。通常做大漆要五层，即需要 5 个星期共 35 天做好，才能拿出外面来，所以油漆师傅都觉得做大漆难度大。

（2）漆面绘制步骤

"髹"从字面上理解，是将漆装饰到器物的表面。髹饰技艺体现出大漆深厚的美学底蕴。经过反复的髹饰，大漆会愈发莹透、润泽、内敛。在完成漆画基材之后，还需要以下步骤进行绘制。

画粉稿。用画粉把纸稿上的图案拓印到做好的基底上，拓印时尽量细致（图 2-7-68、图 2-7-69）。

黄金箔筛粉。在描绘和贴金箔之前需要准备好金箔片和金箔粉，尤其金箔粉要筛得非常细腻，在画面上才会融合得自然（图 2-7-70~ 图 2-7-72）。

上漆、描漆。对于金漆彩画，上的漆叫做油胶漆。油胶漆的做法是用透明漆加少量熟桐油，透明漆和熟桐油的比例是 3:1，在阳光下人工搅拌一周，就变成"油胶漆"，也称作叫"金胶油"。金胶油中可加入红或黄色粉，可以用来画图纹，上扫金粉，也可直接用于贴金箔，有色的金胶油上的

图 2-7-68　画粉稿局部（一）（黄瑞林作）　　　　图 2-7-69　画粉稿局部（二）（黄瑞林作）

金色会更亮。描金时要用金粉调和油去化开，这里的油指的是一般贴金用的底漆油，也称作金漆油，通常做法是用熟桐油加大漆，大漆和桐油的比例是3:2，也可用此油调色粉彩绘。按照起稿的形状用毛笔沿着轮廓线绘制，细致勾勒图案的轮廓（图2-7-73）。

图2-7-70　黄金箔筛粉（一）（黄瑞林工作室）

图2-7-71　黄金箔筛粉（二）（黄瑞林工作室）

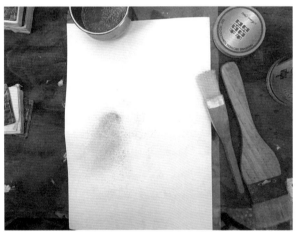

图2-7-72　黄金箔筛粉（三）（黄瑞林工作室）

图2-7-73　上漆描漆（黄瑞林作）

贴金、扫金上漆。画完后，在需贴金箔的地方，沿着外轮廓用金胶油打底，在金胶油快干未干的时候，将金箔贴上，用软毛笔压平，然后用铁笔沿图纹边缘刻掉不需要的金箔，再用软毛笔清扫多余的金粉、金箔，收起另用。贴金的底漆也要等快干未干的时候去贴，所以要放在阴凉通风的地方搁置一会。金胶油五成干的时候，内里硬度不够，金贴上去，再用刷子刷一下的话，金不耐擦，而且会没有光泽。扫金在两种情形下使用：一是用金胶油画好图纹，扫上金粉（图2-7-74~图2-7-76）；另一种是给木雕上金。两种情形均是要先上有色的金胶油，另把金箔搞碎，在金胶油快干未干时，用毛笔将金粉扫上。不能用纯熟桐油来贴金，会不干（桐油活是用熟桐油贴金）。扫金用金量比贴金多些，比较有艺术感，可以结合不同颜色，但扫金需要师傅有一定的艺术功底。涂完漆后金粉画的退晕，用毛笔，沾上浅色去洗一下。

铁笔刻画勾线。铁笔画是漆画中需要最高技巧的工艺。首先在加工完好的漆板上打好草稿，然后描朱红色的金地漆，后扫金粉、描金线，线条粗细表达出来后，用不同的金粉表达人物、植物、山石等不同的质感，最后精致的地方用尖尖的铁笔勾画（图2-7-77~图2-7-79）。铁线描的具体操

图 2-7-74　扫金（一）

图 2-7-75　扫金（二）

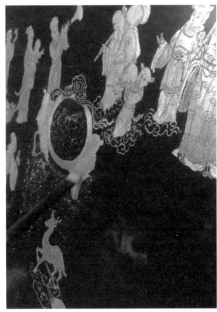

图 2-7-76　扫金（三）

图 2-7-77　铁笔勾勒人物效果

图 2-7-78　铁笔勾勒衣服轮廓

图 2-7-79　铁笔勾勒植物轮廓

作是：在整体一片的金箔上，利用尖的铁笔（即以前刻油纸、刻木的笔，小刀、木雕刀也行）按线条把金箔划破，露出底下的黑色，成为精美的细线。比如画人脸，贴好金后要用铁笔去把眼睛等五官细致地表达出来，也可以勾画衣服上的纹样。

晕金。这种绘画方法类似国画中的晕染，主要表现一种面的虚实变化，一般在塑造远山和建筑等大场景时运用。方法是先用金漆油打底，然后将级细金漆粉放置于透明塑料纸片上，并且将塑料纸根据需要剪成要渲染的图形样式，用软头笔轻轻地分层次晕染。此种方式能够较快地大面积上金，且能通过金粉的厚薄做出丰富的层次，如图 2-7-80~ 图 2-7-82 所示，是金漆彩画名匠黄瑞林老师在作画。

罩漆完成。观察完成的最好效果，待干罩桐油加以保护。完成作品（图 2-7-83~ 图 2-7-87）。

图 2-7-80　晕金渲染（一）

图 2-7-81　晕金渲染（二）

图 2-7-82　晕金渲染（三）

图 2-7-83　已完成福禄寿图

图 2-7-84 福禄寿局部细节图

图 2-7-85 福禄寿局部人物细节图

图 2-7-86 福禄寿局部植物细节图

图 2-7-87 福禄寿局部人物细节图

3.3 漆画的现状与传承

（1）建筑漆画的现状

据调研得知，在潮汕地区还有不少木构架上遗存有祖辈留下的精湛漆艺，但由于在传统木构漆艺技术上的断层，目前却不知如何来保存珍贵的文物。有的建筑直到漆画存在的部件出现安全问题，才尝试进行维修。建筑漆画由于工艺的复杂程度深，对工匠的技术要求高，且耗时长成本高的特点，目前在祠堂修复过程中，一般彩画会运用桐油彩画对建筑顶部空间进行描绘，几乎不用金漆，只有家具和牌匾还会使用大漆工艺，漆画建筑工艺面临失传的危机。

关于漆艺，现在各大艺术院校都有专门的"漆画"专业，但基本是对现代漆画的研究和创作，没有人专门会绘制传统的建筑漆画，所以现代漆画属于"学院派"。而潮汕建筑漆画属于民间建筑工艺，自然研究的不是一个范畴。现代漆画的步骤与建筑漆画从工艺角度讲也存在很多不同。希望现代画坛的著名漆画名家，能更多地关注中国特有的建筑漆画，培养多一些传统建筑漆画的学生，使我们未来在建筑上仍然可以看到金漆彩画，这种富有中国传统民俗特点的工艺才能够更好地保护和传承下去。

（2）传承人黄瑞林

黄瑞林 1959 年生，揭阳渔湖人，民间彩画、嵌瓷艺人，工艺美术师，省级非物质文化遗产彩画项目代表性传承人。曾被授予"中国营造彩画技术名师"荣誉称号。他出身于揭阳黄氏彩画世家，从小师从父亲学习民间彩画传统建筑装饰技艺，深得家族真传，练就了一身精湛技艺。他的彩画制作主要以金漆画和五彩彩绘漆画为主，风格时而浓墨重彩，时而淡雅飘逸，给人强烈的视觉冲击。2016 年，他与其他 8 位名匠一起获评首届"广东省传统建筑名匠"称号。

每次作画都是一次偌大的工程，从漆画地仗、打稿、底漆描绘到晒金晕金、铁笔描线，再到上明漆；或是从地仗、打底漆到彩漆画锦，每一道工序都必须耐心和细心，稍有不慎就有可能要从头来过，恒心和毅力成为彩画艺人们的必备素养，这种素养也被黄瑞林坚守了 20 多年。

揭阳彩画除木构件仍用油饰粉饰彩画外，木雕、石雕、灰塑、嵌瓷、墙壁也有用粉彩、油彩、漆彩等多种装饰手法。经过 20 多年的磨炼和积累，黄瑞林通过参与各地的传统建筑修复与建设，成为一位集彩画、泥塑、灰塑、嵌瓷等技艺为一身的民间艺术家。他参与修建的传统建筑遍布潮汕各地及闽南地区，其中包括揭阳市侨林双忠庙、揭东县风门径三仙庙、潮阳孔子庙、福建雷音寺、汕尾市陆丰妈宫等。近年来，他的彩画、嵌瓷作品多次参加各级艺术展，如中国工艺美术大师精品展、广东省民间工艺精品展、揭阳市民间工艺美术精品展等，并获得了"中国工艺美术百花奖""广东省工艺大师作品展""广东省工艺美术精品展""广东省民间工艺美术精品展""揭阳市工艺美术莲花奖"等荣誉奖项。"中国营造彩画技术名师""揭阳市非物质文化遗产彩画项目传承人""广东非物质文化遗产彩画项目传承人"。面对诸多荣誉加身，黄瑞林并没有停下创作的步伐。他认为荣誉只代表过去，他更希望这门独特的潮汕工艺后继有人，一直传承下去。

1993 年，黄瑞林开始带徒传艺，如今已有不少学生随其学习乃至深造民间彩画及嵌瓷技艺，不少徒弟也陆续学成出师，其中林少群、黄泽平等已能独当一面承接工程。黄泽平的作品《五彩彩漆门神》，更是荣获 2010 年第四届"广东省民间工艺美术精品展"优秀奖和 2011 中国（深圳）国际文化产业博览文易会的"中国工艺美术文化创意奖"铜奖。作为肩负彩画传承使命的民间艺人之一，黄瑞林深感传统技艺传承的责任重大。2017 年，黄瑞林开办了信睿彩画美术培训传承班，开展彩画技艺的培训和艺术交流等活动。同时，他还积极向美术院校学生们传授民间彩画技艺，为大众展示揭阳民间工艺美术的魅力与精髓。曾经有在广州上学的大学生为了写论文专程来到黄瑞林的家中，详细了解他制作彩画的手法，他都是倾心传授自己的技法。2017 年，黄瑞林和他的团队完成了潮阳区旷园妈宫嵌瓷、陆丰市碣石镇吴氏祠堂等工程，工程之余还创作金漆画"千里寻兄走单骑"、"完璧归赵"等 4 件嵌瓷摆件，用实际行动坚守着对彩画技艺的传承。用他的话来说，对于彩画，他会一直做到做不动为止。

黄瑞林作品欣赏（图 2-7-88~ 图 2-7-92）。

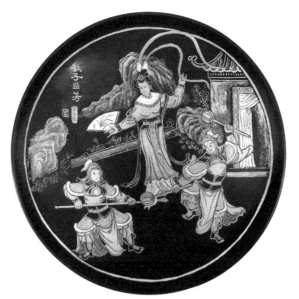

图 2-7-88　教子留芳图（黄瑞林）

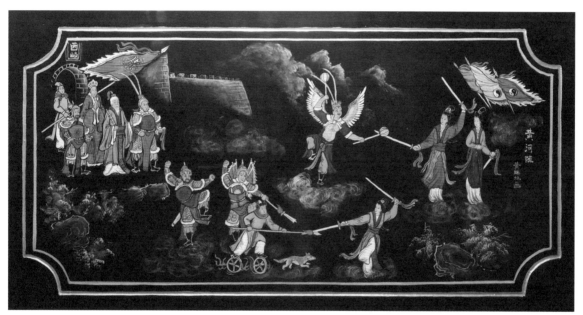

图 2-7-89　黄河阵（黄瑞林）

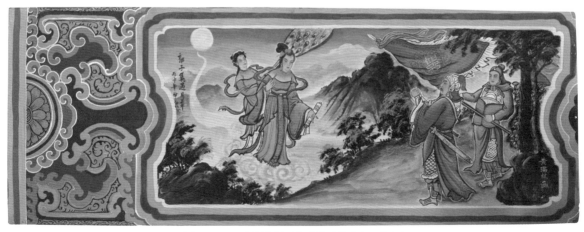

图 2-7-90　郭子仪遇月华（黄瑞林大师工作室）

图 2-7-91　甘露寺看新郎（黄瑞林大师工作室）

图 2-7-92　千里寻兄骑单骑（黄瑞林大师工作室）

4. 壁画

　　壁画主要是指绘制在建筑物墙壁或天花板上的图画，具有装饰和美化的功能。中国古代壁画一般以绘制场所的不同来区分，主要有殿堂壁画、寺观壁画、石窟壁画、墓室壁画、民居住宅壁画等。学术界一般认为最早的壁画形式是史前人类绘制或凿刻于石壁及洞穴中的岩画，并以此作为壁画的起源。随着人类文明发展到农耕时代，真正意义上的壁画才出现；壁画自秦汉时期起，到元、明、清代一直在不断发展。不同时期的壁画遗迹代表了当时的壁画艺术水平，是对当时现实生活的记录，具有极其重要的历史和艺术价值。近年来，随着我国考古事业的不断发展，不但发掘了众多历经岁月洗礼遗留下来的壁画作品，还对其中部分损坏的遗迹进行了修缮和保护。

　　岭南壁画是一种反映民间世俗的壁画形式。岭南地区传统建筑保留较完好，得益于晚清以来岭南地区祠堂、神庙建筑在民间具有崇高地位以及民风比较自由。这些壁画作品，代表着当时民间社会的文化风尚和美术水准，蕴涵着丰富多彩的文化内容。晚清时期，壁画受岭南画派影响，使得岭南建筑成为画师们发挥的载体。岭南建筑壁画绘画线条明快，颜色鲜艳，很少使用灰暗的调子，多用纯色（即正红、正绿等色），采用平涂的手法。

　　岭南壁画题材多样，内涵丰富多彩。由于壁画依存于建筑，所以只能通过保留下来的传统建筑一睹壁画的真貌。在岭南地区，有幸保存下来一批清代至民国初期的老建筑"活标本"，从建筑上还可以看到相当数量的壁画，多绘制在民间祠堂、神庙建筑头门外墙上方和建筑内墙壁上部，但其中多数由于时间的原因，颜色偏灰偏暗，有的与建筑墙面霉变混合在一起（图2-7-93），无法辨认清楚原本的内容。

图 2-7-93　霉变墙面壁画（三水胥江祖庙）

目前除岭南以外，在我国其他地方尚未见到有如此数量的清代、民国壁画。广府地区建筑壁画多绘于祠堂和庙宇，民居相对较少，只在头门外墙部分尚有保存；潮汕地区和客家建筑壁画中在祠堂、庙宇和民居都较常见。潮汕民居门楼肚壁画十分有特色，保存下来的数量也颇多。壁画依附于传统建筑，是一类极其脆弱、易于消失的文物，建筑一旦翻修、墙壁重砌，这些建筑构件将湮灭而不可再现，保护文物本体、记录留存画作原貌、出版资料图录等工作刻不容缓。

在庙宇、祠堂和民居建筑上的壁画所呈现的故事和内涵，承担着教化的作用。绘画是最直接表达情感、传递思想的表达形式，以图像的形式呈现表达对象或场景，对于那些没有机会接受正规教育的民众来说，壁画既起到了传播国学的作用，也表达了当时所普遍认同的世俗观念，是最直观的"教材"。

壁画是美育和德育共同传播的载体。山水、花鸟壁画上的传统诗词名句，历史人物画所表现的古代传说故事，是当时民间社会脍炙人口的传统文化中的"精品"，是民间社会所普遍接受、认可的文化理念。

4.1 广府建筑壁画

广府建筑壁画目前保存下来的多数是在清代、民国时期所作。当时社会凝聚人心的是忠孝仁义的传统文化，这主要体现在祠堂、神庙等传统建筑的壁画风格上。这类建筑在民间社会具有崇高地位，作画者需要具备优秀的画工并渊博的知识，例如道光时的梁汉云，同治、光绪时的杨瑞石、黎浦生、黎天保等。这些艺术家在当时社会上有一定影响力，如清代广府建筑风格的代表广州陈家祠中的壁画，当年就是由杨瑞石来主笔的。佛山市顺德区勒流扶闾廖氏宗祠中光绪三年（1877年）杨瑞石绘制的壁画"三聘诸葛"右上角，有1944年修补人的题记："杨瑞石先生此幅《三聘诸葛》图（图2-7-94），所作人物惟妙惟肖。余儿时尝见之。世事沧桑，忽忽垂五十载。画面已剥蚀浸口，殊为可惜。兹值廖氏宗祠修缮，主事诸公命为补缺。余以珠玉在前，深惭狗续，盖亦不得已也。甲申（1944年）重阳节后三日，连陵张锦池题记。"由此可以看出杨瑞石的壁画艺术对那一代人的影响。[2] 广府壁画现存状况良莠不齐，其中的一部分依然是颜色鲜艳，款识清晰，画面完整。

4.1.1 广府建筑壁画的分类与布局

清代至民国广府传统建筑壁画主要分工笔彩绘和水墨两类，其中多数为工笔彩绘画。工笔彩绘画多采用传统的重彩设色的技法，敷色艳丽、色彩斑斓、花红柳绿，直追唐画风采（图2-7-95）。另外一种俗称为"墨龙"或"墨水龙"，有传统国画"写意"的特点，在白灰底上用单一的墨色展现飞龙在天、腾云驾雾的效果，所以当时人们叫它为"水墨龙"（图2-7-96）。

图2-7-94 三聘诸葛图（来源《广府传统建筑壁画》）

图2-7-95　工笔彩绘壁画（开平马降隆碉楼）

图2-7-96　教子朝天图（来源《广府传统建筑壁画》）

　　广府壁画以建筑的中轴线左右对称安排，位置相对应的两画或题字数相当，或内容相似，或寓意相关，表达形式整齐和谐，内容相互映衬，艺术效果独特。墙面形态决定绘画题材，与桁条垂直的山墙壁面呈菱形（图2-7-97~图2-7-98），画题多选择山水或书法帖等构图自由的题材，不便于人物画的构图；与桁条平行的头门、廊壁面为矩形，则主题不限，灵活布置画面（图2-7-99）。广府壁画注重其对建筑的装饰功能，如在绘制部位的选择上，刻意选择了建筑立面的过渡地带，能通过修饰使建筑立面呈现出丰富多彩的层次。如图2-7-100、图2-7-101所示东莞南社古村的祠堂建筑外立面正面檐下多绘彩画，一方面彩画在檐下较容易被庇护，能相对保持时间较久，另外一方面装饰了建筑正面的檐下立面，使得建筑色彩更

图2-7-97　檐下菱形彩画1（东莞南社古村）

329

加丰富，细节突出。壁画也普遍位于门楼部位，如门楼檐下正面与双侧面，在建筑内部也有沿着山墙内部而绘制的（图2-7-102、图2-7-103）。

图 2-7-98　檐下菱形彩画 2（东莞南社古村）

图 2-7-99　内墙矩形彩画（东莞南社古村）

图 2-7-100　东莞南社东园公祠檐下彩画

图 2-7-101 东莞南社古村建筑檐下彩画

图 2-7-102 建筑背部山墙顶壁画带

图 2-7-103 建筑背部山墙顶壁画带近景

4.1.2 广府传统建筑壁画题材

广府壁画内容可分为人物、花鸟、山水、书法和龙、狮等。清代、民国广府传统建筑上多有壁画，一般绘在建筑头门里外、连廊、拜堂、后堂里正面和侧面内墙头位置。

动植物画。寓以吉祥意义的动植物画，如象征平安、多子、福寿的葡萄、蝙蝠等动植物，图 2-7-104～图 2-7-106 所示分别为五鸡图、鲤鱼图、福寿三多水果图。

图 2-7-104　五鸡图（东莞南社古村）

图 2-7-105　门头壁画鲤鱼图（开平自力村碉楼）

图 2-7-106　福寿三多水果

山水、花鸟等风景画。山水画大气磅礴、视野开阔,受到传统绘画的深刻影响（图 2-7-107）。这类壁画多采用传统的重彩设色技法,敷色艳丽。花鸟画(图 2-7-108~图 2-7-110)主要有梅、兰、竹、菊、牡丹、芍药、荔枝、喜鹊、鹌鹑、春雁、松鹤（图 2-7-111）等各种传统题材,讲究用笔清丽、纤细,层次分明,线条圆润流畅。

图 2-7-107 山水图（东莞南社古村）

图 2-7-108 门头壁画喜鹊登梅图（开平自力村碉楼）

图 2-7-109　雀鸟配诗图（顺德清晖园）

图 2-7-110　门头诗词配花鸟壁画（开平自力村碉楼）

图 2-7-111　松鹤千岁大夫图

历史典故画。历史典故画是以历史人物或传说故事为内容的壁画。这部分在清代至民国广府传统建筑壁画中数量较多，信息量也较大，多绘制在建筑头门里外和过厅里的墙上部等显著位置。在内容上继承了汉代以来中国壁画表现传统文化的传统，有中国古代的经典传说、神仙隐士（图 2-7-112~图 2-7-114）、文人轶事等众多题材，涉及传统文化的许多方面：既有诗礼传家、科举功名等儒家传统，也有崇尚隐逸、追慕虚玄的道风仙踪；既有严肃的经典传说，也有诙谐幽默的历史故事。在画面上讲究安排多个人物同时出场，前后呼应，题款多是叙述画上故事的梗概。画上多有作画时间、画家署名及关于内容的题款。其人物画有明显的叙事性（图 2-7-115~图 2-7-117），多为故事画，一画一故事。[3]画上多题有脍炙人口的古代著名诗词。书法真、草、隶、篆各体俱全，内容多为古代诗赋，其中许多已不在今天大众范围之内。在人物的刻画上，从形象神态、服饰衣冠上讲究细致入微；画面人物安排聚散有致，前后呼应。在历史典故画上多有题跋，以白话叙述该典故的全貌，使画作易于解读。

图 2-7-112　竹林七贤（三水胥江祖庙）

图 2-7-113　竹林七贤（花都资政大夫祠）

图 2-7-114 名士赏茶图（东莞南社古村）

图 2-7-115 比石成羊（一）（东莞南社古村）

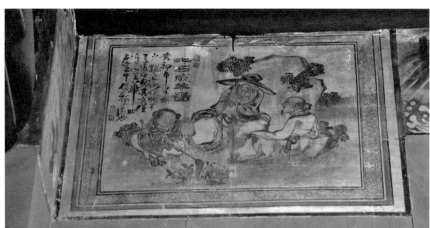

图 2-7-116 比石成羊（二）
（东莞南社古村）

图 2-7-117 故事人物图
（花都资政大夫祠）

4.1.3 传统壁画的制作和技法

广府民间壁画技法是画工的创造。我国宋代的建筑家李明仲，在他的著作《营造法式》里有关于壁画制作的一段，抄录如下："画壁之制，先以粗泥搭络毕（译成现代语是先把粗泥，抹于垂下来的麻质纤维上），候稍干，再用泥横被竹篦一重，以泥盖平（以上用粗泥五重厚一分五厘，若'拱眼壁'只用粗细泥各一重，上施沙泥收压三遍）方用中泥细衬，泥上施沙泥，候水胀定收，压十遍，令泥面光泽（先和沙泥，每白沙二斤，用胶一斤，麻擣洗择净者七两）。"李明仲著作中记载的壁面制作法，比较细致，而方法和华北一带流行的大同小异，压平的手续比较繁复。

画工在壁画上创作画稿，行话叫做"摊活儿"（把工作摊开的意思），开始时，把绘制的故事，例如"佛本生故事"、"法华经变"、"普门品"等，以一种用细柳条烧成的细炭条直接在壁面上起稿，一手持炭条，一手持手帕，随画随改，随着画师丰富的想象力，把人物故事，一幕一幕地展开，摊完后，统观一下全局，小有修改，就开始落墨。

"落墨"即勾线，由高手画工担任这一任务，按照炭条的轮廓勾墨线，遇有需要修改之处，在勾线过程中改正过来。

着色，行话叫"成活儿"，画工有句谚语叫"一朽，二落，三成管"，用现代语说，就是第一步起稿，第二步勾线，第三步着色。着色的第一阶段，由主稿画师按照画面情节规定整个墙面总体构图的布局和色调，根据主题人物和情节的需要，决定色彩调子的安排。这一工序很重要，它是决定壁画色调气氛全局的关键，及整个壁画的艺术效果的综合。

有些壁画幅面宏大，常常需要很多人同时参与绘制，这就要求主绘画师来统揽全局，规定题材内容所应配备的色彩，把画面上的人物,注明着色"代号",使协助绘画的画工心中有数。所谓"代号"，是代表一种色彩的符号，譬如"红"色用"工"字代替，绿色用"六"字代替，这些简化了的符号是为了省去写繁体字的时间。这些"代号"是:工红，六绿，七青，八黄，九紫，十黑，一米色（米黄）、二白青、三香色（茶褐色）、四粉红（玫瑰红）、五藕荷（紫色）。主绘画师按照不同人物地位的需要,用代号分别注明，例如画中人衣服需要涂蓝色，便注上一个"七"字，如是浅蓝，注上"二七"（即稍浅的意思），再浅的蓝，就注上"三七"（更浅的意思）。助理画工便可按照"代号"把各种不同的色彩分别涂上去，画工们把这种作法叫做"流水作业"。

4.2 潮汕壁画

潮汕彩画的渊源还是中国彩画技术的支系，具有浓厚的江南如苏式的风格，但又具有浓厚的地域个性。潮汕壁画,本地人称之为泥水墙画,真正源于何时现已不可考,潮汕壁画是文化交融的结果。潮汕地区民众对建筑的营造极其讲究，不论是祠堂、庙宇还是民居，不论是营造还是装饰，都将"潮汕厝,皇宫起"诠释得淋漓尽致。古老的潮汕民居特别注意外墙的白灰细粉,在白粉墙壁上绘上彩画，还配以门匾、石雕、木雕等装饰，使建筑物五彩缤纷，具有高度美感。

4.2.1 潮汕民居建筑的门楼肚壁画

潮汕壁画最显眼的当属潮汕建筑的大门，不论是祠堂还是民居，都将大门做成"凹"形，而壁画就成为大门部分最有声色的装饰。潮汕民居外形规则严谨，外墙极少开窗，一般只在山墙上面开气窗或其他小窗，形成了封闭的外立面造型特征。但是这并不意味着呆板无味，巧思的潮汕人，把里面造型的艺术重点集中在正立面的如都上，即"门楼"。门楼是潮汕地区人们对民居大门的俗称。

为了突出门楼，通常在门头墙上用青砖垒砌出不同的形状，在顶部砌出仿木结构的屋顶，并镶刻砖雕作为装饰（图2-7-118）。[5]一般民居凹入一开间，内嵌石砌门框，而祠堂、富贵人家的凹肚门楼则多为三开间，中间有两柱，上有斗拱梁架支撑屋檐。凹肚门向内凹入，避免了木质门扇直接风吹日晒雨淋，也为往来的主客稍作休息、遮阳挡雨。这个过渡空间在平直外立面中有较强的指示性，也是街巷孩童们聚集玩耍的好地方。

对于喜爱炫耀、注重门面的潮汕人来说，门楼成为不遗余力打造的重点。单开间的门楼肚以花岗石砌筑门框，木质门扇。三开间门楼肚的立面装饰按照三个立面五个块面来设计，即门框上部、门两侧前壁及门楼肚左右相向的侧壁。这三向立面都处于门楼最显眼的地方，且为石砌，因此就成为石雕、灰塑、彩绘发挥的空间。前壁作品以人物为主，或代以诗文，而左右相对的侧壁则以"八宝"、花鸟鱼虫为主，以示主次。这些装饰遵循人们透视的规律和习惯，一般都采用以虚当实、计白当黑、下疏上密、对称均衡的构图原则，视觉中心在双侧中间位置的壁画，一般颜色较深，刻画精细（图2-7-119）。大门的上方往往安置有牌匾。门楼肚的背面一般也有五个立面，但布局构图一般比前门简约。

潮汕建筑大门呈对称格局，两侧的墙壁也分为上下两部分，上部分和大门屋檐结合，下部分是两组彩画。一般民居在门口部位都会有8~16幅题材各异的壁画，内容以对称的形式出现，主题统一，表达人们对家族后人的期望和对幸福生活的向往，图2-7-120~图2-7-125所示为门楼肚彩画局部。潮汕大门彩绘非常具有地方特色，已经与潮汕人的日常生活紧密联系在了一起，题材一般是反映孝道、忠义，寓意做人要光明磊落，学识渊博，为官清廉（图2-7-126、图2-7-127）。例如潮州牌坊街的甲第巷，以前都是官宦人家居住，其大门的彩绘最具特色，整个巷子的壁画连起来，就像一本故事丰富、通俗易懂的"小人书"（图2-7-128、图2-7-129），孩童穿梭玩耍于其中，也是传统礼教文化潜移默化的熏陶。

图2-7-118 甲第巷门楼肚（一）（潮州牌坊街）（左）
图2-7-119 甲第巷门楼肚（二）（潮州牌坊街）（右）

图 2-7-120 内容呼应的门楼肚正墙门两侧壁画（一）（潮州甲第巷）

图 2-7-121 内容呼应的门楼肚正墙门两侧壁画（二）（潮州甲第巷）

图 2-7-122 门楼肚双侧内容呼应的壁画（一）（潮州甲第巷）

图 2-7-123 门楼肚双侧内容呼应的壁画（二）（潮州甲第巷）

图 2-7-124、图 2-7-125　门楼肚对称壁画

图 2-7-126　博古主题门楼肚壁画图

图 2-7-127　博古系列门楼肚壁画

图 2-7-128 钟馗图门楼肚壁画（潮州甲第巷）

图 2-7-129 高山水长人间暖门楼肚壁画（潮州甲第巷）

4.2.2 庐溪壁画

　　庐溪五彩壁画是潮汕壁画的重要分支，其工艺技法复杂，绘画题材广泛，画工精细、色彩绚丽、风格古朴典雅，具有潮汕独特的乡土艺术特色，在潮汕传统建筑装饰中被广泛采用。从庐溪本地现存的明末清初所建的老厝（厝：潮汕指房子）装饰上可以看出，当时庐溪就有壁画这项民间工艺美术了。庐溪壁画历经沧桑，在清代盛极一时，至清末民国渐微。到新中国成立后许多历史佳作仍然光彩照人，现存的只有民国初期的和极少数清代的壁画。庐溪壁画承袭我国工笔画传统民间美术技艺，同时受到潮汕地方文化的影响，经数代艺人的传承发展，自成风格，具有地方历史文化特征，已于 2015 年 11 月被列为第六批省级非物质文化遗产。庐溪壁画被广泛应用于潮汕农村的传统民居、寺庙、祠堂建筑和民用家具装饰中（图 2-7-130、图 2-7-131），吸纳潮汕文化的精华，体现忠孝、仁义、博爱的伦理文化，具有明显的乡土民俗文化特征。

图 2-7-130　泸溪壁画传承人吴义廷作画

图 2-7-131　泸溪特色壁画

4.2.3　泸溪五彩壁画的题材

泸溪五彩壁画被广泛应用于潮汕传统民居、寺庙、祠堂建筑的照壁、檐下、墙壁、梁上、屋角墙头花和民用祭器家具装饰中，绘画题材与潮汕人民生活密切相关，一般为祠堂门神、山水花鸟、吉祥图案、祥禽瑞兽或取材于民间的传奇故事，表现吉庆祥瑞、长寿富贵、仁义孝廉等内容，体现忠孝、仁义、博爱的伦理文化，具有明显的乡土民俗文化特征。

门神有守护神之称。我国自古就有五祀之说，"五祀"，即门、户、井、灶、土地五神。据《礼记·祭法》载，"大夫立三祀，适士二祀，庶人只一祀"。这些祭祀中都包括祀门。泸溪壁画门神主要为秦叔宝和尉迟恭，其造型根据建筑的性质不同而不同，如寺庙门神威武庄严，祠堂门神却是端庄慈祥。

在泸溪五彩壁画里民间传奇故事题材最多，作品十分丰富，如"二十四诸天"、《西方三圣》、《钟馗清趣图》（图2-7-132~图2-7-134）、"圣贤千古共春熹"、"太上老君像"、"桃园三结义"、"孔子请学"

图 2-7-132~ 图 2-7-134　钟馗清趣图（吴义廷作）

图 2-7-135　孔子请学（吴义廷作）

（图 2-7-135）、"老寿翁"、"福寿康宁图"（图 2-7-136）、"三星图"、"五子登科"等。这些壁画人物栩栩如生，惟妙惟肖、神韵无比（图 2-7-137、图 2-7-138）。

图 2-7-136　福寿康宁图

图 2-7-137　清风吟（吴义廷作）

图 2-7-138　周文王聘贤（吴义廷作）

庐溪五彩壁画还有山水花鸟、吉祥图案、祥禽瑞兽、奇花瑞果等题材，这些题材有的是单独表现的，多数是合并或是辅助表现。如作品"丹凤朝阳"、"松鹤长青"、"东方龙"（图2-7-139）等。

图2-7-139　东方龙（汕头吴义廷工作室）

4.2.4　庐溪五彩壁画的工艺流程

庐溪五彩壁画的工艺流程十分讲究，从工具，准备原材料、批灰到上灰膏、绘画创作，以及最后的刷漆。下文从庐溪五彩壁画工艺流程的顺序来阐述（本部分照片摄于吴义廷工作室）：

准备工具。在绘画之前，壁画师们要准备所使用的工具材料：批灰刀、毛笔、颜料、木炭条、刷子、调色碗、调色盘、灰泥、梯子和靠尺（图2-7-140~图2-7-146）。壁画师都有一把自制的靠尺，如图2-7-147所示是正在作画的吴义廷，他一手执靠尺，一手作画，这样可以保持手部脱离画面，不会弄脏画面的同时手也不会抖，其他的工具材料是根据壁画师的不同需求各自备用。

图2-7-140　大灰刷

图2-7-141　小灰刷

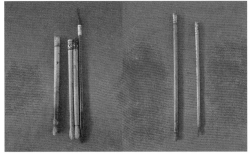

图2-7-142、图2-7-143　起稿笔毛笔、小毛笔

图2-7-144、图2-7-145　勾线笔、铺色笔

图2-7-146　批灰板、牛皮胶

图 2-7-147　吴义廷执尺创作

　　纸灰泥的制作。首先要把提前选好的贝壳烧制成贝壳灰（图 2-7-148、图 2-7-149），筛好的贝壳灰粉进行两次泡浸两次过滤，每次泡浸需要十几个小时，然后把过滤好的贝灰泥晾晒干，加入适量的优质发酵纸搅拌成膏状（图 2-7-150、图 2-7-151），做成球状并浸入清水中（这样做会使白灰中的酸碱度中和），最后将白灰捞出放进容器里，加入熬制好的浓红糖汁搅拌，直至搅匀。这样制作出的纸巾灰泥固结性强，耐水浸，耐高温，盖面墙会使墙体表面光滑鲜亮，经历几百年的风吹日晒仍然能保持原本的质地。要在这种墙上作画一定要把握好它的干湿度，如果墙面太潮湿，颜料就很难渗进去，容易破坏墙面；如果太干，颜料和灰料就不能很好的粘连，经过太阳的曝晒容易褪色。应该掌握在它未固结的时间内（约 8 小时内）完成创作。一些没经验的工匠师傅要进行反复的局部调试，一般要在墙面干湿适中时作画最佳。这样创作出来的壁画作品才能达到色彩鲜艳、不褪色的效果。

图 2-7-148、图 2-7-149　贝壳、贝壳粉

图 2-7-150 发酵纸

图 2-7-151 发酵好的贝灰浆

批灰。壁画师特别注重墙壁贝灰批涂这一环节。壁画师选择好需要绘画的墙壁，在作画前要先在墙上用批灰刀批刮上纸灰，一定要把纸灰批刮均匀平整，并做上立体线条，如同画框一样的形状。待纸灰差不多有六七成干的时候，再刷上灰膏水（灰膏水是用过滤布、纱布过滤纸灰而成的）。

创作。上灰膏水后，再按照绘画区域的大小构图，同时听取主人的要求或提供的图案来布置作画，然后壁画师先用木炭条构图再用笔墨来创作。泸溪五彩壁画所用笔法是师承唐宋时期的画风，采用铁线描画法构图（图 2-7-152），待墨水吸收后，壁画师再上色，颜料主要是各种天然有色矿物（图 2-7-153），这些颜料要求具有耐酸、耐碱性能，才能适应沿海潮湿的气候环境。颜料要加入牛胶或胶调制而成，一般有母色颜料，然后利用母色调配多种复色，主打色以靛、青、红、紫诸色彩为图案。颜料需要与贝灰水进行调和方能上色（图 2-7-154、图 2-7-155）。

图 2-7-152 打稿描边

图 2-7-153　矿物质颜料粉

图 2-7-154、图 2-7-155　调色

　　描绘、上色。上色阶段很重要，也蕴含着庐溪壁画上色的技巧。绘制和渲染使用不同的笔锋（图 2-7-156、图 2-7-157），一般先上浅色，然后再加墨汁，逐步加深。在大型壁画中，需要先对同样色块的颜色进行分区标记，然后将同样的颜色一次性上完，如在图 2-7-158 中，师傅正在将画面中的金色一次性上色。在小型壁画中就逐层上色，精致描绘（图 2-7-159、图 2-7-160）。

图 2-7-156　绘制

图 2-7-157　侧峰渲染　　　　　　　　　　　图 2-7-158　工地现场上色

图 2-7-159　古贤雅趣图（一）（吴义廷作）

图 2-7-160　古贤雅趣图（二）（吴义廷作）

罩光。经过渲染和补图后，壁画基本完毕，最后扫上薄薄的一层清漆，形成一层透明保护层，使壁画看上去比较明亮，还可以防止刮花。待清漆干后，壁画作品才算完工。

4.2.5　泸溪壁画的现状与传承

泸溪壁画是别具一格的建筑装饰，具有鲜明的地方特色和民间美术技艺，是我国工艺美术的一枝奇葩。壁画创作是最考验绘画者的耐心和毅力，而泸溪壁画属家族式传授，随着时代的发展，老艺人的陆续离世，许多年轻的壁画传承人不愿面对费时且枯燥的传统技艺，抵挡不住外界的诱惑而陆续转行，泸溪五彩壁画正面临人才青黄不接的困境。值得庆幸的是泸溪壁画的传承保护得到了政府有关部门的重视和支持，目前泸溪镇已初步建成传承基地，由泸溪壁画第四代非遗传承人吴烈波担任导师指导培训壁画爱好者和学生，以传承泸溪壁画艺术。我们热切地希望泸溪五彩壁画能够世代相传，发扬光大。

吴义廷

吴义廷，笔名烈波，1969 年生，汕头市潮南区人，壁画世家，省级非物质文化遗产胪溪壁画项目代表性传承人，"广东省传统建筑名匠"。其壁画、国画作品经常参加各地各级展览交流，并进行现场创作，获誉无数。参建潮汕、闽南各地祠堂庙宇等古建筑项目的壁画工程。曾应邀担任广州市第二届建筑技能大赛特邀嘉宾，还曾获中国画院采风团登门专访。从太爷爷吴海清到爷爷吴木坑，再到父亲吴文雄，吴义廷的家族从事壁画已经走过了一百多年的风雨，到吴义廷已经是胪溪壁画的第四代传承人了。

吴义廷从小就喜欢画画，在家庭的熏陶下，19 岁时就独自到北京、上海等地游历学习，专门观察、临摹、研究各地庙宇、宗祠、亭台楼阁等古建筑装饰壁画、彩画艺术，增长人生阅历，学习北派彩画的长处。他 22 岁时开始独立作画，承担庙宇、宗祠和风景区的壁画工程。胪溪壁画艺术渊源深厚，工艺流程复杂，绘画时构图严格，用色、画工精细。深耕壁画技艺 30 余年，吴义廷在壁画艺术道路上始终虚心学习，从未懈怠。他的壁画画面布局端庄大气，线条勾勒粗细有致自然流畅，人物脸部表情，衣褶变化，手指及动作都具有独创性，无论山水、奇花瑞果等都色彩绚丽、造型生动。

创作壁画 30 余年，吴义廷的作品著名的除了潮汕地区各姓氏祠堂壁画，还有潮州市华夏历史博物馆壁画、潮州大吴村神农庙壁画、梅州市平安寺大雄宝殿的佛画系列、梅州市五华县益塘水库南海观音堂壁画、梅州市五华县水寨公王殿壁画、梅州市兴宁市毛公寨的文武庙壁画、河源市龙川县佗城镇城隍庙壁画、河源市天崇观壁画、惠州市谭公庙壁画等。他的作品还曾参加全国工艺展（山花奖）、省工艺博览展、粤东四市精品展等各种展览。在吴义廷看来，传统艺术要保持长久不衰的生命力，贵在传承。为了使壁画技艺传承下去，吴义廷除了将技艺传授给儿子和家族中的部分亲属外，还开门授徒传艺，先后带出了 20 多名弟子。此外，他还依托胪溪小学提供的工作室，开设课程，定期免费为学生传授绘画技艺基础知识和相关技巧，并在百忙中收集胪溪壁画的相关资料，准备把它汇集成册出版发行，让更多的人了解胪溪壁画。

2017 年，吴义廷团队完成了汕头潮南区的吴氏祖祠彩画项目，潮州饶平县三饶老妈宫、南新村佛祖庙和将军庙的几处古建筑彩画项目，以及潮南区小公园文化围墙的壁画项目等。吴义廷本人还参加了广州沙湾首届鲁班节，作品鲁班像也被收藏。

为了让更多人体验壁画的魅力，吴烈波把传统依附于建筑的壁画搬到室内，发明了以木板为底的装饰壁画，题材来自传统壁画题材，如祝寿图、鸡年雄鸡图等。壁画大小非常适合于携带（图 2-7-161~ 图 2-7-163），而又保留胪溪壁画淳朴、细腻、浓烈的特点，艺术价值极高，深受广大艺术爱好者的喜爱。

图 2-7-161　胪溪壁画兔子（吴义廷作）

图 2-7-162　泸溪壁画仙鹤（吴义廷作）　　　　　　　　图 2-7-163　泸溪壁画鸡（吴义廷作）

4.3　客家壁画

梅江流域的大埔、梅县等地在东晋南北朝时期就有客家先民的记载，明末清初，大批客家先民向南迁徙到嘉应州（泛指梅州市），并形成了世界上最大的客家聚集地，号称"客都"，并在漫长的历史进程中孕育成梅江流域文化。这一时期出现了生土夯筑的客家土楼、围龙屋等世界上独一无二的民居建筑，而客家土楼则已被列入世界文化遗产之一。客家土楼、围龙屋以及后来发展的合杠屋、锁头屋等各式客家传统民居中都出现了与中华文化一脉相承又相对传统的客家民居壁画。

4.3.1　客家壁画的特色与作用

壁画工匠选天然颜料，用鲜明色彩，结合中国传统的水墨画意境、技法等，偶辅于灰塑，在造型、构图以加强视觉传达的立体效果，把各种传统文化的精髓融合至创作中，以丰富的艺术想象和高超的绘画技艺，创造了不少壁画艺术精品。例如梅江区华侨众多，对外交流频繁，近代受到"南洋文化"、"西方文化"的影响，传统民居建筑风格吸收了"西方"建筑元素，中西融合，形成独特的"中西合璧式"艺术风格，有些壁画艺术风格亦如是。梅江区三角镇泮坑村"镇东楼"、三角镇东升村"玉成公祠"、梅江区江北老城元城路"武魁第"、梅江区西阳镇"联芳楼"以及松口"张榕轩"故居等，其建筑壁画都是客家民居建筑壁画艺术的典范，表现了多姿多彩的民俗风情，成为客家民间绘画艺术的缩影。

民间传统艺术作为传统文化中的重要组成部分，其创作和发展离不开民族特性和民族习惯，在客家传统民居中的门楼、墀头、山墙、门楣、槛墙、厅堂屏风及卷棚、梁架等建筑构件中出现的各类型壁画，美轮美奂、栩栩如生，反映了当时客家传统文化、生活习俗以及世界观、人生观的价值取向。壁画依附于客家民居建筑，与人民的精神生活有着密切的联系，既装饰了民居建筑，美化人居环境，又表达出相对独立的审美情趣，并且承载着教化的功能。壁画的创作构思基本一目了然，简洁明确，还蕴含着一颗颗热爱家乡的赤子之心。客家传统壁画讲究十里不同风，五里不同俗。画工师傅们用手中的画笔，为客家文化、后代子孙描绘了一幅幅历史的画卷。走进老房子，从墙上的一幅幅画中，可以体会老一辈人崇文重教、耕读传家的精神以及对生活的美好期盼。

4.3.2　客家壁画题材

客家民居壁画乡土气息浓郁，题材广泛，内容丰富，有着悠久的历史。彩绘题材的象征表达，以蝙蝠象征福，鹿象征禄，以仙鹤、寿桃象征长寿，以石榴喻多子，以牡丹花象征富贵，以莲、鱼表示连年有余等。

有些壁画以当地景观为描绘对象，将家乡山水化作笔墨，线条轻松舒展，所绘物像用淡、浓相宜的墨色，加上大写意的手法施以晕染，随意自然；有些壁画，远处树烟拢聚、小桥流水，近处白墙黛瓦、炊烟袅袅，小儿嬉戏，农夫砍樵，村妇浣纱，老者讲古，美妙的生活图景让人浮想联翩；有些壁画简笔轻描间已勾画出泉水叮咚、水草飘动、花香郁郁、瑞鸟飞旋的灵动图像，生机勃勃的田野风貌瞬间跃现在人们视野中。这些壁画意境雅致、气韵独树一帜，被广泛运用到客家传统民居装饰中。

壁画的内容常常会因为不同的位置有不同的主题。门楼是重中之重，特别是大户人家，门匾上方常常画天官赐福、八仙祝寿等，表达主人寄望于仕途进取；门楼楹联上下墙的小幅壁画则多是鸟虫花卉、瑞兽家禽，有些屋脊装灰塑双凤，引首和鸣，寓意富贵吉祥；正厅横廊和绕天井的楼檐围栏上常画有象征高尚品德的梅、兰、竹、菊等花卉植物，有些梅瓶插花卉灰塑装饰，瓶插牡丹，寓意富贵平安。客家民居不仅是建筑，也是一本本丰富多彩的生活画册。有些券门上方灰塑书卷装饰，附有彩绘字画、诗词等等，颇具雅趣，意寓饱读诗书，文采风流。壁画工匠用鲜明的色彩，结合中国传统的水墨画意境、技法等，把各种传统文化的精髓融合至创作中，折射出浓厚的中华传统文化底蕴以及建楼主人对未来美好生活的向往。

4.3.3　客家壁画创作的基本步骤

客家民居的壁画采用工笔或白描画法，墨线勾勒轮廓，以线描为主。风格大多继承了南派以及宋代以来的清淡和典雅。画面工整细腻，富于装饰性。用色清新悦目、明快淡雅，以色助墨光，以墨显色彩。其中，人物壁画多以全身形象为主。多个人物在一幅画内也讲究疏密聚散、相互呼应以及姿势的变化，不显雷同与呆板。

创作。首先要根据主人的要求，制定好壁画的题材类型。遇到文化素养较高的屋主，还要通晓历史文化，以某一历史故事为线索进行壁画设计。如张榕轩故居里的壁画，大部分以历史题材为主。

绘图。按照主题设计好构图、制作灰塑骨架，先用铅笔在墙壁框出作画的位置，用淡淡的色彩线条勾勒出壁画的雏形，尔后再用石墨作为黑线的颜料，按照勾勒的线条进行加深。

上色。当一幅壁画的雏形完成之后，就要根据框架着上不同的颜色。壁画大多选择矿物颜料，这一步中最重要的是颜料调制。客家传统壁画彩绘颜料一般选取天然植物或矿物性颜料，如银朱、松烟、石青、佛青、石绿、黄丹、藤黄、雄黄、赭石、朱砂等，工匠会根据天气湿度决定绘、停时间，让颜色变干"吃"进作品里。油漆彩绘壁画，则较多采用大红、黄、绿、蓝等较鲜艳颜色，图案瑰丽，色彩鲜艳，富有喜庆气氛。有些壁画还要贴上金箔，流光溢彩，具有强烈的装饰和美化功能。客家传统壁画色泽自然温润，不少外墙壁画虽历经风雨，色彩鲜明依旧，展现出浓郁的客家民俗特色。

民居建筑壁画基本都是现场制作，不需烧制，多采用平面描绘，立面塑形相结合的艺术方法，画作因势延展，伸收有度，高低变化、对比强烈、精致细腻、色彩明快，其义易见，意在祥和。

4.3.4 客家壁画的现状与传承

由于壁画对建筑墙壁的天然依赖性，随着祠堂、古庙维修、翻新、改建，这些散落在民间的壁画将会逐渐消亡，目前一些翻新后的祠堂里已经没有一幅清代、民国壁画，传统壁画的保护、记录已经迫在眉睫。传统壁画作为历史遗留的珍贵图像资料，具有极强的学术研究价值。它体现了当时民间文化的深度和广度，弥补了传统官修史书和方志等历史文献的不足，是不可替代的反映岭南民间和市井风情的历史记录。由于当时壁画家习惯在壁画上落款，因而使这些壁画在今天成为具有确切年代的历史文物。传统壁画由于题材和表现手法的限制，较少使用在现代建筑中，多数依存于古建筑的修复和仿古建筑中，发展空间有限，所以客家壁画人才的培养面临很大挑战。

吴梓模

梅州传统壁画匠人吴梓模，1946年出生于马来西亚，1952年回到梅县南口老家。吴梓模从小喜欢画画，受到学美术专业的舅舅影响，经常会阅读很多美术方面的书籍，后在父亲的指引下，练习书法画画；尔后开始自己琢磨各种画法，水墨画、油画等，只要吴梓模感兴趣的，都会静下心来对其进行研究。一有机会，吴梓模就会跑去其他人的家里，偷偷学习其他画匠的技术，所以在他十六七岁的时候，因为画工技艺好，已经有不少人邀请他前去为自己的房子绘制壁画，加上他的勤奋、好学、为人谦和，渐渐在壁画行业出了名。

吴梓模非常喜欢阅读，对于古今中外的典故，他可以张口就来，画起历史人物的故事来更是得心应手，即使到了古稀之年，每天晚上都要在睡前花时间看书。"只有对画的事物深有感触，才能够赋予画像生命，出来的作品才能栩栩如生。""只要眼睛还看得见，手还能动，有精力，我都会一直画下去。"吴梓模如是说，"学无止境，我若能活到八九十岁，画风还要更进一层。"

从十几岁走街串巷画壁画到现在，不知不觉吴梓模已经为上百座老房子手工绘制了壁画。一座座的房子，就是他艺术生命的印记，也是这样一个个的工匠，让壁画走进百姓家。

参考文献

[1] 孙大章.中国传统建筑装饰艺术——彩画艺术.北京：中国建筑工业出版社，2013.

[2] 住房和城乡建设部.中国传统建筑解析与传承—广东卷.北京：中国建筑工业出版社，2016.

[3] 边精一.中国古建筑油漆彩画.北京：中国建筑工业出版社，2013.2.

[4] 杜爽.中国传统建筑装饰.北京：化学工业出版社，2013.

[5] 宋国晓.中国古建筑吉祥装饰.北京：中国水利水电出版社，2008.

[6] 李诫（宋）.《营造法式》.参照版本：梁思成，《梁思成全集》第七卷之《营造法式注释》，1966-72年（原编）.北京：中国建筑工业出版社，2001.

[7] 清代工部（编）.《工程做法则例》.参照版本：梁思成，编成《梁思成全集》第六卷之《清式营造则例》.1934年（原编）.北京：中国建筑工业出版社，2001.

[8] 李路珂.营造法式彩画研究.南京：东南大学出版社，2011.

[9]　北京文物整理委员会编．中国建筑彩画图案．北京：人民美术出版社，1955．

[10]　何俊寿．中国建筑彩画图集．天津：天津大学出版社，2006.2．

[11]　方烈文．潮汕民俗大观．汕头：汕头大学出版社，1996．

[12]　刘峰．潮汕文化大观．广州：花城出版社，2001．

[13]　马炳坚．中国古建筑木作营造技术．北京：科学出版社，2003．

[14]　李紫峰（执笔）．北京市文物工程质量监督站编．油饰彩画作工艺．北京：北京燕山出版社，2004．

[15]　杨春风．中国现代建筑彩画．天津：天津大学出版社，2006．

[16]　陆元鼎，陆琦．中国民居建筑艺术．北京：中国建筑工业出版社，2011．

[17]　乔十光．漆艺．郑州：大象出版社，2004．

[18]　楼庆西．雕梁画栋．北京：清华大学出版社，2011．

[19]　中国社会科学报．2015.007，博物．

[20]　李慕君．岭南古村广府壁画信息库建设研究．传媒论道．

[21]　谢燕涛．岭南广府地区厅堂壁画技艺探析——以佛山脊江祖庙的壁画艺术为例．2014．

[22]　陈泽泓．潮汕文化概说 [M]．广州：广东人民出版社，2001．

[23]　汕头市非物质文化遗产大观（第二卷）[M]．汕头：汕头大学出版社，2016．

[24]　林凯龙．潮汕老屋 [M]．汕头：汕头大学出版社，2004．

[25]　谢奕峰．妙手华章：汕头建筑与嵌瓷 [M]．广州：广东教育出版社，2013．

[26]　彭妙艳．潮汕民居的"凹肚门楼"．揭阳新闻网．

[27]　郑红．潮州传统建筑木构彩画研究．广州：华南理工大学，2012．（16）电子文献．

[28]　徐建文．浅谈客家传统民居壁画的功用．梅州：《客家文博》，2011（2）．50-54．

附录一　抱鼓石、经幢、牌坊立面详图

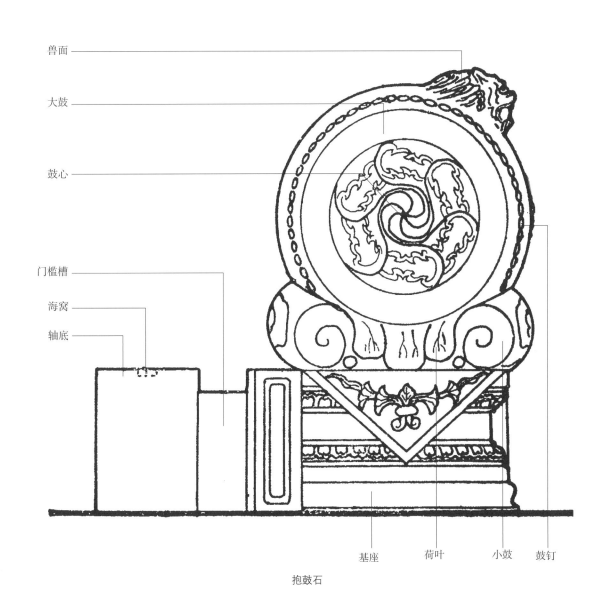

兽面

大鼓

鼓心

门槛槽

海窝

轴底

基座　　荷叶　　小鼓　　鼓钉

抱鼓石

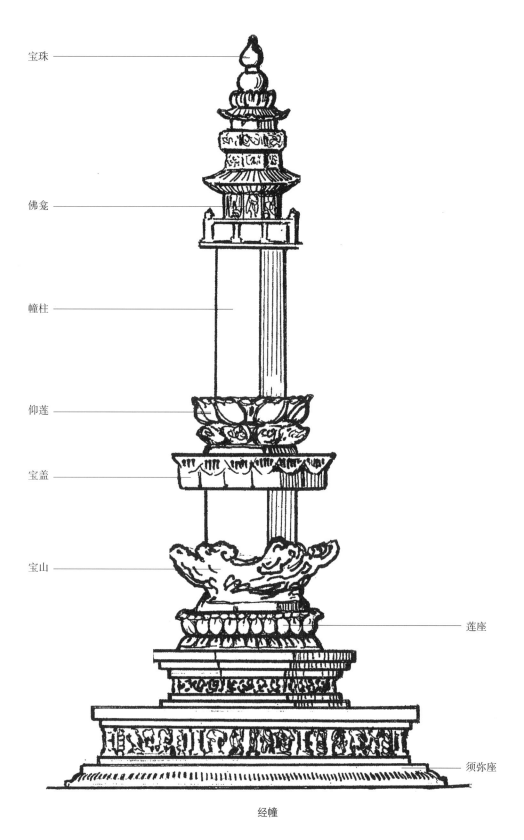

宝珠

佛龛

幢柱

仰莲

宝盖

宝山

莲座

须弥座

经幢

斗栱　　花板　　上额枋　　龙凤牌　　下额枋　　夹柱石　　须弥座

先学後臣

大学士

牌坊

0　　　0.5　　　1m

附录二　为撰写本书已调研地点

佛　山

    1. 胥江祖庙

    2. 梁园

    3. 佛山祖庙

    4 南风古灶

    5. 清晖园

    6. 碧江金楼

花　都

    1. 资政大夫祠

番　禺

    1. 沙湾古镇

    2. 留耕堂

    3. 宝墨园

    4. 余荫山房

开　平

    1. 自力碉楼

    2. 马降龙碉楼

潮　州

    1. 潮州开元寺

    2. 青龙古庙

    3. 已略黄公祠

    4. 潮州府城许驸马府

    5. 牌坊街、及第街

    6. 从熙公祠

    7. 松林古寺

    8. 龙湖古寨

揭　阳

    1. 陈氏公祠

    2. 黄氏公祠

    3. 城隍庙

广　州

    1. 陈家祠

    2. 光孝寺

肇　庆

    1. 德庆学宫

    2. 龙母祖庙

清　远

    1. 连南千年古寨

    2. 油岭瑶寨

    3. 佛岭县上岳村

    4. 车部村

东　莞

    1. 南社古村

    2. 塘尾村

    3. 西溪村

    4. 可园

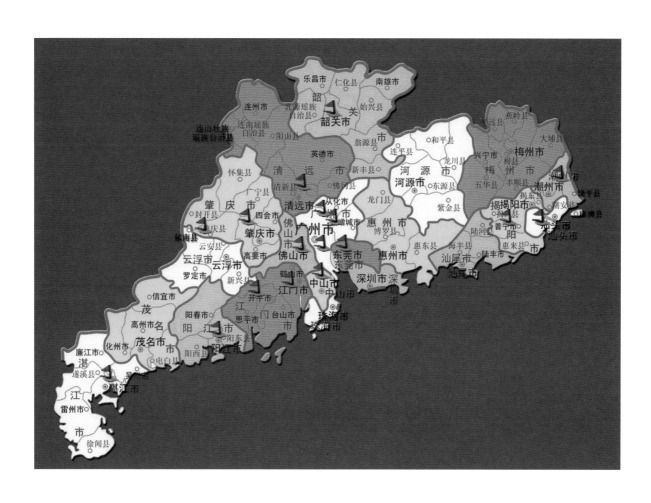

附录三 传统建筑结构、装饰含义和寓意简介

古代建筑

梁

建筑中搭在柱顶的水平受力构件。在较大的建筑物中，梁放在斗栱上，而较小的建筑物，梁头直接放在柱上。横断面多呈矩形，明清时接近方形，南方的梁不少采用圆形，以节约木材。梁下两端有柱子支托，上面能负顶部荷载。

月梁

梁呈上弧形，梁底略向下凹，梁两端常雕饰，此种状如拱月的梁即称"月梁"。

枋

檐柱之间起联系作用并水平承托屋顶重量的构件。南北朝前多置于柱顶，隋唐后移至柱间。

额枋

位于建筑四面向外，在檐柱与檐柱之间起联系作用的矩形横木。宋代及宋代以前叫"额枋"，宋以后叫"阑额"，也叫"檐枋"。建筑正面的额枋，是雕刻和彩绘装饰的重点部位之一。

抱头梁

檐柱与金柱之间的短梁。

穿插枋

在抱头梁下与之平行的小梁叫"穿插枋"。

柱

为主要垂直承重构件，屋面荷载自上而下经此传至基础。

斗栱

位于屋檐下柱顶与额枋之间，以榫卯结合、交错叠加而成的构件，有分散梁架重载和承挑外檐荷重的功能。它不仅是我国木结构建筑特有的构件，也有特殊的装饰作用，还作为封建社会森严等级制度的象征和重要建筑的尺度衡量标准。

撑栱

檐柱外侧斜向支撑挑檐檩的构件，明代前仅为斜木杆，后逐渐增加了挑木及斗栱等，装饰也日趋复杂。

牛腿

是结构及装饰日趋复杂的撑栱在江浙一带的俗称。

雀替

用于梁、额枋与柱的交接处的木构件，功用是增加梁头抗剪能力、减少梁枋的跨距。元以前雀替多用于内檐，明清普遍在外檐额枋下使用。早期雀替只饰彩画，不加雕饰。明代起多雕刻云纹或卷草纹。清中叶以后，雕刻龙头及飞禽增多，南方及沿海人物造型雀替风行。

挂落

安装在门的过梁上，是保护过梁的木构件，常作雕刻、镶拼等装饰性处理。

花牙子

檐下柱间挂落下的镂空雀替，纯装饰性构件。

花板

在外檐斗栱与斗栱之间的遮板叫"垫板"，因常有彩绘和雕刻，故有些地区称"花板"

匾联

在传统建筑上题额挂匾，书写对联，是屋宇最具中国特色的装饰手段。

庑殿顶

是屋面有四坡并有正脊的屋顶，有重檐庑殿顶和单檐庑殿顶之分。重檐庑殿顶是古代建筑中最高级别的屋顶式样，只用于皇官、庙宇中的主殿。单檐庑殿顶则多用于礼仪盛典及宗教建筑的次殿或门堂等处。

歇山顶

由四个倾斜的屋面、一条正脊、四条垂脊、四条戗脊和两侧倾斜屋面上部转折成垂直的三角形墙面组成，形成两坡和四坡屋顶的混合形式。有单檐、重檐和卷棚歇山等多种。重檐歇山顶是由两坡顶加周围廊形成的屋面式样，等级仅次于庑殿，多在一些规格很高的殿阁中使用。而一般的歇山顶则应用非常广泛。

悬山顶

两坡顶的一种，是我国一般建筑中最常见的形式，特点是屋面两端悬伸在山墙以外。这类屋顶形式简洁、美观而朴素，多用于宫殿寺庙中的附属建筑和民间建筑。

硬山顶

也是两坡顶的一种，但屋面两端不悬出山墙之外。硬山顶形式简单而朴素，多用于宫殿寺庙中的附属建筑和民间建筑。

垂莲柱

用于垂花门或牌楼门的四角上、下部悬空的垂柱，端头上常有莲花雕饰，故常称"垂莲柱"、"垂花柱"等，是装饰性构件。

栏杆

是建筑物边沿供人依附，防止人、物下坠的障碍物，起围护或分割作用的结构之一。人们很早就把栏杆普遍应用在台基、室内、室外、走廊、花池、楼台亭榭等处。通常也作各种装饰美化。

"美人靠"

在座凳栏杆外侧安装尺余高的靠背，成为"靠背栏杆"。这种栏杆多用于园林，特别是临水建筑，供游人斜倚眺望和解除疲乏。靠背部分或直或曲，或做成其他种种式样，颇富装饰性。因弯曲似鹅颈，又称"鹅颈靠"。因古画中常常画仕女凭栏眺望，故美其名曰"美人靠"

门楣

楣，门户上的横木。古时显贵之家门楣高大，故常以"门楣"喻门第。也是宅第装饰的重点部位。

影壁

作为大门屏障的墙壁，又称"照壁"或"照墙"。早期建筑中门内的称"隐"，门外为"避"，影壁由"隐避"演化而来。影壁依其做法不同，又分为"一字壁"、"八字壁"、"三滴水影壁"等。砌筑于院门之内对面山墙的称"座山影壁"。设于大街对过，与大门遥相对应的称"外影壁"。影壁做法讲究，常带有砖雕，既能使外人不能对内一览无遗，又能起到一种装饰作用。

塔

佛教建筑物，起源于中印度，又称"浮图"。层数多为奇数，材料有木、砖、石、铁、铜、琉璃等。

石经幢

是在八角形石柱上镌刻经文用以宣扬佛法的纪念性建筑。唐代经幢形体粗放、装饰简单，宋金时纤细而华丽，宋金后逐渐消失。

须弥座

是一种叠涩很多的台座，常用来承托尊贵的建筑物。它由佛座演变而来，形体与装饰比较复杂，早先用于高级建筑的台基，最后发展为一种应用广泛的建筑艺术装饰形式。

夹杆石

亦称"夹柱石"、"抱柱石"，系围夹在牌楼立柱、旗杆下端的石制构件，用以稳固柱身。

抱鼓石

多在栏杆的最末端，用一块刻成鼓形或云状的厚石，将最下一根望柱扶牢撑稳，这个石构件就叫"抱鼓石"。民居宅第大门的门枕石外侧做成鼓形，并雕以吉祥图案，极富装饰性，成为门楼建筑的一个组成部分。

门枕石

位于与门框相垂直的下槛的下面，多用石制。一半在门框里，开出一圆形小凹穴，放门的下轴。另一半露在门框的外边，是装饰的重点，最常见的有抱鼓石、石狮座、箱形门枕石等形式。

柱础

建筑物木柱下所垫的石墩，叫"柱础"，又叫"柱顶石"。其作用主要是传递上部荷载，同时可防止地面潮湿和碰磕损坏柱脚。它凸出地面的露明部分，往往加工为古镜、覆盆、石鼓等形式，并饰以各种雕刻。汉至南北朝因佛教盛行，多有莲瓣柱础，唐多覆盆，宋则出现龙凤、鱼水、狮子、花草等，明清宫廷多用古镜式。南方则类型众多，不拘一格。

台基

一种高出地面的台子，作为建筑物的基础，春秋时期我国就有出现，清代更将它与等级制度联系在一起，是中国建筑中的一个特征。

华表

由"诽谤木"演变而来，也称"桓表"、"谤木"。柱身往往雕有蟠龙等纹样，上为云板和瑞兽。常常作为标志，设在宫殿、庙宇、城垣、桥梁和陵墓前。其瑞兽形状像犬，因为它昂首向天，又称为"望天犼"、"朝天犼"。

螭首

台基石栏杆望柱下面横置的石雕兽头。它的口内都有凿透的圆孔，下雨的时候雨水从兽头口内流出。雕刻的兽头名"螭首"，传说是龙的第九个儿子，性喜水，故使其为排水道，既美观又实用。

华盖

在经幢、石塔等古代建筑的顶上，有雕刻精细如伞状的盖，就叫"华盖"，也叫"宝盖"。

御路

在宫殿、寺庙的踏跺中，中间部分不砌条石，而斜置一条汉白玉石等石材，上面雕刻龙凤、海水、卷云等纹样，以示富丽尊贵，这就叫做御路。御路没有实用功能，只为台阶增添美感。

拴马石

用以拴马、骡等牲畜的石桩，也叫拴马桩。遍布我国西北一带。桩顶刻有各种神态生动的人物或动物。

日晷

是我国古代利用地球公转和自转的原理设计而成的一种计时器。太阳照在晷针上，针影随着太阳的移动而移动，根据指针的投影在盘面的位置来测定时间。

嘉量

是我国古代的标准容积量器。西汉末王莽时期制定的全国统一度量衡单位，在我国度量衡史上有重要地位。清乾隆皇帝参照王莽时期的圆形嘉量和唐太宗时张文收所造方形嘉量图形，各仿造了一件，置于故宫太和殿和乾清宫前。

下马碑

故宫东华门、西华门两侧各设有的一座石碑，俗称"下马碑"，是文武官员进入皇宫时，文官下轿、武官下马然后步行的地方。只有极少数年迈的功臣得到皇帝的特许才可以继续乘轿或骑马前行。

石象生

凡以石料雕刻人和神像，以及石马、石羊、石象、麒麟、辟邪等动物的像，统称为"石象生"。这些石雕多设于寺庙以及帝王大臣的陵墓之前。

石牌坊

按结构分，石牌坊有一间两柱、三间四柱和五间六柱。所谓间就是指柱间的通道。楼顶数量少则一楼，多则三、五、七楼，最多的为十一楼。有的石牌坊建在街道上，作为象征性的门楼。有的建在寺庙前，用以控制建筑空间。也有的是为体现"嘉德懿行"的纪念意义，如"孝节坊"、"贞节坊"、"功德坊"等。我国的石牌坊遍布城乡，明清两代特别盛行。

流杯渠

东晋大书法家王羲之在浙江绍兴兰亭聚会友人，让盛酒的容器在小溪中流动，酒具停在谁的面前，谁就罚酒、作诗。此为"曲水流觞"的典故。故宫宁寿宫花园内建"禊赏亭"，亭内地面上的以瓮石凿成的模仿小溪的如意云头式渠槽，即被称为"流杯渠"。

传统题材

桃园结义

出自《三国演义》。汉灵帝时朝政日益混乱，刘备、关羽、张飞在桃园内祭告天地，结为兄弟，并立誓同心协力上报国家、下安黎庶。

三顾茅庐

出自《三国演义》。刘备求贤心切，亲自到茅庐请诸葛亮出山，第一次诸葛亮外出不知归期。第二次大雪纷飞，诸葛亮在家但没有出来相见，刘备留书信以表渴慕之心。第三次，诸葛亮卧榻休息，刘备静立阶下恭候。诸葛亮被刘备的诚意感动，终于相见并最终答应出山辅佐刘备成就大业。

岳母刺字

出自《说岳全传》。岳母为岳飞不接受通圣大王杨么聘请为官而感到很欣慰，让岳飞跪在香案前，亲笔在他背上写下"精忠报国"四字，针刺后徐上醋墨，以葆永不褪色。

辕门射戟

出自《三国演义》。汉末淮南袁术派纪灵攻打刘备，又担心吕布帮助他，于是送礼给吕布诱使他中立。刘备自知军力薄弱，向吕布求助。吕布识破袁术先破刘备后攻自己的阴谋，于是宴请双方并在席间调和。但纪灵不愿和好。吕布起而拔箭射中辕门外方天画戟，逼纪灵收兵。

麻姑献寿

麻姑容貌美丽，锦衣绣裳，光彩夺目，手似鸟爪，自称已三见沧海桑田。相传三月三日西王母寿辰，麻姑在绛珠河畔以灵芝酿酒进献王母。后人多以"麻姑献寿图"祝贺寿礼。

八仙过海

出自《东游记》。一天，八仙从西王母蟠桃大会回来路过东海，吕洞宾倡议趁兴过海游玩，并须各投一物，乘之而过。铁拐李率先以杖投水而渡，其他人随后以纸驴、花篮等物投水而渡。这就是所谓"八仙过海，各显神通"。

岁寒松柏

《论语·子罕》。"岁寒，然后知松柏之后雕（凋）也"。寒冬腊月，方知松柏之常青，以此称颂生于逆境或已届晚年而仍能保持节操的人。

借东风

也叫"南屏山",出自《三国演义》。东吴因为曹操率八十余万大军前来征伐,派鲁肃请诸葛亮过江共商破曹之计。诸葛亮分析曹军不善水战,又用铁环连锁战船,决定采用火攻。时值隆冬,少有东风,诸葛亮在南屏山设坛作法借东风,火烧曹军于赤壁之下。

空城计

出自《三国演义》。蜀将马谡失守街亭,司马懿大军直逼西城,诸葛亮无兵将可调遣,于是大开城门,故作镇静登城楼弹琴。司马懿怕有伏兵,赶紧倒退三十余里。等他知道真相回兵进攻时,被赵云的援兵所阻,为时已晚。

西游记

是唐代高僧玄奘与孙悟空、猪八戒、沙和尚历尽艰险终于从西天取经归来的故事。戏曲演出中多以孙悟空为主,如《大闹天宫》、《三打白骨精》等。

打金枝

唐肃宗将女儿升平公主下嫁功臣郭子仪幼子郭暧。郭家娶得金枝玉叶,引以为荣。郭子仪八十寿辰,其七子八婿均携妻登堂拜寿,只有升平公主自恃身份不肯随夫前往。郭暧恼怒责打公主,公主进官哭诉。郭子仪绑子上殿请罪,肃宗以郭家儿女之事赦暧无罪。公主、郭暧言归于好,回府拜寿。

和合二仙

也称"和合二圣"。相传有寒山、拾得二人异姓但亲如兄弟。寒山在拾得婚前知道两人同爱一女,于是弃家去苏州枫桥削发为僧。拾得知情后舍女寻觅寒山,折一枝盛开荷花前去相见,寒山急捧饭盒出迎。二人欣喜而同为僧人。旧时婚礼常在中堂悬挂其画像,取和(荷)谐合(盒)好之意。

四大天王

古印度神话称须弥山腹有各护一方的四大天王:东方持国天王,持琵琶;南方增长天王,持宝剑;西方广目天王,执一蛇;北方多闻天王,执一伞。世称"护世四天王",也称"四大金刚",多塑于寺门两侧。另说寺门金刚为"风调雨顺",执剑者为风,执琵琶者为调,执雨伞者为雨,执蛇者为顺。

渊明赏菊

晋代陶渊明,字元亮,后改名陶潜。他隐居栗里,喜欢菊花。菊是花中隐逸士,陶渊明很尊崇它。"渊明赏菊"表现了古代文人雅士的精神寄托。

盗仙草

出自《白蛇传》。白蛇化身的白娘子素贞因端午节误饮雄黄酒现出原形,把丈夫许仙惊死了。素贞为救许仙到昆仑山偷灵芝仙草,与守山的鹤童、鹿童交手,险遭不测。幸而她的诚意感动了南极仙翁,得到灵芝,救活了许仙。

醉写番表

唐代诗人李白因不愿向试官行贿，被杨国忠和高力士逐出考场。后有蛮国致书玄宗，满朝文武无人认得番文，李白带醉应召，朗读全文并斥来使。玄宗命李白草诏，李白要求杨国忠捧砚、高力士脱靴，玄宗只得答应。李白用番文一挥而就，令蛮使臣惊服，与唐修好。故又叫"吓蛮书"。

贺后骂殿

宋太祖赵匡胤死后，他的弟弟匡义废侄自立为太宗。匡胤长子德昭上殿索还帝位，见匡义想杀他就触阶自杀了。于是贺后亲自上殿，在众文武前指责匡义。匡义自知理亏，封贺后于养老官，封次侄德芳为八贤王，并赐"上打昏君，下打奸臣"的金锏。这样贺后才息怒而归。

四郎探母

宋将杨延辉（四郎）在宋辽交战中被擒降辽，与辽国铁镜公主成婚。十五年后，宋辽再次交兵，四郎得知老母余太君押粮到雁门关，思母心切，得到公主的同情，到萧太后处骗得令箭得以过关探母。但四郎不顾家人劝留，执意遵守与公主"一夜即返"的约定。

连环套

绿林豪杰窦尔墩与黄三泰比武，被黄暗器所伤，出走后在连环套落草。后来窦盗走太尉梁九公的御赐骏马，并留信陷害黄。那时黄已死，其子天霸奉旨缉拿盗马人。天霸乔装镖客，激窦下山比武，并使人乘夜盗走窦的双钩武器。窦不识其计，结果自坠牢笼。

穿壁引光

也叫"凿壁偷光"，出自《西京杂记》。汉代匡衡是元帝时的丞相，少年时家境贫困，学习勤奋但苦于晚上没有光。他见邻舍有烛光，于是在墙上挖一个洞，借透过来的光看书。常用来形容困难条件下仍刻苦攻读。

闻鸡起舞

出自《晋书，祖逖传》。祖逖是晋代名将，曾经与刘琨在同一衙门做官。两人性情相投，互勉立志报国，每天半夜听到鸡叫祖逖立即叫醒刘琨起来练武。后以"闻鸡起舞"比喻励志奋发。

汉钟离

八仙之一，相传为后汉咸阳人。他出生时异光满室，生得"顶圆额广，耳厚眉长，目深鼻耸，口方颊大，唇脸如丹，乳远臂长"，犹如3岁儿童。汉、魏、晋三朝为官，唐末进入终南山，在正阳洞修炼登仙，道教称他为"正阳帝君"。

吕洞宾

八仙之一，唐时人，长得"道骨仙风，鹤顶龟背"。相传他降生时有鹤入帐，异香满室。他两举进士不第，64岁浪迹江湖，遇汉钟离传授延命之术，入终南山修道。又向火龙真人学得天遁剑法后游历各地。世称吕祖，元代封为"纯阳演政警化孚佑帝君"。

铁拐李

八仙之一，隋时陕西人，因持铁拐走路，故称"铁拐李"，他本来身材魁梧，一天，李应李老君之约魂赴华山。他的徒弟因母病急归，在他走后第六日就提前焚化了他的尸身。李七日返时无体可附，急切间附在饿死的乞丐身上，故蓬首垢面、袒腹跛足。他常以葫芦中丹药为人治病，传说能起死回生。

曹国舅

八仙之一，是宋代曹太后的弟弟。所以称"国舅"。他的弟弟仗势作恶，国舅深以为耻，于是散财济贫，入山修道，被汉钟离、吕洞宾引入仙班。

张果老

八仙之一，相传为唐时有法术的人。隐居在恒州中条山，自称已几百岁，故称"张果老"。常倒骑白驴，日行万里。太宗、高宗、武后屡召不应。唐明皇时应召入长安演示法术，等到唐明皇再次召见就死了。

蓝采和

八仙之一，唐时有法术的人。他终年破衣烂衫，夏日内加棉絮，冬日反卧雪中，手持三尺大拍板，醉歌于长安市。有时用绳串钱，沿街拖撒，任人捡拾。容貌从孩童到老未变。一天在酒楼喝酒，听到云中奏乐声，便乘从天而降的仙鹤离去。

韩湘子

八仙之一，相传是唐时河南人，是韩愈族侄。生性狂放，随吕洞宾游，攀树摘花跌死，尸解成仙。成仙后与韩愈喝酒时用土覆盖酒器，数日后竟开出两朵碧莲，花间拥出金字对联："云横秦岭家何在，雪拥蓝关马不前"。韩愈不解。后韩愈果然在蓝关被雪阻在驿舍。湘子冒雪前来并告诉他未来的事，后来都应验了。

何仙姑

八仙之一，相传是唐时零陵人，元代封为元君。少年时梦见神人教她吃云母而成仙，能预知人事，行如飞。又传其本为男子，修道出神而附身于新死的何氏女。

寓意纹样

青龙、白虎、朱雀、玄武

是中国古代神话中的四方神。《礼记·曲礼》中说："前朱雀、后玄武、左青龙、右白虎"。在中国古代风水说中称它们为"四灵兽"。

龙之九子

民间流传，龙生九子都不成龙，各有所好。赑屃，好负重，为石碑下龟趺；螭吻、性好望、好险，可镇火，为殿脊兽头；蒲牢，性好吼，为钟上兽纽；狴犴，形似虎，有威力，立于牢门；饕餮，性好食，立于鼎盖；蚣蝮，性好水，立于桥柱；睚眦，性好杀，多位于刀剑上吞口；狻猊，形似狮，性好烟火，立于香炉；椒图，形似螺蚌，性好闭，立于门之铺首。

青龙

也有称作"苍龙"。《淮南子，天文》中说："天神之贵者，莫贵于青龙。"尊贵无比。道教封它为东方之神、吉祥之神。

正面龙

龙首为正面，也叫"坐龙"。是龙纹中最尊贵的一种。常用于帝王服饰和建筑装饰的中心处。

团龙

是明代时开始出现的一种龙纹，它将龙纹设于一圆图形之内，成为"团龙"。

盘龙

指姿态盘屈交结的龙，人们常根据装饰器物的形状来刻绘它的游姿。

虎纹

《风俗通义》："虎者，阳物，百兽之长也，能执搏挫锐，噬食鬼魅。"中国民间历来把虎称为"王"者，并有虎能镇邪、除"五毒"之说。

鱼纹

古代许多典籍中都说到鱼在古人心目中是一种样瑞之物。汉代画像石中，鱼纹大多为鲤鱼，常与龙凤为伴。此外，鱼还有生殖繁盛、多子多孙的祝福意味。

蝙蝠纹

中国古代民间习俗常借"蝠"、"福"谐音，用蝙蝠飞临来表达"福运"的寓意，蝙蝠形象被当作幸福的象征，希望幸福会像蝙蝠那样从天而降。

朱雀纹

朱雀是二十八宿中南方七宿的总名，连起来像鸟形，加上南方属火，故又名"朱鸟"。古代军事家按天文四宫布列前后左右军阵，朱鸟常作为前军的军旗图形标识。

狮纹

中国古代都称狮子为兽中之王，可镇百兽，象征权力与威严，故古代常用石狮、石刻狮纹来"镇门"、"镇墓"和"护佛"。狮纹一般都由雄狮构成，气势威猛，在唐宋时很流行。

狮子滚绣球

是狮纹的一种，由狮子戏球构成图案，民间称"狮子滚绣球"或"双狮戏球"。狮子滚绣球时，不再威猛，只存憨态，十分可爱。

凤凰纹

凤凰是一种假想的飞禽，在古代被尊为鸟中之王，《说文》认为这种神鸟是祥瑞的象征，如果出现则天下安宁。还认为雄为凤，雌为凰，今常以"鸾凤和鸣"祝福新婚。在寓意纹样中有单画凤图的，也有凤和凰配对成双的。

麒麟纹

麒麟，简称"麟"，是古代传说中的动物。史家认为是明代郑和航海将长颈鹿引进我国，逐渐演化为神兽麒麟的。一般描绘成鹿状、独角，全身有鳞甲，尾像牛。《礼记》将"麟、凤、龟、龙"称为"四灵"，而麟为"四灵之首，百兽之先"。

羊纹

在中国古代以羊代表吉祥。民间也常用羊纹、子母羊纹、"大吉羊"铭文等来表达"吉祥"的寓意。如果画三只羊，即有"三阳（羊）开泰"的祈盼。

鹿纹

鹿在中国古代被认为是人升仙时乘坐的神物。如湖南长沙马王堆西汉墓漆棺上有彩绘"仙人骑鹿"。中国民间常以鹿的谐音来象征"禄爵"和富贵。

八卦

八卦最初是上古人们记事的符号，后被用为卜筮符号。古代常用八卦图作为趋吉避凶的吉祥图案。

八仙

是民间对汉钟离、吕洞宾、铁拐李、曹国舅、张果老、蓝采和、韩湘子、何仙姑等八位仙人的总称。相传他们在唐、宋时修道成仙。

暗八仙

是指以八仙手中所持之物（扇、剑、鱼鼓、玉板、葫芦、箫、花篮、荷花）组成的纹饰，俗称"暗八仙"。与"八仙"纹有同样寓意。

八骏

指周穆王的八匹骏马。该纹样由八匹骏马组成，寓意祝福事业有成，前程远大。

八宝

八宝纹样常见的是由和合、鼓板、龙门、玉鱼、仙鹤、灵芝、磐和松组成。但也有在珠、球、磐、祥云、方胜、犀角、杯、书、画、红叶、艾叶、蕉叶、云、鼎、灵芝、元宝、锭等物件中，随意选择八种组成八宝。道教把八仙手持的八种器物，作为八宝符号，佛教中则用"八吉祥"作为八宝的符号。

象纹

写实的动物纹饰，寓意太平。在殷商、西周、春秋战国时期已被应用、富含凝重典雅又神秘古老的精神内涵。在民俗中常有万象更新的寓意。

云纹

有"如意云"和"四合云"等多种，寓意象征高升和如意。是装饰图案中运用极其广泛而自由的一种。

回纹

是由陶器和青铜器上的雷纹演化而来的几何纹样，寓意吉利久长，苏州民间称之为"富贵不断头"。回纹图案主要用作边饰或底纹，有整齐划一而丰富的效果。织锦纹样"回回锦"就是把回纹以四方连续组合而成的。

囍（双喜）纹

用文字组成的图案字花，读作"双喜"，有时也写"双禧"。民间广泛使用的表示婚庆的装饰纹样。

百寿图

"寿"字是民间广泛使用、用来祈祝健康高寿的字花。摹写古今百种"寿"字，即组成"百寿图"。

莲花

我国传统花卉之一，古名"芙蕖"或"芙蓉"，现称"荷花"。它也作为佛教的标志，寓意"圣洁、吉祥"。莲花纹样表现形式众多，有线绘、彩画、镂刻和雕凿刺绣等等，它的造型有单枝、连续、仰莲、覆莲等等，是古代应用广泛的寓意图案。

菊花

我国传统花卉之一，古代又名"节华"、"更生"等。古人认为菊花能轻身益气、令人长寿。菊花被认为是花中的"隐逸者"，常被用来比喻隐逸的高洁之士。

兰花

我国传统花卉之一。中国古代认为久服兰草可以身轻不老、辟除不祥，且只有品德高尚的人可以佩戴兰花。传统上常用幽谷兰花比喻隐逸君子。

梅花

梅是"岁寒三友"之一，能在老干上发新枝，又能御寒开花，因此古人用来象征不衰不老。民间又借梅花的五瓣表示福、禄、寿、喜、财"五福"。明清以来梅花成为最喜闻乐见的寓意纹样之一。

如意纹

如意在古代用以搔痒，可如人意，因而得名。如意纹样寓意"称心如意"，与"瓶"、"戟"、"磬""牡丹"等组成民间广泛采用的"平安如意"、"吉庆如意"、"富贵如意"等吉祥图案。

火焰纹

又称"背光"。火焰是佛教中佛法的象征。古代佛像背面常饰有各种火焰纹样。

博古纹

北宋王黼等编绘宣和殿所藏古器，写成《宣和博古图》三十卷，于是后人将摹绘瓷器、铜器、玉石、画卷等古物的画叫做"博古"。也有画上点缀花卉、果品的。博古纹寓意清雅高洁。

卐（万）字纹

原为古代印度、波斯等国宗教的一种符咒、护符、标志，意为"吉祥之所集"。武则天长寿二年（693年），制定此字读作"万"，从此逐渐成为中国传统常见的吉祥图符。

福禄

中国古代典籍中把爵禄富贵和生活富足作为人生成功的标准。民间装饰纹样多用蝙蝠（福）、梅花鹿（禄）谐音来表示。

寿星

一种说法，寿星是星座名，即作为长寿老人象征的老人星。也有人说寿星是历史上被神化为道教始祖的老子，也有人说是活了767岁依然不见衰老的彭祖。

三多

出自"华封三祝"，传统纹样多以佛手、桃子和石榴组成，寓意多福、多寿、多子。"佛"与"福"谐音，佛手表示多福；桃子俗称"寿桃"，象征长寿；石榴因其"千房同膜，千子如一"，寓意多子。

岁寒三友

指松，竹，梅。松、竹经冬不凋，梅迎寒开花，从宋代起就被合称为"岁寒三友"。寓意自强不屈，品格清高。

四君子

指梅、兰，竹、菊，一般被借以表现正直、自谦、纯洁而有气节的精神。文人高士常借以表现自己清高脱俗的情趣或作为自己做人的鉴诫。

十二生肖

十生肖即十二属相。约自汉代起，人们用十二种动物分别代表十地支，以表示人的出生年月。从隋代开始，历代都广泛运用由十二种动物组成的装饰图案。

五福捧寿

《书经》说："九五福，一曰寿，二曰富，三曰康宁，四曰攸好德，五曰考终命。"蝙蝠之蝠与福字同音，因此以五只蝙蝠代表五福。如五蝠围绕一"寿"字，即为"五福捧寿"，在民间被广泛应用。

六合同春

又名"鹿鹤同春"。"六合"，泛指天下。"六合同春"即指天下皆春，万物欣欣向荣。因"鹿"、与"六""鹤"与"合"谐音，图案常画鹿、鹤；"春"的寓意则用花卉、松树、椿树等来表达。

四季平安

图案由四季花和瓷瓶组成。民间常把四季花作为四季幸福美好的象征，加上"瓶"与"平"谐音，故该图案寓意四季康泰，安居乐业。

事事如意

图案由双柿（唐代则为两头狮子）及如意（或灵芝）组成。"柿"、"狮"与"事"谐音，双柿或双狮即寓意"事事"。加上如意或灵芝，即寓意事事如意。

万事如意

图案由万年青（或"卍"字）和如意（或灵芝）组成。"卍"字从四个方向向外伸展，互相连接形成各种图样，寓意长久不断，被称为"卍字锦"、"长脚卍字"或"富贵不断头"。配以如意，组成寓意万事皆如意的吉祥纹样。

平安如意

图案由花瓶和如意组成。"瓶"与"平"谐音，如意插在花瓶中，寓意平安如意。

和合如意

图案由荷花、盒子和如意组成。"荷"与"和"、"盒"与"合"谐音，配以如意，成为"和合如意"纹样，寓意和美幸福、和睦称意。

吉祥如意

民间常画一个孩童手持如意在大象背上玩耍,或者大象背驮一宝瓶,瓶中插戟或如意等。该图案因"戟"与"吉"、"象"与"祥"谐音,宝瓶寓意平安,故寓意平安吉祥、万事如意。

爵禄封侯

指受封侯爵并得到更高的俸禄。纹样常因"鹊"与"爵"、"鹿"与"禄"、"蜂"与"封"、"猴"猴等组合构成。与"侯"谐音,故由鹊、鹿、蜂、猴纹样组合有加官进爵的吉祥寓意。如果是"马"与"蜂"和"猴"组成画面,则有"马上就可封侯"的祝盼。

福禄寿三星

福星,即木星,古称"岁星",因所在有福,又称"福星"。禄星,《论语》认为"禄者盛衰兴废也"。寿星即南极老人星,主长寿。这三样是人生最大追求。图案画福禄寿三位老人,表示"三星高照",寓意鸿运通达。

连中三元

古代科举考试分三级,中试第一名分别为"解元"、"会元"、"状元",如连取三个第一,就是"连中三元"。传统一般用荔枝、桂圆和核桃各一枚或三枚表现。也有的用弓箭射中三个圆铜钱或三个元宝来表现。

金玉满堂

图案主要由金银玉器组成,一般用来寓意财富满室。而《世说新语·赞誉上》中有"刘真长可谓金玉满堂"句,则是用金玉满堂比喻某人满腹才学。

天官赐福

农历正月十五日是上元节,为天官下降赐福的时间。纹饰主要由天官、蝙蝠组成,"蝠"与"福"谐音,寓意天官降福。

平升三级

级是指古代官吏的品级。平升三级,是指人官运亨通,连升三级。"瓶"与"平"、"笙"与"升"、"戟"与"级"谐音,故纹饰常由花瓶、笙、三戟组成以表寓意。

吉庆有余

图案画一儿童,一手执挂有鱼的戟,另一手携玉磬。"戟磬"与"吉庆"、"鱼"与"余"谐音,隐喻"吉庆有余"。也有在形如"八"字的磬纹上画双鱼,表示"吉庆有余"的寓意。

二十四孝

指旧社会所宣扬的二十四个极尽孝道的典型人物故事,流传很广。《二十四孝》把虞舜、汉文帝、曾参、闵损、仲由、董永、郯子、江革、陆绩、唐夫人、吴猛、王祥、郭巨、杨香、朱寿昌、黔娄、老莱子、蔡顺、黄香、姜诗、王褒、丁兰、孟宗、黄庭坚等二十四人的孝行故事集在一起，以教育儿童。

鱼跃龙门（鲤鱼跳龙门）

古代以"龙门"二字比喻名望大的人，如果得到其提携、援引而获得腾达的机会，就叫"跳龙门"。"鲤鱼跳龙门"常被用来比喻古时平民通过科举而高升。

竹报平安

也简称为"竹报"，指平安家信。另一种是传说一个叫李败的人，把竹子投入火里使之爆响吓走了山鬼。此后从除夕到元旦，家家户户燃放爆竹，意在驱邪魔、迎平安。民间吉祥图案都通过画竹或画儿童放爆竹来表现。

鸳鸯喜荷

也叫"鸳鸯戏荷"。此鸟雄曰鸳，雌曰鸯，雌雄从不相离。民间用鸳鸯象征恋爱的男女，有"直羡鸳鸯不羡仙"的谚语。"鸳鸯喜荷"常描绘鸳鸯在荷花池中顾盼戏游的情景，比喻夫妻恩爱和睦。

附录四　岭南古建参观指引——本书走访的古建

拍摄地点		古建	主要拍摄内容							题材				载体	重点
			木雕	砖雕	石雕	陶塑	灰塑	嵌瓷	彩画	人物、戏剧、故事、	祥禽瑞兽花鸟鱼虫	文字图腾	花草植物	屋脊、柱子、地面　屋顶、梁架、墙壁、窗户、	
佛山	1	胥江祖庙		●	●	●	●			●	●	●	●	牌坊、墙壁、门窗楣、梁架	石雕、砖雕
	2	梁园	●								●		●	墙壁、门窗	木雕
	3	佛山祖庙	●		●	●	●			●	●	●	●	正脊、看脊、牌坊、照壁、墀头、墙壁、门窗楣、梁架	灰塑、陶塑、木雕
	4	南风古灶				●									龙窑
	5	清晖园	●			●	●			●	●		●	山墙、墙壁、门窗楣、梁架、看脊	岭南四大名园之一
	6	碧江金楼	●								●		●	门窗楣、梁架	木雕
花都	7	资政大夫祠					●			●	●	●	●	正脊、看脊、牌坊、照壁、墀头、墙壁、门窗楣、梁架	灰塑
番禺	8	沙湾古镇	●		●						●		●	梁架	木雕、石雕
	9	留耕堂		●						●	●		●	屋脊、月台、墀头	石雕
	10	宝墨园		●						●	●		●	梁架、墀头	砖雕
	11	余荫山房		●	●		●		●	●	●		●	正脊、看脊、照壁、墀头、墙壁、门窗楣、梁架	岭南四大名园之一
开平	12	自力碉楼	●				●							门窗楣、女儿墙	中西合璧
	13	马降龙碉楼	●				●							门窗楣、女儿墙	中西合璧
潮州	14	潮州开元寺			●			●						屋脊、梁架	唐代建筑布局凝结了宋元明清各朝代的建筑艺术
	15	青龙古庙					●	●						屋脊、照壁、墙壁	嵌瓷
	16	已略黄公祠	●		●					●	●		●	屋脊、梁架	漆画梁 潮州木雕第一绝
	17	潮州府城许驸马府												梁架	最早的府邸式建筑
	18	牌坊街、及第街			●			●						屋脊、梁架、门窗楣、墙壁	
	19	从熙公祠	●		●					●	●		●	屋脊、梁架	潮州建筑石雕的代表

拍摄地点		古建	主要拍摄内容							题材				载体	重点
			木雕	砖雕	石雕	陶塑	灰塑	嵌瓷	彩画	人物、戏剧、故事	祥禽瑞兽花鸟鱼虫	文字图腾	花草植物	屋脊、柱子、地面 屋顶、梁架、墙壁、窗户	
潮州	20	松林古寺	●											梁架	规模宏大的仿古建筑
	21	龙湖古寨	●						●	●	●		●	梁架、墙壁	保留完整的潮州古村落
揭阳	22	陈氏公祠	●						●	●	●		●	梁架、屋脊	嵌瓷、木雕
	23	黄氏公祠	●						●	●	●		●	梁架、屋脊	桐油彩画、木雕
	24	城隍庙	●				●			●	●		●	梁架、屋脊	营造、木雕、彩画
广州	25	陈家祠		●	●	●	●						●	梁架、屋脊、墀头、门窗楣	木雕、石雕、灰塑、陶塑
	26	光孝寺	●		●									梁架	木结构、石雕
肇庆	27	德庆学宫			●									御道、梁架、柱头	木结构
	28	龙母祖庙			●	●				●	●		●	梁架、屋脊、柱子	陶塑、木雕
清远	29	连南千年古寨												石构建筑	非遗瑶寨
	30	油岭瑶寨												石构建筑	未开发瑶寨瑶族特色
	31	佛岭县上岳村					●							山墙、屋脊、梁架	未开发古村落
	32	车部村												山墙、屋脊、梁架	未开发古村落
东莞	33	南社古村	●		●		●		●	●	●		●	正脊、看脊、牌坊、墀头、墙壁、门窗楣、梁架	保留完好的古村落
	34	塘尾村			●					●				墀头、墙壁、门窗楣、梁架	未开发的古村落
	35	西溪村			●					●				墀头、墙壁、门窗楣、梁架	未开发的古村落
	36	可园							●		●		●	墙壁、门窗楣、梁架	岭南四大名园之一
湛江	37	雷州邦塘古村	●		●					●	●		●	古民居屋顶各有不同造型的屋翘，屋内雕梁画栋，雕刻着姿势、形状各异的人物、动物、植物图案，美仑美奂	建筑工艺精湛
	38	雷州潮溪村	●		●					●	●		●	红墙灰瓦、飞檐走壁、成行成巷的明清古民居	既贵又富的文化名村
	39	雷祖祠	●		●					●	●	●	●	山门、正殿、侧殿、后殿、东西廊、钟鼓楼、碑廊	诗赋碑刻
	40	雷州十贤祠			●					●	●	●		祠堂坐北朝南，两进院落四合院式布局	传播中原文化，促进雷州文化教育的发展